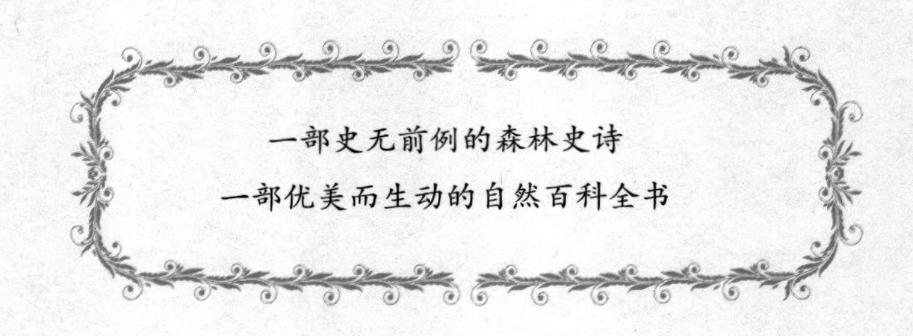

一部史无前例的森林史诗

一部优美而生动的自然百科全书

森林报

全集

[苏] 维塔里·比安基 著
高格 译

北京工艺美术出版社

图书在版编目（CIP）数据

森林报全集/［苏］维塔里·比安基著；高格译．—北京：北京工艺美术出版社，2017.6（2021.3重印）
（第一阅读系列）
ISBN 978-7-5140-1064-0

Ⅰ.①森… Ⅱ.①维… ②高… Ⅲ.①森林-普及读物 Ⅳ.①S7-49

中国版本图书馆CIP数据核字（2017）第051174号

出 版 人：陈高潮　　封面设计：青蓝工作室
责任编辑：冯淑泰　　责任印制：高　岩

法律顾问：北京恒理律师事务所　丁　玲　张　磊

森林报全集

［苏］维塔里·比安基　著　　高　格　译

出　版	北京工艺美术出版社
发　行	北京美联京工图书有限公司
地　址	北京市朝阳区焦化路甲18号 中国北京出版创意产业基地先导区
邮　编	100124
电　话	（010）84255105（总编室） （010）64283627（编辑室） （010）64280045（发　行）
传　真	（010）64280045/84255105
网　址	www.gmcbs.cn
经　销	全国新华书店
印　刷	金世嘉元（唐山）印务有限公司
开　本	720毫米×1020毫米　1/16
印　张	24
版　次	2017年6月第1版
印　次	2021年3月第2次印刷
印　数	5001～15000
书　号	ISBN 978-7-5140-1064-0
定　价	59.00元

出版说明

《森林报》是前苏联著名儿童文学作家维塔里·比安基最著名的作品。1924—1925 年，比安基开始在《新鲁宾孙》杂志上撰写描写森林生活的专栏，渐渐形成了“报纸”的特点，这就是《森林报》的雏形。1927 年，《森林报》结集出版，便有了这部在前苏联儿童文学中占有独特地位的名著。

这部作品不但内容有趣，编写方式也极其新颖：作者采用报刊的形式，以春、夏、秋、冬 12 个月为顺序，用轻快的笔调，有层次、有类别地报道了发生在大森林里的故事：冰消雪融，春暖花开，秋风落叶，酷寒难耐；最先绽放的花儿，最早回归的鸟儿；云杉、白桦与白杨之间的“三国演义”；农庄里的稀罕事儿，城市角落里的秘密……比安基用富有美感的文字，将动植物的生活表现得栩栩如生，引人入胜。

关于《森林报》的意义，比安基曾说：“我们的读者应该了解自然界的生活，这样就可以去改造自然，按自己的意愿左右动植物的生活；我们的读者长大之后，就能亲手培育出惊人的植物新品种，管理森林，为国家造福。但是，首先要热爱并熟悉祖国的土地，了解大地上的动植物和它们的生活习性……”

本书译文不但生动精准，且优美流畅，充分展现出原著里的浓厚诗情和盎然生机。另外，本书还配置了 600 余幅精美彩色插图，由国内知名插画师骆春江和王晔绘制，图片色彩艳丽、层次分明、神态逼真、生动活泼，极大地提高了阅读的趣味性。引领孩子们在赏心悦目的情境中，走近景象万千的大自然，开始一段浪漫清新的精神旅行，领悟生命轮回的意义。

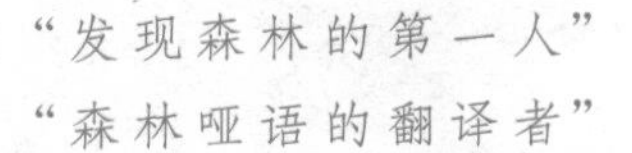

维塔里·比安基

维塔里·比安基（1894—1959）是前苏联著名的儿童文学作家、动物学家。

只有熟悉大自然的人，才会热爱大自然。1894年，比安基出生在一个充满自然气息的家庭，他的父亲是俄国知名的生物学家。从小，比安基就跟随父亲上山打猎，跟家人到郊外、乡村或海边去住。在那里，父亲教会他怎样观察、积累和记录大自然的全部印象，例如怎样根据飞行的模样识别鸟儿，根据脚印识别野兽……这不仅开阔了他的视野，更使他深深地爱上了大自然。他决心用自己的笔将这幅神奇、美丽的画卷描绘出来，这便是他创作自然文学的初衷。

比安基在30余年的创作生涯中，写过大量科普作品、小说和童话，其中，《森林报》是他最杰出的代表作。除此之外，《少年哥伦布》《写在雪地上的书》《无所不知的兔子》《小老鼠比克流浪记》《大山猫历险记》等同样深受广大读者的喜爱。

1959年，比安基因脑溢血逝世。

比安基曾坦言自己创作大自然文学的出发点和归宿是传递爱，引导孩子热爱大自然，善待动物。只有这样，热爱祖国的人才能在大自然中发现大大小小的奥秘并将它们一一揭示出来，从而给予人们享用不尽的乐趣。作为前苏联大自然文学最杰出的代表，维塔里·比安基被誉为“发现森林的第一人”。

目录

致读者

本报首位驻林地记者

森林年

森林年历

No.1 冬眠苏醒月（春季第一月）

一年：太阳在12个月内谱写的乐章……4

喜迎新春！

林中逸闻……5

来自森林的第一封电报——新春降生的第一只蛋——雪地里的兔宝宝——率先开放的花儿——春天的伪装——过冬的客人——森林雪崩——湿漉漉的卧室——奇异的“茸毛花”——来自森林的第二封电报——四季常青的森林——秃鼻乌鸦和鸥鹰

城市要闻……10

屋顶音乐会——阁楼人家——麻雀的恐慌——无精打采的苍蝇——苍蝇，小心流浪汉！——晒太阳的石蚕——列斯诺耶观察站——为椋鸟修建住宅——群蚊乱舞——最先出现的蝴蝶——公园中——新造的森林——春之花——漂浮过来的动物——款冬——空中喇叭声——庆祝会通行证——来自森林的第三封电报（急电）——春潮涌动

农场纪事……17

农场新闻——拦截春水——100个新生儿——乔迁新居的马铃薯——绿色要闻——援助“饥民”

狩猎……18

猎捕求偶的鹬鸟——松鸡的恋爱场——森林大剧场——琴鸡的求爱场

祖国各地无线电大串联！……25

呼叫！呼叫！——北极回电！——中亚细亚回电！——远东回电！——西乌克兰回电！——苔原亚马尔半岛回电！——新西伯利亚原始森林回电！——外贝加尔草原回电！——海洋回电！北冰洋回电！

打靶场：第一场竞赛……28

通告：急征住房……30

No.2 候鸟回乡月（春季第二月）

一年：太阳在12个月内谱写的乐章……32

候鸟的返乡之旅——佩戴脚环的鸟儿

林中逸闻……34

泥泞时节——积雪下的浆果——欢度佳节的昆虫——葇荑花序——蚁窝微动——蝰蛇的日光浴——睡醒的还有谁——水塘中——森林里的环卫工——它们是不是春花——白色寒鸦——少见的小兽

飞禽传信……39

春潮泛滥——遭殃的兔子——鸟儿也受灾了——坐船的松鼠——意外的猎物

林间大战……42

农场纪事……44

农场造林运动——农场新闻——一座新城市——马铃薯欢度佳节——古怪的坑——剪指甲——农忙时节——古怪的嫩芽——飞行的小鱼

城市要闻......47

植树周——树种储蓄箱——果园和公园——奇特的七鳃鳗——街头生活——城里的海鸥——搭飞机的有翅乘客——阳光雪——咕、咕

基特的故事......50

我的十次观察

狩猎......53

去马尔基佐瓦湖猎野鸭——在集市上——在马尔基佐瓦湖里——奸细母野鸭和白袍隐身人——水上小屋——诱猎天鹅——屠杀——翌日

打靶场：第二场竞赛......57

通告:《森林报》“火眼金睛”大比拼启事......59

No.3 欢歌曼舞月（春季第三月）

一年：太阳在 12 个月内谱写的乐章......62

愉快的 5 月

林中逸闻......64

森林乐团——旅客——田野中的声音——鱼之歌——天然房顶——森林里的夜晚——嬉戏和舞姿——最后到来的鸟群——秧鸡徒步行千里——哭与笑——松鼠吃肉——我们的兰花——寻找浆果——这是哪种甲虫

林间大战......71

农场纪事......73

大人的小帮手——新森林——农场新闻——逆风帮忙——今天头一次——绵羊脱掉了皮大衣——妈妈在哪里——牲口群壮大了——重要的日子——新生活农场——帮帮六条腿的朋友

城市要闻......76

列宁格勒的驼鹿——说人话的鸟儿——海上来客——试飞——路过城郊——有生命的

云——列宁格勒州新出现的野兽——欧鼹——蝙蝠的回声探测器——给风力定级

狩猎……81

坐船进入汛期的茫茫水域

打靶场：第三场竞赛……85

通告：场景和音乐……87

“火眼金睛”大比拼……88

No.4 鸟儿筑巢月（夏季第一月）

一年：太阳在12个月内谱写的乐章……92

各居其所——形色各异的房子——最好的住宅——还有哪种动物做窝

林中逸闻……95

狐狸如何占了獾的家——奇特的植物——神奇的花儿——神秘的夜间杀手——勇敢的小刺鱼——真凶是谁——六条腿的鼹鼠

林间大战……99

农场纪事……101

农场新闻——牧草的投诉——洒在田地里的怪水——阳光下的受害者——失踪的避暑客人——母鸡的疗养地——浆果们要出发了——混乱的食堂——一位少年自然科学爱好者讲述的故事

狩猎……104

不猎飞鸟，也不猎走兽——跳来跳去的敌人——围剿跳甲虫——会飞的敌人——两种蚊子

祖国各地无线电大串联！......106
呼叫！呼叫！——北冰洋群岛回电！——库班草原回电！——阿尔泰山回电！——海洋回电！

打靶场：第四场竞赛......111

通告："火眼金睛"大比拼......113

No.5 雏鸟出生月（夏季第二月）

一年：太阳在 12 个月内谱写的乐章......116
森林里的"小朋友"——谁的孩子多——被遗弃的孩子——细心的妈妈——鸟儿工作的时间——鹭和沙锥的孩子什么样——海鸥的地盘——雌雄倒置

林中逸闻......120
凶残的幼鸟——小熊洗澡——浆果——猫奶妈养大的兔子——歪脖鸟的小把戏——瞒天过海——凶狠的花儿

林间大战......125

农场纪事......127
森林的朋友——人人皆忙碌——农场新闻——变黄的田地——林中简讯——来自远方鸟岛的一封信

基特的故事......131
钓鱼人的故事

狩猎......134
夜半惊魂——白天的抢劫案——分清敌友——捕杀猛禽——在窝边捕杀——偷袭——带个搭档——夜晚打猎

打靶场：第五场竞赛......138

通告："火眼金睛"大比拼......140

No.6 结对飞行月（夏季第三月）

一年：太阳在12个月内谱写的乐章……144

树林中的新规矩——互惠互助——训练场——咕儿，喽！咕儿，喽！——会飞的蜘蛛

林中逸闻……147

一只羊啃光了一片树林——抓强盗——草莓——被吓死的狗熊——可以食用的蘑菇

林间大战……151

帮助森林复兴——园林周

农场纪事……153

目光敏锐的人——农场新闻——略施小计——虚惊一场——“猪”丁兴旺——公愤——帽子的造型——扑空了

狩猎……156

带上猎狗去打猎——打野鸭——不错的助手

打靶场：第六场竞赛……163

通告：“火眼金睛”大比拼……165

No.7 候鸟辞乡月（秋季第一月）

一年：太阳在12个月内谱写的乐章……170

来自森林的第四封电报——离歌——玻璃一样的早晨

林中逸闻……174

水中之旅——林中的决战——候鸟启程——等待帮手——秋季的蘑菇——来自森林的第五封电报

城市要闻......178

“强盗”的袭击——午夜惊魂——山鼠——忘记了采蘑菇——来自森林的第六封电报——喜鹊——寻找栖身之地——候鸟飞往越冬地——空中俯瞰秋景——什么种类的鸟儿往什么地方飞——从西往东飞——铝环Φ-197357号的简史——从东往西飞——向北，越过长夜漫漫的地区——候鸟迁徙之谜

林间大战......185

和平树

农场纪事......187

沟壑的征服者——采集树种——我们的想法——农场新闻——挑选母鸡——乔迁新居——星期日——把小偷关起来

基特的故事......190

在篝火边

狩猎......193

上当的琴鸡——好奇的雁——六条腿的马——应战——开禁了，猎兔去——出发——围猎

祖国各地无线电大串联！......200

呼叫！呼叫！——雅马尔半岛苔原回电！——乌拉尔原始森林回电！——沙漠回电！——世界屋脊回电！

打靶场：第七场竞赛......203

通告：“火眼金睛”大比拼......205

No.8 粮食储备月（秋季第二月）

一年：太阳在12个月内谱写的乐章......208

准备过冬——雪下过冬——准备过冬的植物——储藏蔬菜——松鼠的阳台——活体储藏室——自备式储藏室

林中逸闻......212

小偷反被偷——夏天又到了吗——受惊的青蛙——红胸脯的小鸟——捉松鼠——我的小

鸭——星鸦之谜——害怕——女巫的扫帚——绿色纪念碑——候鸟飞往越冬地——复杂的迁徙原因——其他原因——一只小杜鹃的简史——无法破解之谜——风的等级

农场纪事......222

农场新闻——昨天——营养又美味——来自果园的消息——适合老人采的蘑菇——冬前播种——农场植树周

城市要闻......224

在动物园里——没有螺旋桨的飞机——去看看野鸭——鳗鱼的最后旅程

狩猎......226

野外追逐——地下搏斗

打靶场：第八场竞赛......231

通告："火眼金睛"大比拼......233

No.9 冬客临门月（秋季第三月）

一年：太阳在12个月内谱写的乐章......236

林中逸闻......237

奇妙的现象——森林并非一片沉寂——飞花——北方飞来的鸟——东方飞来的鸟——该冬眠了——最后的飞行——貂捕松鼠——兔子的阴谋——不速之客——啄木鸟的作业场——向熊请教

农场纪事......244

我们比它们更聪明——农场新闻——吊在细丝上的家——棕色的狐狸——温室里的劳动——不用盖厚被——助手

狩猎......248

猎灰鼠——带斧头打猎

打靶场：第九场竞赛 251

通告："火眼金睛"大比拼 253

No.10 小道初白月（冬季第一月）

一年：太阳在 12 个月内谱写的乐章 258

冬季是一本书——如何阅读——书写工具——草体和正楷——小狗和狐狸，大狗和狼——狼的花招——冬季的森林——白雪覆盖下的草甸

林中逸闻 263

没文化的小狐狸——可怕的爪印——白雪覆盖的鸟群——雪地爆炸和获救的母鹿——雪海之下——冬季午后

农场纪事 267

农场新闻——耕雪机——按冬令作息时间生活——绿色林带

城市要闻 269

赤脚踏雪——国外来讯——热闹的埃及——塔雷斯基禁猎区——来自南非洲的消息

基特的故事 272

米舒特卡奇遇记：新年故事

狩猎 275

带着小旗猎狼——在白色小道上解读——围猎——在黑夜里——次日清晨

祖国各地无线电大串联！ 277

呼叫！呼叫！——北冰洋远方岛屿回电！——顿河草原回电！——新西伯利亚原林回电！——卡拉库姆沙漠回电！——高加索山区回电！——黑海回电！——列宁格勒《森林报》编辑部回电！

打靶场：第十场竞赛......282

通告："火眼金睛"大比拼......284

No.11 啼饥号寒月（冬季第二月）

一年：太阳在12个月内谱写的乐章......288

林中逸闻......289

森林里冷呵，真冷！——吃饱了就不怕冷——跟在后面吃剩饭——幼芽在哪儿过冬——小屋里的山雀——我们打了一回猎——老鼠从森林出走——法则对谁不起作用——应变有术

城市要闻......295

免费食堂——学校里的生物角——树木的同龄人

狩猎......298

带着小猪崽猎狼——深入熊窝——对熊的围猎

打靶场：第十一场竞赛......306

通告："火眼金睛"大比拼......308

No.12 熬待春归月（冬季第三月）

一年：太阳在12个月内谱写的乐章......310

度日艰难——严寒的牺牲品——结薄冰的天气——玻璃青蛙——睡宝宝——穿着轻盈的衣服——迫不及待——钻出冰窟窿的脑袋——抛弃武器——冷水浴爱好者——在冰盖下

城市要闻......317

大街上的斗殴——修理和建筑——鸟类的食堂——都市交通新闻——返回故乡——雪下的童年——新月的出现——神奇的小白桦——最初的歌声——绿色接力棒

狩猎......321

巧妙的捕兽器——活捉小猛兽的器具——狼坑——狼圈——地上的坑 ——熊窝边的又一次遭遇

打靶场：第十二场竞赛......326

"打靶场"答案......328

"火眼金睛"大比拼答案及解释......344

基特的故事释疑......351

致读者

献给我的父亲

瓦连京·利沃维奇·比安基

日常生活中，我们所见的报纸上的报道，多是关于人以及与人有关的事情。这当然不能满足小朋友的需要，因为小朋友们更想知道自然界中飞禽走兽和昆虫植物等的生活状况。

森林里每天发生的故事也和城市里的一样多。和人类一样，森林里的居民也按部就班地工作、高高兴兴地过节，也会遭遇到让它们伤悲的事情。动物世界里也有侠义的英雄好汉和为害一方的盗贼匪徒。可是，这一切，在城里的报纸上却很少见到，所以，人们并不了解每天森林里都发生了什么事。

打个比方吧，一定没有人见过这样的报道：寒冷的冬天，在列宁格勒州，有一只小蚊子从泥土里钻出来，因为翅膀还没长成，它只能光着脚丫在雪地上跑来跑去。也一定没有人看到过林中巨人驼鹿打架斗殴、候鸟集体搬家、长脚秧鸡徒步穿越欧洲等这类有趣事情的报道。

可是，在《森林报》上，我们就可以读到这类有关动植物生存状况的趣闻。

《森林报》本来是一份月刊，一个月一期。现在为了方便读者阅读，我们把一年的《森林报》合编成了一本，其中包括编辑部的文章、驻林地记者的电报和信件以及一些和狩猎有关的故事。

我们的驻林地记者都是由什么人担任的呢？有小朋友、猎人、科学家，还有一些林业工作者——这些经常出入森林的人，非常喜欢与动植物为伍，他们每天都会把发生在动植物身上的有趣的事情记录下来，然后寄给我们《森林报》编辑部。

合订本《森林报》是在 1927 年首次出版发行的，后来重版了八次，每次重版我们都增设了一些新栏目。

我们还曾安排一位特派记者深入森林，和鼎鼎有名的猎手塞索伊·塞索伊奇共同生活了好长一段时间。他们每天一块儿打猎，每到休息的时候，坐在篝火旁，塞索伊·塞索伊奇就会跟我们的特派记者讲述他的一些有趣的经历。这位猎手的历险故事大大丰富了我们的《森林报》，增强了《森林报》的趣味性。

每期《森林报》都设有竞答游戏栏目，我们将它命名为“靶场”，看谁回答得最准确。只要读者认真阅读《森林报》，就一定能轻松地回答出游戏设定的问题。每“打中”一个目标，就是每回答对一个问题，得两分。

我们建议读者分组玩这个游戏，大声念题后，把答案写在各自的纸条上，然后，再判断一下谁“打中”的最多。看看最终的获胜者是谁。

许多问题是不必马上回答的，可以通过实地观察后再给出答案。比如，“长脚秧鸡有多高”这个问题，就是有回答期限的，只要在期限之内回答出来，就都算“打中”了，所以，在期限时间内，你可以到草地上去转转，看看长脚秧鸡到底是什么模样。

《森林报》是一份地方性刊物，编辑部设在列宁格勒，所以，它所报道的，多是发生在列宁格勒州内或市内的有关动植物的故事。

可是，咱们的国家面积那么大，当北方边境暴风雪大发淫威，人血管里的血液都快被冻得凝住的时候，南方边陲却是艳阳高照、百花盛开；当西部边区的孩子们正要进入甜美的梦乡的时候，东部边区的孩子们已经在穿衣起床啦……只报道列宁格勒州的自然界新闻的《森林报》，显然不能满足全国读者的阅读要求，读者们更希望看到全国范围内的动植物的新闻。鉴于此，《森林报》特别开辟了“八方来电”栏目，专门刊登来自苏联各地的有关动植物的报道，以飨读者。

《森林报》还有许多特色有趣的栏目，在这里一并介绍一下：

塔斯社曾专门报道过《森林报》小工作人员的工作情况和所取得的成就，所以，《森林报》特设转载专栏。

《森林报》还设立了一个“通告”专栏，专门刊登追踪能力强的读者的事迹。我们把这样的读者称为“火眼金睛”。

《森林报》专门为生物学博士、植物学家、作家尼娜·米哈伊洛芙娜·帕甫洛娃开辟了专栏。在这个专栏中，我们可以看到尼娜·米哈伊洛芙娜·帕甫洛娃为《森林报》读者专门撰写的发生在自然界的有趣的故事。

真诚希望我们的读者，能够通过阅读《森林报》更好地了解自然界，了解苏联这片沃土上的动植物和它们的生活，以便长大以后更好地效力于我们的国家。

在最新修订出版的第九版《森林报》中，我们设立了名为“一年 12 个月的太阳诗章”头条栏目，大量刊发生物学博士尼·朱·帕甫洛娃的文章，大大丰富了“农庄新闻”栏目的内容。

此外，还有——

《森林报》战地记者从森林巨兽战场发来的消息。

为垂钓爱好者开辟的“成功垂钓”一栏。

年轻作家基特·维里坎诺夫小说中的有趣的游戏，其答案刊登在本书的最后。

本报首位驻森林记者德米特里·尼基福罗维奇·卡依戈罗多夫

本报首位驻林地记者

前些年，列宁格勒列斯诺伊一带的居民会，在公园里会经常遇见一位满头银发的老教授。他那戴着眼镜的双目敏锐而专注，对从身边飞过的每只蝴蝶和苍蝇都细细观察。他还仔细倾听小鸟们欢快的鸣叫。

居住在都市里的人们，不会留意每一只新生的小鸟，也不会细心观察春天飞来的每一只蝴蝶。可是，森林的春天里出现的任何新景象，都被他认真地看在眼里。

这位教授名叫德米特里·尼基福罗维奇·卡依戈罗多夫。在漫长的半个世纪里，德米特里·尼基福罗维奇坚持不懈地观察我们城市和郊区生机勃勃的自然界。这 50 年里，四季交替，春去秋来，寒来暑往，都被他深切关注。鸟去燕来，花开花落，树木绿了又黄，生命在有节奏地轮回。德米特里·尼基福罗维奇把观察到的一切都一丝不苟地记录下来，并发表在报纸上。

他热情地呼吁，尤其是那些年轻人，前去观察大自然，并把写下的观察日记寄过来。在他的感召下，参加大自然观察的人越来越多，观察队伍不断壮大。

到如今，热爱大自然的人们，包括科学家、地方志学者，还有小学生们，都像德米特里·尼基福罗维奇那样，养成了认真观察的习惯，在持续不断做着记录和收集工作。

50 年间，尼基福罗维奇积累了大量的观察记录。他把这些第一手资料分类整理、汇集起来。得益于他经年累月、持之以恒、耐心细致的工作，再加上其他科学家和众多无名读者的努力，我们这才弄明白，春天都有哪些鸟、在什么时候飞到这儿来，秋天它们又是在什么时候飞走的；才清楚地知道，花草树木的生长和发育过程。

尼基福罗维奇教授写下许多科普作品，向孩子们和成年人介绍有关鸟类、森林和田野的知识。他还在学校里做过老师，但他坚持认为，孩子们要想真正地熟悉祖国、了解大自然，不能只依靠书本，而应该深入到森林和田野中去。

德米特里·尼基福罗维奇身患重病，多年来饱受折磨。1924 年 2 月 11 日，他还没来得及迎来春天，就永远离开了我们。

让我们永远怀念他。

德米特里·尼基福罗维奇·卡依戈罗多夫

森林年

我们的不少读者都以为,《森林报》上刊登的林中逸闻和都市要闻都是些陈年旧事，这是误解，是不符合事实的。其实，虽然年年都有春天，但每一个春天都是富有新意的，不管你活了多大年纪，但所见的绝对没有两个完全相同的春天。

每一年都像是一个有着12根辐条的车轮，每个月就是其中的一根辐条。12根辐条依次滚过，车轮子就转了一圈，接下去又该第一根辐条滚动了。但是，此时的车轮已经离开原地，来到了新的地方。

又一次春回大地！森林从睡梦中醒来，结束冬眠的熊从洞穴爬出；春水漫过，淹没了小动物的地下洞穴；鸟儿又飞了回来，开始嬉戏与舞蹈；野兽们恢复活力，也开始繁育子女。而我们的读者，又可以通过《森林报》，了解森林中所有最新鲜的事情。

在这里，我们的刊载都使用森林年历。这份森林年历与常见的年历不大相同，这一点不值得你大惊小怪吧。

因为所有动物和鸟类，都过着与我们人类不一样的生活，所以，它们当然应该有自己的独特历法。要知道，森林里的树木花草、飞禽走兽都是按照太阳的运转来安排自己的生活的。

太阳在天上转上那么一圈，地上那就是一年。太阳走过一个星座，度过黄道带上的一宫，一个月就过去了。这里所说的黄道带①，就是十二星座的总称。

森林年历里的新年是在春天，而不是在冬季，这个时候，太阳正好走到白羊宫。在迎接太阳的日子里，森林里到处都是一派喜气洋洋；而在送别太阳之时，则是愁云惨淡的景象。

参照着普通的历法，我们也把一个森林年历分成12个月，按照森林里的具体情形，给每个月另取了新名。

---

① 在地球绕太阳做圆周运动时，在地球上看来，似乎太阳在天空每年做一次圆周运动，太阳的这一移动路线（视路径）就叫作“黄道”。沿黄道分布的黄道十二星座的总称叫“黄道带”，这12个星座对应12个月，每个月用太阳在该月所在的星座符号来标示。由于春分点的不断移动（约70年移动1°），目前太阳每月的位置都在两个邻近星座之间，但每月仍保留以前的符号，这十二星座的名称从春分点起（3月20日或21日）依次为：白羊、金牛、双子、巨蟹、狮子、室女、天秤、天蝎、人马、摩羯、宝瓶和双鱼。

森林年历

1
冬眠苏醒月
（春季第一月）
3月21日到4月20日

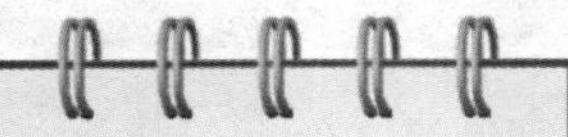

2
候鸟回乡月
（春季第二月）
4月21日到5月20日

3
欢歌曼舞月
（春季第三月）
5月21日到6月20日

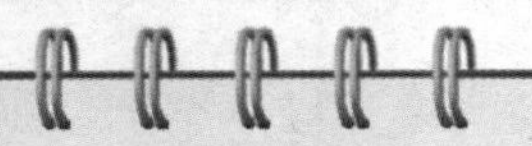

4
鸟儿筑巢月
（夏季第一月）
6月21日到7月20日

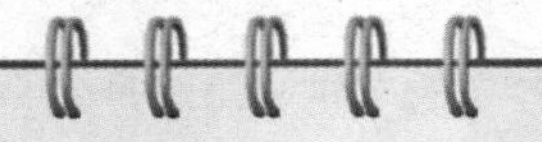

5
雏鸟出生月
（夏季第二月）
7月21日到8月20日

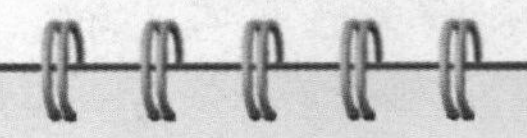

6
结对飞行月
（夏季第三月）
8月21日到9月20日

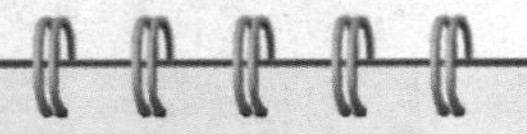

7
候鸟辞乡月
（秋季第一月）
9月21日到10月20日

8
粮食储备月
（秋季第二月）
10月21日到11月20日

9
冬客临门月
（秋季第三月）
11月21日到12月20日

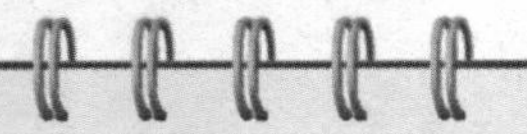

10
小道初白月
（冬季第一月）
12月21日到1月20日

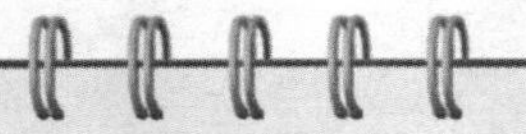

11
啼饥号寒月
（冬季第二月）
1月21日到2月20日

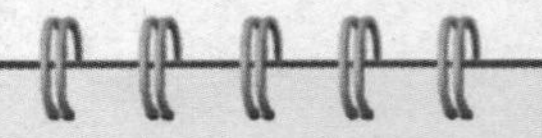

12
熬待春归月
（冬季第三月）
2月21日到3月20日

森林报

春

白嘴鸦揭开了春之幕

森林报

No.1

冬眠苏醒月

（春季第一月）

Forest Newspapers

3月21日到4月20日　　太阳进入白羊宫

第一期导读

太阳诗章——3月

来自森林的第一封电报

林中逸闻

来自森林的第二封电报

城市要闻

来自森林的第三封电报（急电）

农场纪事

农场新闻

狩猎

森林大剧场

祖国各地无线电大串联！

打靶场：第一场竞赛

通告：急征住房

一年：太阳在12个月内谱写的乐章

喜迎新春！

3月21日是春分日。这天白天和黑夜一样长短：天空中太阳待半天；月亮待半天。这天也是森林生物喜迎新春的节日。

民间有句谚语说：3月暖风吹，冰棍儿化成水。太阳赶跑了冬天，阳光使积雪变得松软起来，平坦的雪层上出现了许多蜂窝状的小孔。往日白净的雪也变得灰蒙蒙的，再也不像冬季那样了，看来它在太阳的热情下也屈服了！看雪的颜色发生了变化，我们就知道冬天马上就要结束了。屋檐上挂着的一根根小冰棍儿，化成了一滴滴水，不断往下滴，一滴，两滴……地面上逐渐汇成了一个个水洼。街头的麻雀互相招呼着，欢快地在水洼里扑腾着双翅，想洗掉自己羽毛上积累了一冬的灰尘。花园里，山雀们银铃般的歌声传了出来。

春天扑扇着阳光翅膀飞临人间，遵循着严格的工作秩序。首先是将大地从积雪的覆盖下解救出来：阳光使白雪一片片地融化，土地露了出来。此时河湖还在冰雪下沉睡，森林也在积雪下酣眠。

3月21日这天清早，人们会按照俄罗斯古老的风俗，用洁白的面粉做成云雀的样子烤着吃。这是一种形状小巧的面包，前面捏出了个鸟嘴，再用两颗葡萄干做双眼。人们还要在这天打开鸟笼放生，按照新习俗，这天也是爱鸟月的第一天。孩子们会在这天为生有翅膀的朋友们操劳。他们在树上挂满了鸟屋，有椋鸟窝、山雀窝和树洞式鸟窠；把树枝捆扎起来，方便鸟儿做窝；他们还会为小客人们建立免费餐厅；学校和俱乐部还会举办报告会，他们会详述鸟类保护我们森林、田地、果园和菜园的情况，仔细宣传怎样爱护和欢迎这些活泼可爱、挥舞着翅膀的歌唱家们。

3月，母鸡们也可以在家门口畅饮甘甜的春水了。

林中逸闻

来自森林的第一封电报

秃鼻乌鸦拉开了春天的帷幕!

积雪融化后显露的土地上，聚集着一群群秃鼻乌鸦。

秋天，秃鼻乌鸦会飞到南方过冬。现在它们正匆忙地飞回故乡。它们在回家的路上遭到了暴风雪的多次猛烈袭击，几百只秃鼻乌鸦因过度疲乏而长眠在路上了。第一批飞回故乡的秃鼻乌鸦是最强壮的，现在它们正在休息。它们在城市和乡下的道路上慢条斯理地踱着方步，用坚硬结实的尖嘴翻刨着泥土。

浓黑厚重、遮天蔽日的乌云消散了，徜徉在蔚蓝天空上的是雪堆一样的浮云。第一批野兽幼崽出生了。驼鹿和狍子长出了新犄角。金翅雀、山雀和戴菊鸟在森林里欢歌。我们在等待椋鸟和云雀从南方飞回来。人们在被掘起的云杉树根下发现了熊窝，他们在熊窝旁轮流守候，只要熊一露面，就能第一时间向外界报道。层层冰雪下，一股股雪水正悄悄地汇成小溪。树上融化的雪水不断往下滴。夜里，严寒又把融化的水重新冻成冰。

新春降生的第一只蛋

秃鼻乌鸦是森林里产卵最早的鸟。它的窝就建在高大的云杉上，树上还覆盖着厚厚的积雪。乌鸦妈妈们长时间卧在窝巢里，因为它们怕蛋被冻坏，怕小乌鸦被冻死。食物只能由乌鸦爸爸送给它吃。

雪地里的兔宝宝

积雪还覆盖着田野，兔妈妈就生下了一窝兔宝宝。

兔宝宝一出生就睁开了眼睛，它们身上裹着一件厚软暖和的小皮袄。它们一落地就能跑跳，经常在吃饱了之后四散开去。但是它们会藏在灌木丛和草丛里，乖乖地趴在那儿，不出声，不乱动，更不会调皮捣蛋。兔妈妈则跑得无影无踪。

一天，两天，三天，兔妈妈只知在野地里蹦跳，早已经忘记了孩子们。可是兔宝宝仍旧趴在原地。它们可不能

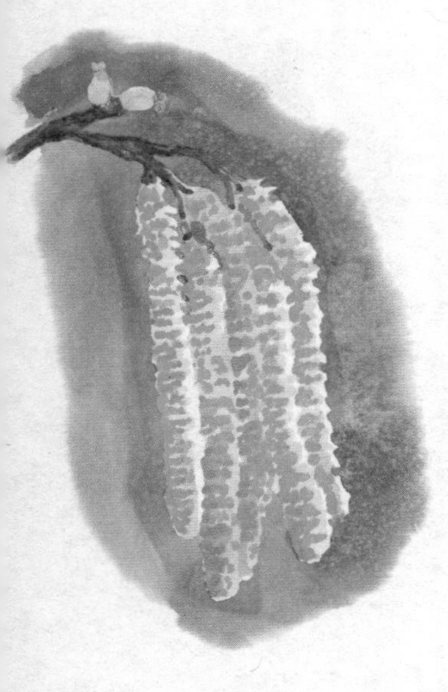

乱动，也不敢到外面瞎跑！否则，就会被老鹰瞧见，或是被狐狸跟踪。

兔妈妈终于从远方跑回来了。不对，它不是兔宝宝们的妈妈，这只是一位过路的陌生兔阿姨。但是饥饿的兔宝宝实在没有办法，就跑到对方跟前吱吱地央求：喂喂我们吧！好吧，好吧，那就过来吃吧！大方的兔阿姨喂饱了兔宝宝们，又跑开了。

兔宝宝再次回到灌木丛里老老实实地趴着。它们的亲妈妈此时不知道在什么地方喂着谁家的兔宝宝呢。

原来兔妈妈们已经约好了：所有的兔宝宝都是大家的孩子。不管哪一只兔妈妈在什么地方碰见小兔子，都得给它们喂奶。不管是自己的孩子，还是别人的孩子，兔妈妈都一视同仁！

你们以为兔宝宝离开了父母的抚养，生活就会很艰难吗？才不是这回事呢！兔宝宝身上裹着厚暖的皮袄，兔妈妈的奶水又浓甜味美，它们只要吃一顿，就可以撑上好多天呢。

出生后八九天，兔宝宝就能吃草了。

率先开放的花儿

第一批绽放的花儿出现了！但是不要在地面上寻找，现在地面上正覆盖着积雪。在森林的边缘，有潺潺流动的河流，河水已经漫到了岸边。瞧！就在这儿，在那褐色的春水上，有一棵光秃秃的榛树，树梢上，第一批开放的花儿就在那里啊！

树枝上垂下一根根灰色的小尾巴，柔软且富有弹性，它们被称为葇荑花序。但是它们其实和葇荑花序又有不同。如果摇一下这种小尾巴，里面就会有很多花粉飘飘扬扬地撒落下来

更奇怪的是，树枝上竟然还开着其他的花儿。这些花儿两三朵聚在一起，很容易被误认为嫩芽。每个“嫩芽”的尖儿上都伸出了一对细细的、红红的线状物。原来这是雌花的柱头①（雌蕊的尖端），能接受从其他树枝上飘来的花粉。

风，自由自在地在光秃秃的树枝间穿行。枝上没有树叶，因而无法阻止它去吹动葇荑花序似的小尾巴，也无法阻挡雌花接受飘来的花粉。

榛树花儿终究是会凋落的。到那时，葇荑花序似的小尾巴就会逐渐脱落，红线状的柱头也会慢慢干枯，所有这样的花儿最后都会变成一颗榛子。

春天的伪装

森林里，凶猛的动物经常袭击温顺的动物。不论在哪里，只要它们发现对方，就会猛扑过去，捉住它们。

冬天，白兔和白山鹑换上白衣，人们很难在雪地上发现它们。但是现在积雪正在融化，很多地方已经露出了土地。那些狼呀、狐狸呀、鹞鹰呀和猫头鹰呀，还有白鼬、伶鼬等小型食肉动物，隔老远就能看到那些积雪融化后的黑土地上的白衣裳。

①花朵中雌蕊的尖端叫作柱头。

于是，白兔和白山鹑想了个妙计。到了春天，它们就褪去白衣裳，换上其他颜色的新衣裳。白兔换了灰衣，山鹑则褪掉了全身的白羽毛，换上褐色和红褐色相杂、带有黑条纹的新羽毛。换装后，它们就很难再被发现了。

这样一来，那些食肉小兽也只能乔装改扮了。冬天，伶鼬浑身雪白，白鼬也一样，只有尾巴尖儿是黑的。那时，它们能在雪地里悄悄接近温顺的小动物，在白色皮毛的掩盖下它们很难被对方发现。可是现在它们也得变换毛色了。它们都换上了一套灰衣服。不过白鼬的尾巴尖儿上仍旧带着黑斑，但是不管是冬还是夏，尾巴尖儿上的黑斑并没有坏它的好事。要知道，雪地上到处都是灰尘和腐叶，有黑斑是很正常的。土地上和草地上的黑斑就更多了。

过冬的客人

在列宁格勒州的各条道路上，随处都可以看到一群群的小鸟。它们长着白色的羽毛，样子很像鹀鸟。这是飞到我们这里过冬的客人，它们是铁爪鹀和雪鹀。遥远的北冰洋沿岸和其中的岛屿是它们的家乡。不过那里现在仍然是冻土，要过很长时间才能解冻。

森林雪崩

森林里突发了一场雪崩。

松鼠的窝搭在云杉的枝杈间。事情发生的时候，松鼠一家正在暖和的窝里睡大觉、做美梦呢。

突然，一团沉甸甸的雪球从高高的树梢上坠落下来，直接砸在它家的房顶上。受惊的松鼠立刻从窝里跳了出来，但是刚出生不久的松鼠宝宝还在窝里呢，孤单脆弱的它们此刻正需要帮助。

松鼠妈妈立刻往外挖开雪层。幸运的是，这从天而降的雪球只是压住了屋顶，这房顶是用坚固的粗树枝搭起来的，很结实，铺着柔软暖和的苔藓的圆巢并没有受到任何破坏，窝里的小松鼠们也没有被惊醒。这些松鼠宝宝真是太小了，它们浑身光溜溜的，眼睛还没有睁开，也听不到声音，和刚出生的小老鼠差不多。

湿漉漉的卧室

积雪不断融化。居住在地下的动物们，日子异常艰难。鼹鼠、鼩鼱、野鼠、田鼠和狐狸，以及所有把家安在地下洞穴里的动物们都被洞穴里的潮气折磨得很痛苦。如果冰雪全都化成水，它们该怎样过呢？

奇异的“茸毛花”

沼泽地里的雪全化了，水充满了草丛间的空隙。草丛下，一些银白色的小穗儿在光滑的绿茎上晃动着。难道它们是去年秋天来不及飘

来自森林的第二封电报

椋鸟和云雀唱着歌儿，从南方飞回来了。

我们的记者等了很久，熊还是没有动静。这让人很纳闷，他们想：难道熊被冻死在洞穴里面了？

突然，雪蠕动起来了。

啊！雪被拱破了，可是露面的却不是熊。没人见过这种怪物，和大猪崽差不多大，浑身长着毛，黑肚子，灰白色的脑袋上长着两条黑条纹。

原来这不是熊窝，是獾洞，从洞中钻出来的是一只獾。

现在，冬眠结束了，獾不再睡觉了。它要在每天夜里去森林里找蜗牛、小虫和甲虫吃，去啃食植物的细根，还会抓野鼠吃。

记者在森林里再次寻找。又找到一个熊窝，这回可是一个真正的熊窝。

熊还在沉睡。

雪水漫延到冰面上。

积雪不断地塌陷。琴鸡在忙着求偶；啄木鸟在啄树干，“笃笃”的声音像敲鼓一样。

凿冰的白鹡鸰[1]也飞回来了。

走雪橇的道路已经泥泞不堪，农场里的人们便放弃了雪橇，赶起了马车。

走的草籽吗？难道它们就这样在冰雪下度过了整个冬天？看起来不太像。它们那么干净、那么新鲜，很难让人相信是上一年剩下来的

你只要采下小穗儿，拨开茸毛，就会明白了。原来它们是花儿。那些像丝线一样的白色茸毛中，露出了金色的雄蕊和细丝般的柱头。

羊胡子草的花儿就是这样的，花儿上的茸毛是用来保暖的。羊胡子草开花时，夜晚还冷着呢。

■尼・朱・帕甫洛娃

四季常青的森林

不仅是热带和地中海沿岸，常绿树木在俄罗斯北方的森林里也有。现在是新春第一个月，我们的森林中生长着一些常绿灌木，到这样的森林里去游览，既看不到黑色的烂叶，也看不到令人沮丧的枯草，真让人感到高兴啊！

①白鹡鸰：是一种小型鹡鸰，属于雀形目。体长16.5～19厘米，以昆虫为食，喜欢在水边活动。

森林里的小松树蓬松可爱，绿中透着淡灰色，远远地就吸引了人们的注意。如果能在这些可爱的小松树中间停留片刻，心情肯定会更加愉快！这里，每种生物都生机盎然：柔软的苔藓泛着绿油油的光泽；越橘的叶片闪闪发亮；石楠纤细柔嫩的枝条长满了好像鳞甲一样的奇特叶芽，优雅的枝条上还残留着去年开放、还未凋谢的淡紫色小花。

如果你走到沼泽边，就能够看到一种常绿灌木：蜂斗菜。它的叶片是墨绿色的，叶边缘向上卷着，露出了泛着白光的叶背，好像涂了一层白色颜料一样。但是你站在这种小灌木前时，很难注意到这些叶片，因为还有一种更有趣的东西吸引着你的注意力：这就是蜂斗菜的花儿！这些粉红色的小花儿像铃铛一样，和越橘花十分相似。在这个温度还很低的早春季节，能在户外看到花儿，真是一件令人惊喜的事情！为什么不采一束带回家呢，绝对没有人相信这些花是从林子里采来的，人们一定会以为是温室里培育出来的。

因为在早春季节，很少有人会去森林里散步的。

■尼・朱・帕甫洛娃

秃鼻乌鸦和鹞鹰

“啪、啪！呱、呱！”不知道什么鸟从我的头上飞过去了。我向空中望去，原来是五只秃鼻乌鸦正在追赶一只鹞鹰。鹞鹰不停躲闪，但还是被秃鼻乌鸦们给追上了。秃鼻乌鸦用尖嘴狠狠地啄着它的脑袋，鹞鹰被啄得嗷嗷惨叫，好不容易才逃脱了。

我站在高山上，向远处眺望。我看到一只鹞鹰停在树上休息。忽然不知道从哪里冒出来一大群秃鼻乌鸦，它们叫嚷着，一起向鹞鹰扑去。鹞鹰陷入了困境，它大叫一声，凶狠地向秃鼻乌鸦反扑。秃鼻乌鸦害怕地闪开了。鹞鹰趁机敏捷地振翅冲向高空，无人能够阻挡。秃鼻乌鸦们只好眼睁睁地看着即将到手的猎物逃向远方，无奈地四散飞到田野中去了。

■驻森林记者 康・梅什里耶夫

■驻林地记者 K・梅什里亚耶夫

城市要闻

屋顶音乐会

每个夜晚，猫儿们都会聚集在房顶举办音乐会。它们很喜欢这种形式的音乐会。但是，每次音乐会总是会以歌手们大打出手而收场。

阁楼人家

近期,《森林报》的一名记者为了调查阁楼人家的生活状况，拜访了市中心的许多房屋。

在阁楼角落里安家的鸟儿们很满意它们的生活环境。谁感到冷了，就可以离壁炉的烟囱近一些，这样可以获得免费暖气。鸽妈妈已经开始孵卵了；而麻雀和寒鸦正在四处搜集稻草造窝，它们还要搜集绒毛和羽毛做床垫呢。

唯一让鸟儿们苦恼的是，可恶的猫儿和淘气的小男孩们经常会毁坏它们的窝。

麻雀的恐慌

尖叫声、吵嚷声和打闹声从椋鸟的家门口传来，局势乱作一团，羽毛、绒毛和细草茎随风飞扬。

原来房子的主人椋鸟回到家里，发现麻雀占领了它的巢穴。这可把它气坏了，它抓住麻雀，一只只往外轰，然后又把麻雀们的绒毛垫子扔出了门，将窝打扫得干干净净，不留一点痕迹。

有个泥水匠正站在脚手架上，修补屋檐下的裂缝。几只麻雀在房顶上蹦蹦跳跳的，用一只眼睛向屋檐下瞅。突然，麻雀们尖叫一声，猛地向泥水匠脸上扑了过去。泥水匠赶紧举起抹灰的小铲子赶它们。他哪里知道，自己刚刚用灰封住的是麻雀的窝巢，而麻雀妈妈刚刚在里面下了蛋。

“叽叽喳喳”的叫嚷声中双方打成一片，风中再次飘起了绒毛、羽毛。

无精打采的苍蝇

一些大苍蝇出现在街头上，它们全身泛着金属光泽，蓝中带绿。像是秋天一样，它们看起来精神萎靡。它们还不会飞行，只能勉强依靠自己的细腿沿着墙缓慢地爬行。

这些硕大的绿头苍蝇整个白天都在晒太阳，到了晚上就爬回墙壁或篱笆的缝隙里去了。

苍蝇，小心流浪汉！

一群四处游荡的蜘蛛出现在列宁格勒的街头上，它们的名字叫苍蝇虎。

俗话说：狼游荡，万物伤。苍蝇虎这种蜘蛛也是这样，它们不会像一般蜘蛛那样去编织结构巧妙的蛛网，只会四处游荡，然后潜伏起来，看到苍蝇和其他昆虫时，就猛地一跳，扑到它们身上，然后把它们吃掉。

晒太阳的石蚕

一些灰色的小虫子呆头呆脑地从河面浮冰缝隙里爬上来。爬上岸后，它们脱下了皮外套，变成了长翅膀的小虫。它们有着苗条、匀称的身体，这不是苍蝇，更不是蝴蝶，它们是石蚕。

石蚕有双长长的翅膀，身体很轻，但是这时还不会飞。它们的身子很弱，还要晒会儿太阳才行。

石蚕们爬过马路。路上的行人会经常踩到它们，马蹄也会时不时地践踏它们，车轮更是经常碾压它们，还有麻雀也不住地啄食它们，但是它们仍然不顾一切地往前爬。石蚕的数量成千上万，多得简直数不清。

已经爬过马路的石蚕，就爬到房屋墙壁上，尽情地晒太阳去了。

列斯诺耶观察站

卡依戈罗多夫教授，著名的自然科学家，是第一个在列斯诺耶开始做生物气候学观察的人。今天，这项活动已经持续了80年。

全苏地理协会附设了一个以卡依戈罗多夫命名的专门委员会，主管全国生物气候学观察工作。

各地喜欢生物气候学的人都可以把观察情况寄给这个委员会。经过多年积累，委员会已经掌握了大量资料。他们通过对诸如鸟类的迁徙、植物花开花落、昆虫的活动和消失等材料的研究，可以编成一部“通用自然历书”。这对于我们制定预报天气和安排各种农事活动的日期有很大帮助。

如今，列斯诺耶地区物候观察站成立已经50周年了，这里还建成了全国中心物候观察站。迄今为止，世界上有50年历史的同类观察站也只有三座。

为椋鸟修建住宅

如果想让椋鸟在自家花园里落户的话，那就赶快准备一座鸟屋吧。鸟屋应该洁净，屋门要小，这样椋鸟可以钻进去，而猫儿钻不进去。

还要在门内再钉上一块三角形的木板，这能让猫儿的爪子无法够到椋鸟。

群蚊乱舞

晴暖的日子里，蚊虫们已开始在空中跳舞了。但是你不用怕，这些小蚊子并不会叮人，它们只会乱舞。

蚊虫挤作一团，密密麻麻地聚成大群，像根不断旋转的圆柱子一样停留在半空中。它们你推我挤，互相推搡着、飞舞着绕成一团，聚集在一起，天空布满了黑斑，就像人脸上长满了雀斑一样。

最先出现的蝴蝶

蝴蝶开始飞出来呼吸新鲜空气了，它们在太阳下晾晒着双翅。

最早出现的一批蝴蝶，是那些黑褐色中布满红点的荨麻蛱蝶和浅黄色的柠檬蝶。它们隐藏在阁楼上度过了整个冬天。

公园中

在公园和花园中，有着淡紫色胸脯和浅蓝色脑袋的雌燕雀开始响亮地歌唱。它们聚集在一起，等候着雄燕雀的到来。雄燕雀们的抵达经常比它们晚。

新造的森林

全苏联造林会议正在召开，林务员、造林专家和农技师等人和列宁格勒的市民代表们一起出席了这次会议。

为有效地在我国（苏联）草原地区造林，人们已经在过去的100多年里不间断地实施了草原造林工程。我们已经选定了3万种乔木和灌木作为树种，它们能够适应不同的条件，生长也最为稳定。例如，科学家们已经发现，锦鸡儿、忍冬以及与其他灌木混杂在一起的橡树，完全能适应顿尼茨草原的水土条件。

工厂已研制出了新机器，可以在短时间内在大面积土地上迅速种满树木。今天，全国建造的森林已经有数十万公顷。

最近几年，国家还准备营造数百万公顷面积的新林区，这有益于提高耕地产量和使用效率。

■塔斯社列宁格勒讯

春之花

款冬[1]黄色的小花儿开满了花园、公园和庭院里的每一个地方。

街头巷尾的卖花者也开始出售一束束在森林里采摘的早开的春花。卖花人将这种花称作“雪下紫罗兰”。不过不管是在颜色上还是在香味上，这种花和紫罗兰都有些差别。事实上，这种花的真正名称是“獐耳细辛”。

树木也正在苏醒过来，白桦树的树干里树液正在流动呢！

漂浮过来的动物

春天到了，一条条溪水在林区的公园和峡谷里欢快地奔流着。我们的几名记者用石块和泥土在一条小溪上垒起了一道拦水坝，然后耐心地等待着，看看究竟会有什么动物漂到小池塘里。

等了很长一段时间，也没见有什么动物光顾。只有一些碎木片和小树枝顺着溪水漂过来，在小池塘里不停地打着旋儿。

稍后，一只沉在水底的死老鼠被水冲了过来。它不是常见的长尾灰色家鼠，而是田鼠，它的皮毛是棕黄色的，尾巴很短。这只田鼠也许已经在雪下躺了整整一冬天了，现在雪融化成了水，它便被溪水冲进了临时池塘。

然后，一只黑甲虫也顺着溪水漂进了水

①款冬：别名冬花。属于菊科多年生草本植物，叶圆形，可入药，有化痰止咳的功用。一面光滑，贴到脸上有凉意；另一面有茸毛，贴到脸上有暖意。

塘。甲虫在漩涡里挣扎着，却始终爬不上岸。一开始，人们认为它是一只水栖甲虫。可是捞起来一看，才发现它原来是一只最讨厌水的陆栖甲虫——屎壳郎[1]。看来，屎壳郎也睡醒了。很明显，它不是自己跳到水里的。

后来，又有一位不请自来。它长长的后腿一蹬一收，自己游进了小水塘。你们猜一猜它是谁？对了，是只青蛙啊！四周还覆盖着白雪，但是这只青蛙一看到水马上就游过来了。它从池塘里爬上了岸，然后就蹦蹦跳跳地跳进了灌木丛。

最后游过来的，是一只小兽。它的皮毛是褐色的，很像家鼠，只是尾巴短得多。原来是只水老鼠。为了过冬，它贮藏了许多粮食。可是现在已经到了春天，恐怕它也已经吃光了冬粮，这才出来找食物的吧。

款冬

款冬纤细的草茎早就在小丘上一丛丛地出现了，每一丛细茎都构成了一个小家庭。高昂脑袋的是年长茎条，它们身材苗条；而粗短矮笨的年轻茎条则紧挨着它们。

另外一些茎条的模样滑稽可笑，它们站在那儿弯着腰、低着头，像刚刚出生的婴孩儿一样，怯生生、羞答答的。

每个小家庭都是从一段地下根茎中发育出来的。从上年秋天开始，这段地下根茎就为它们储藏好了养分。如今，这些养分已经快要消耗完了，但是还能供应整个花期。过不了多久，每个小脑袋就会变成一朵黄花，花瓣呈辐射状。准确地说，它们并不是花，而是花序，是一大束挤作一团的紧密小花。

花儿凋谢时，叶子就会从根茎里长出来。而这些叶子的任务就是为根茎重新制造、储藏养分。

■尼·朱·帕甫洛娃

①屎壳郎：学名“粪金龟子”或“蜣螂”，属于鞘翅目蜣螂科。体黑色或黑褐色，大中型昆虫。世界上有2万多种蜣螂，分布在南极洲以外的任何一块大陆。

空中喇叭声

黎明时分，阵阵喇叭声从天空中传来，列宁格勒的人们感到很奇怪。城市还没有睡醒，街头巷尾也很安静，这些喇叭声听得特别清楚。

视力好的人只要仔细瞧瞧，就能看见大群大群的白色大鸟从白云下飞过，它们伸着长长的、直直的脖子。这是一队爱鸣叫的野天鹅。

这些野天鹅每年春天都要从我们城市上空飞过，一边飞一边发出“克鲁、克鲁”的嘹亮鸣叫声。因

为城市里人声鼎沸、车声隆隆，这些鸣叫声很难被我们听到。

这时，白天鹅们正急着飞到科纳半岛阿尔汉格尔斯克地区，也可能会飞到北德维纳河两岸去筑巢。

庆祝会通行证

孩子们在静候长着羽毛的朋友们。大队委员会给每位少先队员都分派了任务：每人做一个椋鸟房。

孩子们都在为这事忙碌着。附近有个木工厂。如果谁还不会做椋鸟房的话，可以到那里去学习。

为了使鸟儿们在我们这里落户，孩子们在学校的花园里搭建了许多鸟屋。这一行动成功后，可以使苹果树、梨树和樱桃树受到鸟儿的保护，避免被青虫和甲虫等害虫糟蹋。等到庆祝爱鸟月那一天，每位少先队员都要带着自己做的椋鸟房到会场上来。孩子们已经约好了：这些椋鸟房就是我们参加庆祝会的通行证。

■驻森林记者 沃洛佳·诺维
任尼亚·科良吉根

来自森林的第三封电报（急电）

我们在熊窝附近轮流守候。

猛然，什么东西从下面拱起了积雪，接着一只又大又黑的野兽脑袋拱了出来。

先钻出洞口的是熊妈妈，两只小熊紧跟在它身后钻出了地面。

我们看见熊妈妈张大了嘴巴，美滋滋地打了个大哈欠。然后它就走进了森林。小熊淘气地蹦跳着，跟在后面。刚刚看起来还很消瘦的熊妈妈，这会儿浑身的毛都蓬松起来了。

现在，熊妈妈在森林里四处游荡。酣睡了这么长时间，它一定饿得很厉害，看到什么吃什么：树根、往年的枯草、浆果，什么都变成了它的美餐。如果遇见一只小兔，当然更不会放过。

春潮涌动

寒冬的统治已经结束了，云雀和椋鸟正在唱歌。

春潮冲破了坚冰的钳制，冲进了自由世界，奔向广阔的田野。

田野之中发“水灾”了，阳光映红了积雪。积雪下露出了喜滋滋的碧草。

在春潮涌动的地方，出现了第一批野鸭和大雁的身影。

我们看到了今年露面的第一只蜥蜴。钻出树皮后，它就爬到树墩上晒太阳去了。

每天的新闻都有很多，繁忙的我们无法及时地将它们全都记录下来。

泛滥的春潮，将城乡间的交通隔断了。

我们会派遣信鸽将有关动物在春汛时遭受灾情的稿件寄去，在下期《森林报》上刊登。

农场纪事

农场新闻

拦截春水

田野中积雪融化而成的水，竟然没有经过任何人的允许，就想任性地私逃到洼地里去。

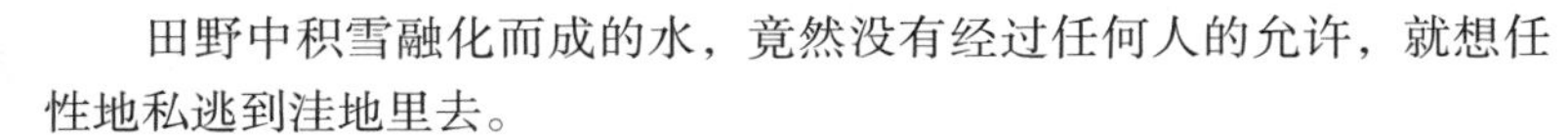

场员们及时将出逃的春水拦截了，他们用结实厚重的积雪在斜坡上垒起了一道横堤。雪水被堵在田里，开始悄悄渗进泥土。田中居住的绿色居民们感到水正缓慢地流到自己的根旁，它们禁不住喜气洋洋。

100 个新生儿

昨天晚上，在“突击队员”农场的猪舍里，值夜班的饲养员为母猪们接生，一共出生了 100 只小猪崽。它们全都非常肥硕壮实，不断地哼哼乱叫。9 位年轻幸福的母亲，一直在焦急地等待着饲养员们把全身粉红色、长着小尾巴和翘鼻子的新生宝宝们送来喂奶。

乔迁新居的马铃薯

马铃薯从冰冷的仓库里搬进了暖和的土壤新房。

被播种的它们对新家很满意，愉快地准备发出新芽。

绿色要闻

商店里正在出售新鲜的黄瓜。蜜蜂们可没有给这些黄瓜授粉，阳光也没有使它们生长的土地变暖。

但是它们仍然是货真价实的黄瓜：圆滚肥硕，壮实多汁，身上长满小刺。香味儿也确实是黄瓜的清香味儿，不过它们是在温室中长大的。

援助“饥民”

积雪全都融化了，田野里长满了低矮瘦弱的小苗。但是田野还没有睡醒，小苗的根无法从土中吸取任何养分。可怜的小苗只能饿着肚子了。

农场的人们十分珍爱它们。原来这些瘦弱的小苗并不是野草，而是秋天种下的小麦。农场早就为它们准备好了营养丰富的大餐，有草木灰、鸟粪、厩肥和营养盐。大餐将从空中食堂分发给那些正在忍饥挨饿的朋友们。过不了多长时间，田野的上空就会有飞机飞过。飞机会撒下“美餐”，保证让每一棵小苗都吃个肚儿圆。

狩猎

法律规定，春天的狩猎期很短。若春天提前到来，就可以提前狩猎；若春天迟到，狩猎也只好延迟。

春天狩猎时，不准带猎狗，只能猎捕那些森林里和水面上的鸟儿，而且只能猎取雄性的，比如雄野鸡和雄野鸭，不准猎取雌性的。

猎捕求偶的鹬鸟

白天出城的猎人，在傍晚就能抵达森林。天色灰暗，没有风，下着小雨，正是个温暖的黄昏。这样的天气正适合鸟儿求偶。

在森林边儿上，猎人选好了位置，他倚靠在小云杉上，周围是一些低矮的赤杨、白桦和云杉。还有 15 分钟太阳才会落山，这段时间可以抽会儿烟，等一会儿就不行了。

站着的猎人聆听着森林里各种鸟儿的歌声。尖耸的枞树梢上传来了鸫鸟高亢的歌声，红胸脯的欧鸲则在树丛中低哼着。

太阳落山了，鸟儿们逐渐安静下来，最后连最爱唱的鸫鸟和欧鸲也沉默了。

现在，要注意了，竖起耳朵，仔细听！忽然，一阵“蚩儿科、蚩儿科、霍儿、霍儿”的叫声在寂静的森林上空传响。

猎人猛然颤抖了一下，将枪往肩膀上一扛。他静静地站着，屏气细听，声音是从哪里传来的呢?

“蚩儿科、蚩儿科、霍儿、霍儿！”

“蚩儿科、蚩儿科！”

竟然来了两只！两只长嘴的丘鹬，快速扑扇着双翅向前疾飞，从森林上空掠过。一只紧追着另一只，但又不像在打斗。看起来是雄鸟在追求雌鸟，雌鸟在前，雄鸟随后。

砰！枪响了！飞在后面的雄鸟打着转儿，像风车儿一样慢慢坠入了灌木丛里。

猎人赶快跑了过去，晚了受伤的鸟儿就会逃跑，或者钻进灌木丛，那就找不到它了。

丘鹬的羽毛是暗黄色的，看起来就像枯黄的落叶。看，它挂在灌木丛上了！

又有一只丘鹬不知从那边什么地方传来了一阵“蚩儿科、蚩儿科、霍儿、霍儿”的叫声。

但是距离有点儿远，猎枪打不到。猎人再次躲到小云杉后面，聚精会神地侧耳细听。森林里静悄悄的。

突然，声音再次响起，“蚩儿科、蚩儿科、霍儿、霍儿！”

就在那里，就在那里，但是离得很远。

引它过来吗？也许能将它引过来。

猎人摘下皮帽，向空中抛去。

雄丘鹬的眼非常尖。虽然是黄昏，森林里昏暗模糊，但是它仍然在不停寻找雌丘鹬。它很快就发现了那只从地面上飞起又迅速落下的黑乎乎的东西。

是雌丘鹬吗？雄丘鹬在空中划了道长长的弧线径直向猎人扑来。

砰！——雄丘鹬翻了一个跟头，从空中一头栽了下来！像木头一样撞在了地面上，当场丧命。

夜色逐渐淹没了森林。林中四处响起了“蚩儿科、蚩儿科、霍儿、霍儿”的叫声，此起彼伏，断断续续，让人不知道该往哪里转身。

激动的猎人双手开始抖动起来。

砰！砰！没射中！

砰！砰！又没射中！

还是先停止射击，暂时放过一两只，稳定下情绪再说吧。

好了，现在手不抖了。

可以再开枪射击了。

森林深处黑黢黢的，忽然从中传来一阵低沉可怕的猫头鹰叫声。一只睡眼蒙眬的鸫鸟被吓得惊声尖叫起来。

周围一片漆黑，马上就看不清了，那时就不能再开枪了。

但是，“蚩儿科、蚩儿科”的声音再次响起。

另一边也传来了同样的声音：

“蚩儿科、蚩儿科！”

两只偶遇的情敌竟然在猎人的头顶大打出手。

“砰，砰！”枪声接连响了两次。两只雄丘鹬应声落地。一只蜷缩成一团，像土块一样一头栽了下来；另一只则翻着跟头，不断旋转着径直落到猎人的脚旁。

现在该走了。

趁着天色尚早，还能看清小路，尽快赶到附近鸟儿求偶的地方去。

松鸡的恋爱场

晚上，在森林里坐下来的猎人开始吃东西，他喝了一点儿水壶里的水。可不能生火，会惊飞鸟儿们的。

不用等太长时间，天就该亮了，松鸡在天亮之前就早早地开始求偶了。

突然，寂静的黑夜中传来了两声低沉嘶哑的猫头鹰叫声。

该死的坏家伙！你会把求偶的松鸡吓跑的！

东方略微露出一点儿亮光。可以隐约听到有一只松鸡正在某个地方欢唱着，紧接着又响起了一阵“咯咯嗒嗒”的声音。

猎人猛地跳起身，竖耳细听。

听！又一只松鸡在叫唤了，就在离猎人不太远，大约150步的地方。又有一只也叫了起来……

猎人偷偷地摸过去。双手紧紧攥着猎枪，手指紧扣在扳机上。他死死盯住一棵粗大黝黑的云杉。

再仔细听一下，“咯咯”声消失了，一只松鸡发出了一种带颤音的、尖细的“嗒嗒”声。

猎人向前纵身跳了两三步，然后又站住不动了。

尖叫声突然停止，周围寂静无声。

松鸡警惕起来了，它在留神倾听。这个机灵的家伙，如果听到声响，它立刻就会扑扇着翅膀飞出从林，逃得无影无踪。

松鸡没有听到响动，它高声叫起来。“嗒嗒，嗒嗒”的清脆叫声就像两根响木在相互碰撞。

猎人仍然静静地站在那里。

森林里再次响起了松鸡的叫声。

猎人迅速向前跳去。

发出一阵“嗒嗒”声后，松鸡再次突然停止了鸣叫。

刚抬起腿的猎人不敢再迈步了。松鸡仍然保持着沉默，正在仔细探察着动静。

一段时间后，松鸡又一次“嗒嗒”地尖叫起来。

就这样反复试探了很多次。

猎人已经成功地靠近猎物了。松鸡就站在不远处几棵云杉的树腰上，离地面并不高。

陷入爱河的松鸡正忘情地唱着，现在就算你朝它大声嚷嚷，估计它也听不到了！

但是松鸡现在到底在什么地方呢？树

丛里一片漆黑，根本就看不清，很难找到它啊。

哈，原来藏在那里。喏，就在猎人身旁一根毛蓬蓬的树枝上，离这儿还不到 30 步。瞧，一根又长又黑的脖子，小小的脑袋上还长着山羊胡子。

松鸡停止了叫唤，现在可千万不要乱动。

“嗒，嗒！嗒，嗒”的声音再次响起，还夹杂着其他叫声。

猎人将枪举了起来。

枪口的准星悄悄瞄向了这只小脑袋上长着山羊胡子的黑影，此刻，它正把它那像大扇子一样的尾巴展开呢。

要选准要害射击才行。

霰弹如果打在松鸡那肌肉紧实的翅膀上就会滑开，不行，这样就无法打伤这样强壮的鸟儿。还是瞄准脖子打吧。

砰！

猎人的眼睛被一阵烟雾挡住了，看不到任何东西。只听得松鸡沉重的身躯坠落时砸断根根树枝发出的咔嚓声。

“嘭”的一声，松鸡砸在雪地上。

真是一只体形肥硕的雄松鸡！它浑身乌黑，体重至少有十来斤。红艳艳的眉毛，像血染的一样。

森林大剧场

琴鸡的求爱场

有块位于森林中间的大空地，如今成了临时大剧场。太阳还在沉睡，但是一切都看得很清楚，因为列宁格勒正处于白夜时期。

看戏的观众是身体小巧、布满麻斑的雌琴鸡。它们有的蹲在地上忙着用餐，有的则矜持地“坐”在树上。

每人都期盼着精彩演出赶快开始。

很快，一只雄琴鸡率先从林中飞出来。这只翅膀布满白纹、浑身乌黑的“先生”可是剧场里的领衔主演。

两枚纽扣似的黑眼睛在琴鸡先生的脸上滴溜溜地来回转动，它左看右瞧，前顾后盼。但是剧院里除了看戏的观众没有其他的“演员”。

咦！那边什么时候冒出来一丛矮树？昨天好像还没有啊？真是邪门儿：刚过一夜，怎么剧院里就长出棵一米多高的云杉？看来是自己记错了……到底是年纪大了，变成老糊涂了。

好戏开场了。

这位琴鸡先生再次环视观众，将脖子垂到了地面上，美丽的大尾巴也翘了起来，双翅斜斜地在地上拖着。

它嘴里开始嘀嘀咕咕，念念有词，好像是在说：

“我要卖掉皮袄，买件单褂！”

念完了，它挺挺腰板，再次环视观众，又重新嘟囔起来：

“我要卖掉皮袄，买件单褂！”

嗵！另一只雄琴鸡飞了上来。

嗵、嗵！一只又一只雄琴鸡紧接着飞了上来，它们健壮的爪子将地面踩得“通通”直响。

呵！真是反了！我们的主演快气疯了，它怒不可遏。

它竖起了浑身的羽毛，将脑袋紧紧贴在地面上，尾巴展开，就像一把大扇子，嘴里发出一阵愤怒的低鸣声：

“秋伏伏！秋伏伏！”

它正在发出挑战：不怕我拔光你身上的毛的话，就放马过来吧！

一只雄琴鸡在剧院的另一头回应：

“秋伏伏！来呀！不是胆小鬼的话，就过来比比看啊！”

“秋伏伏！”二三十只雄琴鸡聚集在剧院里，多得简直数不清了。看来每一只都准备大打出手，随便你挑，想跟谁打就跟谁打。

雌琴鸡们矜持地坐在树枝上，沉默着。它们不动声色，好像并不在意旁边的演出。看来美女们的心眼果然很多，搞不好是在耍花招呢。这出戏很明显是专门演给它们看的，而那些尾巴像扇子、眉毛红得像火一样的黑勇士来到这里，正是为了它们。

在美女面前，每位黑勇士都想表现一下自己的英勇和气力。胆怯笨拙，柔弱怯懦的胆小鬼趁早滚得远远的！只有机灵无畏、勇猛果敢的猛士才配得上美女。

好戏上演了……

断打声、吵嚷声传遍了整个剧场。每只雄琴鸡都将脖子压得低低的，紧贴在地面上，不断地跳来蹦去，相互逼近……

两只雄琴鸡的头碰在了一起，它们用尖嘴奋力地啄向对方的脸。

愤怒的双方竞相发出“秋伏、秋伏”的低吼声。

天色渐亮，弥漫在舞台上空的透明薄幕也在逐渐消散。

突然有金属物在低矮的云杉丛间闪闪发光，求爱场上哪来的云杉啊？

雄琴鸡现在才没有心思去琢磨这些云杉呢！它们全都忙着和对手争斗。

离云杉丛最近的是我们的主角琴鸡先生。已经有两位挑战者先后败给了它，第三位正跟它打成一团呢。真不愧是主角，森林里再也没有比它更强壮的琴鸡了。

勇猛无畏的第三位挑战者身手矫健，它跳起身，狠狠地给了主角一击。

主演发出了“秋伏”的怒吼。

矜持地坐在树上的美女们脖子伸得老长。这才是真正精彩的表演！这个挑战者绝对不会被吓跑的，说什么也不会主动逃离的。再次向对方逼近的两只雄琴鸡将结实的翅膀拍得啪啪直响，它们奋力跃向半空，扑打着翅膀扭成一团。

啄啊啄，一下，又一下，也看不清到底是谁啄了谁。双双落地的双方迅速分开，跳向两边。那只年轻的身上蓝色的羽毛非常凌乱，翅膀上的两根硬翎也被折断了；年老的火红的眉毛上淌着血，还被啄瞎了一只眼睛。

美女们在树上坐卧不安起来，焦躁地换着脚爪。谁赢了？难道是年轻的赢了年老的？多英俊的帅哥，看啊，它的羽毛多紧密，还闪着蓝光，花斑布满了它的尾巴，艳丽的条纹铺满了翅膀！

瞧，双方再次跳向半空厮打在一起。年老的占了上风。

双双落回地面，再次迅速分开。

二者又一次逼近对方，这次是年轻的占了优势！

然后是最后一个回合。看！

双方再次短兵相接，然后又一次退向两边。

再次逼近，扭打在一起。

砰！枪声震雷似的传遍了整个森林，一股烟从云杉树丛中飘散开来。

厮杀停止了。雌琴鸡个个伸长了脖子，呆呆地坐在树枝上。雄琴鸡惊慌地将红眉毛扬了起来。

出什么事了？

没有发生什么事情啊，四周全都太平。

没有陌生人闯进来啊？

周围一片静寂。云杉上的烟逐渐消散了。一只回过头的雄琴鸡发现情敌正好站在自己的面前。于是它纵身扑向对方，朝对方的脑门儿一通猛啄！

精彩的表演继续着，琴鸡捉对厮杀在一起。

但是，树枝上的美女们却清清楚楚地看到，那对年老和年轻的斗士已经躺在地上双双毙命了。

难道都被对方啄死了？

好戏还在上演，不如继续看下去。现在哪一对表演得最精彩呢？这些黑勇士谁会成为最后的优胜者呢？

…………

森林大剧院在太阳升到半空的时候已经一片静寂了，表演结束了，观众也纷纷离席飞散。猎人从云杉枝条搭成的小棚子里钻出来。他首先捡起了那对年长和年轻的琴鸡，霰弹密密麻麻地布满了它们的身体，鲜血从全身流出来。

猎人将两只琴鸡塞进怀里以后，又把另外三只被打死的雄琴鸡捡了回来。扛起猎枪，准备回家了。

穿过森林的时候，他走走停停，不断地四处张望，侧耳细听动静，生怕遇到其他人。有两件事情他做得非常丢脸：首先，他在法律规定的禁猎期向求爱场上的琴鸡开枪射击；其次，他射杀了求爱场上的主演。

明天，这个森林剧院不会再有演出了，因为缺少了主演，无人可以代替它领导演出。

求爱场上的生活被扰乱了。

祖国各地无线电大串联！

呼叫！呼叫！

这里是列宁格勒《森林报》编辑部。

今天是 3 月 21 日，春分，现在我们要和全国各地举行一次无线电大串联。

东方！南方！西方！北方！大家请注意了！

冻土带！原始森林！草原！高山！海洋！沙漠！大家请注意了！

请汇报你们那儿现在的情形！

请回复！请回复！

北极回电！

在我们北极，今天是一个喜庆的节日。经过了漫长的冬天后，太阳第一次在北极升起来了！

第一天，太阳只是在海面上露了个头儿。几分钟后，它就消失了。

两天后，太阳探出了半张脸。

又过了两天，太阳才升得高高的，终于从海里钻了出来。

我们这里现在终于可以见着白天了。虽然只能拥有一个从早上到晚上不过一个小时的短暂白天，但是没关系，白天会一天比一天长的：明天比今天长，后天则会比明天更长。

现在，厚厚的冰雪仍然覆盖着我们这里的水域和陆地。北极熊仍然沉睡在自己的冰窟窿里。一丁点儿绿色都没有，也看不到飞鸟，只存在寒冷和暴风雪。

中亚细亚回电！

我们已经完成马铃薯的播种工作了，下一阶段将要开始播种棉花。此刻，阳光在我们这里显得异常毒辣，街头都被晒得尘土飞扬。花儿正盛开在桃树、梨树和苹果树上，而扁桃、干杏、白头翁和风信子的花儿则早已干枯。我们已经开始种植防护林带了。

乌鸦、秃鼻乌鸦和云雀在我们这里度过冬天后，现在已经开始向北回迁。而到我们这里来避暑的家燕、白肚皮的雨燕也已经飞过来了。树洞里、土穴中，红色大野鸭孵出了小鸭子，它们纷纷摇摆着走出了窝巢，开始在水里嬉戏、漫游。

远东回电！

现在，我们这里的狗已经结束了冬眠。

不，不，你们听得一点都没错。刚才我说的就是狗，并不是熊，也不是土拨鼠，更不是獾。

你们认为所有地方的狗都不会冬眠吧？但是我们这里的狗却会冬眠，它们已经睡了整整一个冬天了。

有一种非常特别的野狗就生活在我们这里。它们有着比狐狸小的体形，四条腿短短的，有一身浓密棕黄的长毛。双耳被这些四处披散长毛遮蔽得无影无踪。它们在冬天会像獾一样躲到洞里去沉睡。如今，已经睡醒的它们开始四处捕捉老鼠和鱼了。

这种长得像美洲浣熊一样的大狗，学名叫作貉子。

我们这里南方沿海生长着一种比目鱼，这种鱼身子扁扁的，人们正在广泛捕捞它们；而幼虎在茂密的乌苏里边区原始森林出生了，现在已经睁开了眼睛。

我们每天都在期盼着从海洋洄游到这里的鱼[①]类，它们回到这里是为了产卵。

西乌克兰回电！

我们这里正在进行小麦播种的工作。

这里已经出现了从非洲南部飞回来的白鹳。如果它们能在我们的屋顶上安家，这会让我们非常高兴。我们将沉重的旧车轮搬到屋顶，好让它们在上面搭建窝巢。

现在，白鹳们衔来了很多粗细长短不同的树枝，它们开始在车轮上铺设树枝，做窝了。

我们这里的养蜂人现在非常焦急。因为外表文雅、毛色华贵的蜂虎已经飞回来了，这种金黄色的小鸟很喜欢吃蜜蜂。

请回复！请回复！

苔原亚马尔半岛回电！

我们这里还是真正冬天，无法嗅到一丝春天的气息。

一群驯鹿正在仔细地用鹿蹄刨开积雪，敲碎冰块，它们来自北极，正在寻找苔藓填饱肚皮。

过不了多久，乌鸦就会飞回我们这儿来！我们会在每年的 4 月 7 日欢庆“渥恩嘉·雅烈”节，也就是乌鸦节。乌鸦在哪一天飞回我们这儿，哪一天就是我们这里春天的开端。我们这里没有秃鼻乌鸦，因此不能像你们列宁格勒一样，将秃鼻乌鸦到来的那天当作春天的开始。

①指洄游的鱼。

新西伯利亚原始森林回电！

现在，我们这里的情形跟你们列宁格勒很相似。我们所在的位置处在原始森林带上，这种针叶林和混合林组成的林带现在正覆盖着我们国家绝大多数地区。

秃鼻乌鸦只有在夏天才会在我们这里出现，而寒鸦飞回我们这里的日子是我们这里春天的开端。寒鸦是第一批飞回我们这里的鸟儿，虽然它们并不在我们这儿过冬。

我们这儿的春天很暖和，但是很短，一晃就过去了。

外贝加尔草原回电！

粗脖子的羚羊开始成群地离开这里，它们即将向南方出发，迁往蒙古。

对这群羚羊来说，一开始的几个融雪天简直是它们的灾难。积雪在白天融化成了水，而这些水在夜里又被严寒重新冻成了冰。于是平坦广阔的草原就变成了一个大溜冰场。羚羊光滑的蹄子踩在镜子一样的冰面上，四蹄就会一下子分开，撑不住身体摔个四脚朝天。

但是，羚羊就是靠着它们那跑起来像风一样快的四条腿才无数次保住了自己的一条命。

现在，在这个寒冷的春天里，不知有多少羚羊的性命会断送在恶狼和其他猛兽的口中呢。

海洋回电！北冰洋回电！

正前方洋面上向我们飘过来的是冰块和整块冰原，一群浅灰色的海兽躺在冰面上，两肋是黑色的，这是格陵兰雌海豹，这寒冷的冰面就是它们的产房，小海豹浑身毛茸茸的，洁白如雪，鼻子和眼睛是全身唯一是黑色的地方。

刚出生的小海豹要过很长时间才能下水游泳，而在这之前，它们只能躺在冰面上。年迈的格陵兰雄海豹也爬上冰面，它们有着黑黑的脸孔和腰肢。它们爬上冰面是为了褪下那一身短而硬的浅黄色粗毛。为了褪净毛，它们也得躺在冰面上漂流一段时间。

此时，驾驶着飞机的侦察员在北冰洋上空飞来飞去。他们正在侦察携带着小海豹的母海豹在哪里的冰原上，还有换毛的雄海豹在哪里的冰原上。侦察完毕后，返航的侦察员要将情况报告给船长：大群的海豹分布在什么地方。那里的海豹密集得将身下的冰原都盖住了。

过不了多久，猎人就会乘坐着一种专用轮船在冰原之中左冲右突，不断向那里进发，去猎捕海豹。

打靶场

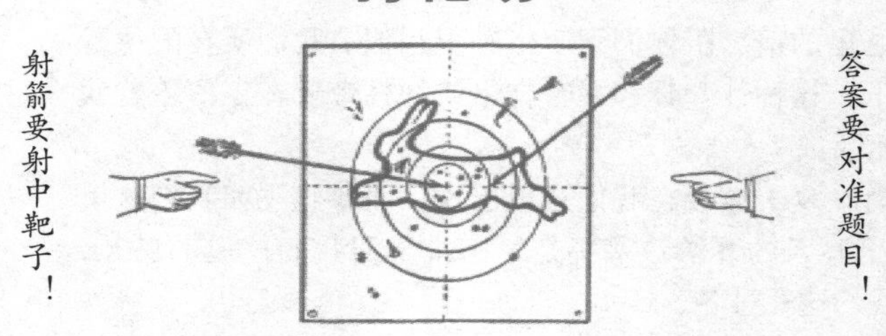

第一场竞赛

1. 从日历上看，春天是从哪一天开始的？
2. 干净的雪和脏雪，哪种消融得更快？
3. 春天的软毛兽为什么不能猎捕？

4. 春天，蝙蝠和飞虫，谁会首先出现？
5. 在我们这里，什么花在春天最早开放？
6. 什么鸟儿的羽毛颜色在春天里改变得最为明显？
7. 白色野兔什么时候最容易被发现？
8. 出生后，小兔的眼睛是闭着的还是睁开的？
9. 下图是两棵松树，你能分辨出谁长在密林中，谁长在旷野中吗？
10. 在我们这里，哪种野兽是最小的？
11. 在我们这里，哪种鸟类是最小的？

12. 下图是三种不同鸟类的喙，一种吃昆虫，一种吃稻谷和野果，一种吃小兽和鸟儿。你怎样才能根据鸟嘴的形状判断出它们是吃什么食物的呢？

13. 我们这里，哪种鸣禽雄性是黄色羽毛、雌性是绿色羽毛？
14. 下图这棵树，中间的树皮被兔子啃光了。兔子是怎么爬到那么高的地方去的呢？为什么它没有啃掉树根处的树皮呢？
15. 太阳会在一年中的哪两天在天上整整待上 12 个小时？
16. 头朝下生长的是什么东西？
17. 炉子无烟火，柴火无火光，仍然暖洋洋。（谜语）
18. 飞无声，坐无声，死后腐化时，才敢高声鸣。（谜语）
19. 小黑马，车前跑，车辕儿，忘掉了。（谜语）
20. 老奶奶，真奇怪，冬天到，衣帽白。老奶奶，真稀奇，春天里，穿花衣。（谜语）
21. 冬天暖人心，春天化成片，夏天无踪影，秋天会重现。（谜语）
22. 昨天远远逃开，明天即将到来。（谜语）
23. 枝杈儿，黑乎乎，仔细看，不是树。（谜语）

通告

急征住房

我们已经飞回来临，急租房屋。要求：单间；材质是厚度超过 2 厘米的结实木板；32 厘米高；大小 15 厘米 ×15 厘米；方向朝南，房门高 5 厘米；离地 23 厘米。

发布者 椋鸟

我们马上就要抵达，急租菱形小房。要求：室内面积至少 12 厘米 ×12 厘米，房门大小应该达到 4 厘米。

发布者 以昆虫为食的杂色鸟儿朗鹟

我们将在 5 月份飞回，急租住房。要求：房屋应该有隔板，将室内分割成三个独立的房间。房屋总面积是 12 厘米 ×36 厘米，屋檐下 4 厘米处要设置房门。

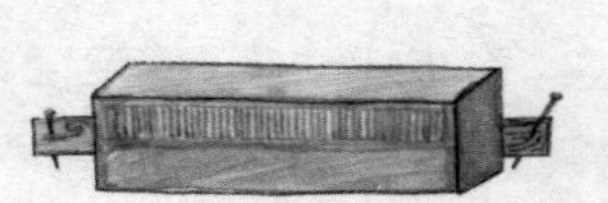

发布者 雨燕

急寻房屋。要求：材质木板；房高 11 厘米；大小 11 厘米 ×11 厘米；房门高 4 厘米；离地 7 厘米。

我们已经抵达。

发布者 白鹡鸰

我们将在 5 月份飞抵。

发布者 灰鹟

森林报

No.2

候鸟回乡月

（春季第二月）

Forest Newspapers

4 月 21 日到 5 月 20 日　　太阳进入金牛宫

第二期导读

太阳诗章——4 月

林中逸闻

飞禽传信

林间大战

农场纪事

农场新闻

城市要闻

基特的故事

狩猎

在马尔基佐瓦湿地猎野鸭

打靶场：第二场竞赛

通告：“火眼金睛”大比拼

一年：太阳在12个月内谱写的乐章

4月——积雪融化。4月还没睡醒，春风就已到来了，四处预告“暖和的天气即将到来”的消息。等着瞧吧，还会有新的好事儿发生！

本月里，春水从山上流下，鱼儿跳出水面。大地被春天从积雪下解救出来，而春天正进行着第二项工作，解救冰下的水，让它冲破限制，获得自由。融化的雪水汇成了小溪，涌向大河。河水涨了起来，冲破冰的重围，奔涌到谷底，在山谷中泛滥。

土地饮足春水和暖雨，换上了绿衣，上面还点缀着许多斑斓的娇艳春花。森林依然没有绿意，安静地站在那儿等待着春天的恩赐。不过，树干里正悄悄流动着树汁，嫩芽争先恐后地出现在枝条上，低头抬眼间花朵也开满了天空和地面。

候鸟的返乡之旅

鸟儿像奔流不息的海浪一样从过冬的地方起飞，排着整齐的队伍飞回家乡。

和几千年、几万年、几十万年以前一样，候鸟飞回我们故乡选择的路线和队列的排列方式一直都没有变。

去年秋天，最后离开我们的鸟儿率先动身，而上一年首先离开我们的鸟儿则在最后才起飞。毛色艳丽的鸟儿总是最晚到的，它们要等到春天的新草和树叶长出来以后才会回来。因为早归的它们在光秃秃的大地和树木上特别显眼，现在在我们这里还很难找到能够遮蔽自己、躲避猛禽猛兽等天敌的东西。

“波罗的海航线”恰好从我们城市和列宁格勒州上空经过，这是一条鸟儿从海上飞过的路线。

波罗的海航线漫长无比，一端在阴沉的北冰洋，而另一端则在繁花似锦、阳光明媚的热带。成千上万的海鸟和海滨上的鸟儿排列着各自不同的队形，在空中飞行。为了抵达这里，它们飞过了一个个岛屿和海洋，先后经过了非洲海岸、地中海、比利牛斯半岛、比斯开湾，还有一个个海峡、北海和波罗的海。

返乡之旅中，鸟儿们经历了无数磨难。不仅仅有厚墙似的浓雾遮挡在前面，这些带翅膀的旅客还会遭遇昏暗的湿气。迷失方向的它们在其中左冲右突，很难避免一头撞到难以预测的尖崖峭壁上，尸骨无存。

鸟儿们羽毛和翅膀会被海上的风暴折断，狂风将它们吹得离海岸远远的。海水在寒流的作用下结了冰，许多饥寒交迫的鸟儿便在中途丧生了。

成千上万的鸟儿成了雕、鹰、鹞等猛禽的腹中餐。每年这时候，这些贪婪的猛禽就会聚集在候鸟返乡的航线上，守株待兔似的等着享

受美餐。

更多的候鸟死在了猎人的枪口下。（我们会在这期《森林报》上报道一篇猎人们在列宁格勒近郊捕猎野鸭的故事）。

但是，没有什么能够阻止这群数量众多的流浪者的脚步。它们穿过层层迷雾，克服了艰难险阻，终于回到了家乡。

我们这里的候鸟也不是全在非洲越冬，更不是全沿着波罗的海航线飞行。到印度过冬的候鸟也会飞到我们这里，甚至还有在美洲过冬的蹼瓣鹬。它们要穿过整个亚洲，才能到达我们这儿。从过冬地到阿尔汉格尔斯克郊外的巢穴，这些鸟儿差不多得花两个多月的时间，飞行 1500 千米，才能结束旅程。

佩戴脚环的鸟儿

若你猎杀了一只戴脚环的鸟儿，请取下脚环，请给我们写一封信，详细地写明你猎杀这只鸟的地点和时间，然后将信和脚环寄到莫斯科 K–9，赫尔岑大街 6 号——鸟类脚环中心管理处。

若你活捉了一只戴脚环的鸟，请记下脚环上刻着的字母和编号。把鸟放生，然后再写一封信寄给上述地址的机构，报告你的发现。

如果你没有打死或者猎获这种鸟，而是你的熟人，或其他捕鸟人，那么请告诉他该怎样做。

鸟脚上的这种分量很轻的铝环，是科学家专门给它们戴上的。环上所刻的字母代表给鸟戴环的国家、机构。而数字则显示了戴环的时间和地点，科学家的记事本里也记录着这些编号。

科学家正是通过这种方法来了解鸟类生活的巨大秘密的。

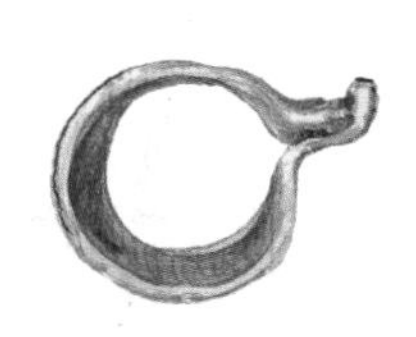

比如在我们苏联遥远的北方某地，科学家也为鸟类戴脚环。然后这些鸟可能恰好会被非洲南部或印度人捕获，他们会将脚环从当地寄过来。

而且，我们这里的候鸟并不全是去南方过冬的，它们也会飞向西方、东方和北方。我们正是通过这种戴脚环的方式来了解鸟儿生活的秘密的。

林中逸闻

泥泞时节

如今，城郊遍地泥泞。雪橇和马车已无法在林中和乡道上行走了。要克服许多困难，我们才能得到林中的消息。

积雪下的浆果

林中沼泽里的积雪融化了，蔓越橘显露了出来。乡下的小孩经常去采摘，都说越冬的浆果比新长出来的甜得多。

欢度佳节的昆虫

繁盛的花儿开满了整棵柳树，一个个闪亮小巧的黄色小球缀满了柳树的枝条，小球将柳树疙疙瘩瘩的灰绿色疤枝条掩盖得无影无踪。整棵柳树都变得毛茸茸、轻飘飘的，充满喜气。

漂亮的柳树丛穿着节日盛装，上面缀满了花儿，这可是昆虫的节日哩，它们围在树丛的周围，热闹而喜庆。不断发出嗡嗡声的丸花蜂飞来飞去；呆头呆脑的苍蝇闯来撞去；勤劳的蜜蜂为了采集花粉，不停地在雄蕊上忙来忙去。

蝴蝶左右飞舞。看，这只黄蝴蝶有一双雕花翅膀；那只荨麻蛱蝶翅膀上像有一对棕红色的大眼睛似的。

呀！毛茸茸的小黄球上落了一只长吻蛱蝶，它那带有黑色斑点的翅膀把小黄球遮挡得严严实实。长长的吻管深深地插进雄蕊间，开始吮吸花蜜。

紧挨着这棵弥漫着佳节喜气的柳树丛的是，另一丛开着花的柳树。但是它的花儿完全是另一种模样，都是些乱蓬蓬的灰绿色小绒球，异常难看。昆虫也聚集在这些小毛球上，但是这丛树全然没有旁边那丛柳树生机盎然的景象。其实，也只有这棵柳树才会结出种子。原来，那些黏糊糊的花粉已经被昆虫从黄色小球上传到了灰绿小球上，过不了多久，绿色小球内部的瓶状雌蕊里都会长出种子。

■尼·朱·帕甫洛娃

葇荑花序

葇荑花序已经在大河小溪的岸边和森林的边缘盛开了。当然，刚解冻的土地可不是它们盛开的场所，它们只在被春天阳光晒得暖暖的树枝上开放。

现在白杨树和榛树上，就点缀着葇荑花序，就是那些浅棕色的长穗子。

早在上一年，它们就长出来了。冬天，它们结实饱满，静止不动；春天，它们才舒展开来，变得蓬松而极富弹性。

在树枝摇动时，黄色的花粉就像轻烟一样飘飘洒洒，四处飞扬。

除了葇荑花序，白杨树和榛树上还有别种的花儿，那就是雌花。白杨树的雌花长得像褐色的小球。而榛树的雌花是长得很壮实的花苞，细细的红须从花苞中探出，这是雌花的柱头，看起来很像藏在花苞里的昆虫的触须。雌花至少有两三个花柱，多的能达到五个。

现在，白杨树和榛树上叶子还没有长出来。光秃秃的树枝间，风畅行无阻。葇荑花序被吹得东摇西晃，花粉也从一棵树送到了另一棵树，最终落在了那些细须般的粉红色柱头上。从此，这些模样奇怪的雌花就受精了，到了秋天，就会变成榛子。白杨树的雌花也在风的帮助下受精了，之后它会结出小黑球一样的果实。

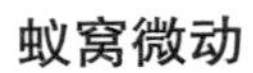

蚁窝微动

在一棵云杉下，我们发现了一个巨大的蚁窝。刚开始，因为周围没有看到一只蚂蚁，我们还以为是垃圾或枯叶呢，哪里想到这竟是一座蚂蚁城。

如今，蚂蚁正从积雪消融的窝里爬出来晒太阳。漫长的冬眠之后，虚弱不堪的蚂蚁们躺在窝上，个个都缩成了黑团，彼此粘在了一起。

我们用小棍儿轻轻地拨弄了几下，蚂蚁们才稍微动弹了几下，它们连释放攻击我们的刺激性蚁酸的力气都没有了。

它们必须再休养几天，才能开始劳作。

蝰蛇的日光浴

剧毒的蝰蛇每天清晨都会爬到干枯的树桩上晒太阳。天太冷，它体内的血液很凉，所以它爬行起来非常吃力。

蝰蛇享受过日光浴之后，身子被晒暖了，身体恢复灵活的它立刻去捕猎老鼠和青蛙了。

睡醒的还有谁

蝙蝠睡醒了，扁平的步行虫、圆滚滚的黑色屎壳郎和叩头虫等各种甲虫也都从冬眠中醒过来了。叩头虫正在表演令人眼花缭乱的杂耍：只要把它仰面平放在地上，它的头就会向下一磕，“啪”一声弹起来，在空中翻个筋斗，稳稳当当地六脚着地。

蒲公英正在盛开，马上就要吐出新芽的白桦树也裹上了绿纱。

刚下过第一场春雨，粉红色的蚯蚓和羊肚菌、编笠茸等蘑菇都从泥土里探出了头。

水塘中

水塘也睡醒了。结束冬眠的青蛙离开了淤泥中的水藻床榻，开始产卵，然后奋力跳到岸上去。

蝾螈则正好相反。此时，它刚从岸上爬回到水中。列宁格勒地区的人们将蝾螈称为“哈里同”。橙黑色的身体长着一条大尾巴，和青蛙比起来更像蜥蜴。蝾螈在冬天爬出水塘，然后藏到森林中潮湿的苔藓下开始冬眠。

苏醒过来的癞蛤蟆也开始产卵。青蛙卵像小泡泡似的，凝成黏胶状团团，在水中漂浮着，每个小泡泡里都有个黑圆点儿；而癞蛤蟆的卵连成串儿黏附在水草上，像条细带子。

森林里的环卫工

冬天突如其来的严寒，常常让来不及躲藏的鸟类和小兽丧命。它们的尸体被掩盖在积雪下，春天到来就暴露出来了。但是熊、狼、乌鸦、喜鹊、屎壳郎、蚂蚁，还有森林中的其他环卫工，会迅速将遗体打扫干净，因此它们并不会长久地暴尸在原地。

它们是不是春花

现在，很多植物都开花了，诸如三色堇、芥菜、遏蓝菜、红蓼和洋甘菊等。

你可不要以为这些草跟在春天开放的花儿一样，都是从土里钻出来的。春花会先从泥土里探出一条短短的绿色小腿儿，然后再使尽全身力气将小身子探出来。这时，它的花儿才会露面。

而三色堇、芥菜、遏蓝菜、红蓼和洋甘菊等植物却不会躲到某个地方去过冬，它们会在寒冬就长出数不清的蓓蕾。一旦头上的雪帽消融，再次见到蓝天，苏醒过来的花朵和蓓蕾就会爆发出勃勃的生机。

上一年秋末，我们就看到了这些挂在草梗上的蓓蕾；此刻，它们已经绚烂地开放了，正站在草丛中望着我们呢。

你觉得，它们能不能被当作春天开花的植物呢?

■尼・朱・帕甫洛娃

白色寒鸦

一只白色寒鸦栖息在小雅里奇基村的学校附近，常常和普通寒鸦结伴飞行，一起生活。就连村里那些上了年纪的老人，都没见过这样的白色寒鸦。我们小学生更是搞不清怎么会有白色的寒鸦呢?

■驻森林记者 波里娅・西妮曾娜
盖拉・马斯洛夫

编辑部的回答

普通鸟兽偶尔会生下浑身白色的雏鸟和兽崽。科学家将这些全白的幼体称为患白化病的鸟兽。

浑身白化和局部区域白化是白化病的两种表现方式。患白化病的鸟兽体内缺少染色物质，也就是缺乏使羽毛和皮毛带颜色的色素。

很多家禽和家畜都会患上白化病，比如白兔子、白鸡、白老鼠等都是缺少色素的白化病患者。

但是野生动物中患白化病的则很少见到。

患白化病的野生动物存活下来要比普通动物困难得多。它们的父母通常会在它们很小的时候就把它们咬死，或者它们一生就会受到同类的追捕和攻击。即使能像小雅里奇基村的白色寒鸦那样，最终被亲族接纳，也很难长久存活。因为这些患有白化病的鸟兽在族群中过于显眼，很容易吸引猛禽猛兽的注意力。

少见的小兽

啄木鸟在森林里惊叫起来，叫声响亮，远远地传过来。听到这种声音，我就知道它一定是遇到危险了。

我迅速穿过密林，发现空地上有一棵枯树，树上整齐的树洞就是啄木鸟的窝。一只模样怪怪的动物正在沿着树干偷偷地向窝爬去。我不清楚这是一种什么动物！它浑身都长着灰色的毛皮，尾巴短小；耳朵像小熊一样又小又圆，大大的眼睛往外突着，很像猛禽的眼睛。

它爬到鸟窝门口，探头探脑地向里瞧，明显是想掏鸟蛋吃。看见这种情况，愤怒的啄木鸟猛扑过去拼命啄它！这东西灵活地向树后闪去，啄木鸟紧追不舍。小兽开始围着树干打转儿，啄木鸟也跟着转起了圈儿。

转着、转着，小兽爬得越来越高，已经到树梢了，再也没地儿可去了。无路可逃的它终于被啄木鸟狠狠啄了一口！小东西纵身一跳，在半空中飞了起来……

小兽的四只小爪直直地向四方伸展开去，身子竟然像秋天的枫叶一样飘在空中。它的身子微微左右摇晃，它不断摆动着自己的短尾巴，将它当作控制方向的舵，飞过草地后，它在一根树枝上降落了。

看到这种情形，我恍然大悟，原来它是一只鼯鼠。这种会飞的灰色鼯鼠两肋长有皮膜，只要张开四腿，将皮膜撑开来，就可以在空中滑翔。真是森林中的一流跳伞员，可惜这种小动物太少见了。

■驻森林记者 尼·斯拉德可夫

飞禽传信

春潮泛滥

春天，很多森林居民都遭了灾。迅速融化的积雪使暴涨的河水漫过了堤岸，某些地方甚至泛滥成灾。

我们接到各地很多关于动物受灾的消息。兔子、鼹鼠、野鼠、田鼠及其他居住在田中和地下的小动物遭了殃，它们的家园被灌入冰水，只好逃离窝巢。

每种动物都使出浑身解数来拯救自己。

个头儿矮小的鼩鼱匆忙从洞穴中逃离，爬上了灌木丛，静等洪水消退，饿得前胸贴肚皮的它真是可怜。

地下的鼹鼠在洪水漫上河岸时差点儿被淹死，幸好它及时从地下洞穴里爬了出来。为了寻找干燥的地方，钻出水面的它开始四处游动。

鼹鼠是个游泳的行家，它能在水里游上好几十米呢。在水里游动时，它那乌黑发亮的皮毛居然没被猛禽发现，这使它非常得意。

上岸后，鼹鼠再次顺利地钻进了地下。

遭殃的兔子

兔子遇到大麻烦了。

兔子本来住在一条大河中的小岛上。晚上它出来啃食小白杨树的树皮；白天为了避免被狐狸和人类看见，它就躲在灌木丛中。

这只兔子显然过于年轻而且不够机灵。它根本就没有注意到周围的河水正在哗啦啦地把冰块冲到岛上。

这天，兔子正安安稳稳地藏在灌木丛中睡懒觉呢。阳光明媚，晒得它暖暖和和的，完全没注意到迅速上涨的河水。直到河水浸湿了它的毛皮，它才睁开眼睛醒过来。它猛地跳了起来，但四周已经是一片汪洋了。

发大水了！幸好现在水只漫到了爪子，兔子匆忙蹿到还是干地的岛心。

但是河水涨得很快，小岛也越来越小。兔子左躲右蹿，小岛马上就要被水淹没了。可是它又不敢往冰冷湍急的河里跳，这样波涛汹涌的河流，怎么可能游过去呢？

一天一夜就在兔子的干等苦熬中过去了。

第二天一早，岛上只有一小块干地了，那里有一棵树干粗壮弯曲的树。吓得丢了魂的兔子绕着树干直转圈。

第三天，洪水涨到了树下，兔子只好往树上跳。但是每次都掉了下来，跌进了水里。终于，兔子总算跳上了树干最低处的一根树枝。

趴在树枝上的兔子静等着洪水的消退，这时，洪水也停止了上涨。

兔子并不担心自己会饿肚皮，老树皮仍然可以填饱肚子，虽然它又硬又苦。但是它最害怕的是阵阵刮来的大风。风左右摇晃着树干，兔子有很多次都差点掉下来。此时，它就像是趴在桅杆上的水手，而船上的横桁就是身下不断摇晃的树枝，又冷又深的洪水在下面奔流着。

整棵的大树、长长的枝条、草秸和动物的尸体，不断地从宽广的水面上漂过。

一只淹死的兔子出现在水面上，进入了这只可怜兔子的视野。看到同类在奔涌的波涛中从自己的身边流过，兔子打起了哆嗦。

树枝缠住了那只死兔的脚爪，如今它只能肚皮朝天，伸着四腿顺着河流向前漂。

在树上苦等了三天后，水终于退了回去，兔子再次回到了陆地上。

不过现在它仍然得待在河中的小岛上，等到河水在炎热的夏天变浅的时候，它就能到岸上去了。

鸟儿也受灾了

一般情况下，鸟儿是不害怕发洪水的，但是它们仍然因为春汛而受了灾。

淡黄色的鹀鸟将窝建在了水沟的旁边，而且已生下了蛋。突然到来的大水带走了窝和蛋，它只能另外选个地方重新建窝了。

待在树上的沙锥也在焦急地等待洪水退去。沙锥是在森林湿地中生活的鹬类。靠着尖长的喙，它能在松软的泥土里寻找食物。它有一双很适合在泥地上行走的腿，如果让它站在树干上，那就会像让狗在木桩围墙上行走一样费劲。

但是它还必须得待在树上，盼着在软软的湿地上行走的日子早些到来，盼着用长嘴在地上挖洞的日子早些到来。可不能离开自己的家！所有的湿地都被其他沙锥给占住了，它们是不会让自己栖息的。

坐船的松鼠

一个渔民在被春水淹没的草地上张起了网，他打算捕捉鳊鱼。在露出水面的灌木丛间，渔民划着小舟缓缓行进。

这时，一只挂在一丛灌木上模样古怪的淡棕色蘑菇出现在他的视野中。突然，这只蘑菇径直向渔民跳了过去，落进了小船。

一落到船里，蘑菇就迅速变成了一只松鼠，它浑身湿漉漉的，毛乱糟糟的。

渔民把船划到了岸边，松鼠立刻跳出了船，蹦进了林子。它为什么会在水中的灌木上，它在上面待了多久，没人知道。

意外的猎物

有位猎人也是我们的驻森林记者的一员。有一天，他穿着高筒靴，悄悄地向栖息在湖中灌木丛后面的野鸭群摸去。湖水已漫到了岸上，没过了他的膝盖。

突然，前方灌木丛后面的声响传到了他的耳朵里。然后，一个有着灰色光溜溜长脊背的怪物在水里晃动着。来不及多想，他用打野鸭的霰弹对着这个怪物开了两枪。

灌木丛后面响起一阵哗哗的翻腾声，水里泛起了大量的泡沫，然后就再也没有声音了。猎人走上前去仔细一看，原来被他打死的是一条足有一米半长的梭子鱼[①]。

梭子鱼每年这个季节都要从河流和湖泊游到被水淹没的岸上来，它要在岸上的草丛里产卵。这片地区的浅水很温暖，刚出生的小梭子鱼也能跟着消退的洪水返回湖泊和河流中。

法律规定不许在春天捕猎包括梭子鱼和其他凶猛鱼类在内的到岸上产卵的鱼，很明显，猎人并不知道这是一条梭子鱼，不然他绝不会违法捕杀梭子鱼。

①梭子鱼：身体细长，大型梭鱼身长可达1.8米。梭鱼的背呈青灰色，腹面浅灰色，两侧鳞片有黑色的竖纹。梭子鱼生活在沿海、江河的入海口或者咸水中。梭子鱼喜爱群集生活，以水底泥土中的有机物为食。

林间大战

我们派出了几位记者，去采访森林里经常争斗的几个不同树种，希望能够记录战场实况。

长着白胡子的百年云杉王国是我们记者想到的第一个采访地。在这里，每个云杉战士都有两根甚至三根电线杆接到一起那么高。

云杉王国阴森森的，苍老的云杉战士个个站得笔直，绷着脸，保持着沉默。它们身体从树根到树冠都是光溜溜的，偶尔才会发现一些枯死弯曲的枝条。

云杉毛蓬蓬的针叶在高空中像紧拉着的手一样缠绕在一起，黑压压地连接成一片，像个绿色的帐篷一样将整个王国遮得密不透风，连阳光也无法穿透。帐篷下面憋闷黑暗，到处弥漫着阴湿腐败的味道。有时会有一些小小的绿色植物在这里安家落户，但是它们很快就无法生存下去了。对这种阴湿腐败的生存环境表示满意的只有那些灰色的苔藓和地衣，它们贪婪地盘踞在这些在战争中丧生的巨卒的尸体上，吮吸着它们的血液——树液。

在这里，记者没有看到任何野兽，也没有听到鸟类的鸣叫声。只看到了一只孤单的、进来躲避阳光的猫头鹰。这只被记者惊醒了的猫头鹰竖起了全身的羽毛，抖动着胡子，角质嘴里发出了一串低沉恐怖的咕咕声。

无风的时候，云杉王国一片死寂，而起风时，风从云杉王国的上空快速经过，直直挺立着身躯的巨人晃动着毛蓬蓬的树枝，凶狠地发出呼呼怒吼。

云杉族群拥有整个森林中最高的士兵，最强大的实力和最多的兵力。

离开了云杉王国后，记者又拜访了白桦和白杨王国。

白桦有着白树皮和绿头发，而白杨也有着银白色的皮肤。看到记者，它们发出哗哗的声音欢迎来客。长满绿叶的树枝间有许多鸟儿在歌唱，树梢的绿叶中星星点点地洒下了阳光，将空气照射得五彩斑斓。处处都闪烁着斑驳的阳光，像金蛇一样。阳光有时像星光点点，有时又像月牙弯弯，在笔直光滑的树干上摇来晃去。低矮的草族成员挤满了地面，很明显，这些待在主人绿色帐篷下的草儿十分满意，就像在自己家里一样自在。记者的脚下不断穿梭着老鼠、刺猬和野兔。一阵风吹过，树梢发出了一阵快乐的哗哗声。没有风的时候，这里也十分热闹。白杨无论白天还是黑夜，都在摇动着叶子，不断发出沙沙声，各种动物都在高声欢笑。

王国的边上是条河，在河的另一边，原本也是森林。冬季采伐将它们砍伐殆尽，变成了一片采伐迹地。而荒野的另一边又是一片繁盛密集、身材高大的云杉，它们就像是一堵高墙挡在了前方。

编辑部清楚地知道，森林中的积雪融化后，这片采伐迹地很快就会彻底变成战场。空间有限，各种树木肯定会争着占领这块新近腾出的空地。

过河后，记者就在采伐迹地上搭起了帐篷，想亲自观看一下这次战争到底是怎样爆发的。

在一个阳光明媚的早晨，噼噼啪啪的声响从远处传来，就像两军对垒时的机枪对射一样，我们的记者赶紧跑过去瞧个明白。

原来是云杉发动了攻击，派出了本国的空军去抢占那片新形成的采伐迹地。

硕大的云杉果球被阳光烤得焦热，啪啪啪啪的响声不断响起，果球陆续裂开了。伴随着每次开裂，不断爆发着子弹发射似的声音。果球外紧包着的鳞甲也裂开了，躲在秘密军事掩体里的微型滑翔机——种子飞了出来。风在半空中托举着的种子不断旋转着，不时下落和升高。

一棵云杉树上有好几百只球果，每只球果里都隐藏着 100 多架微型滑翔机——种子。在空中飞行的大部分种子最终会落到采伐迹地上。

不过，只有一只翅膀的云杉种子显然并不轻，因而小风是无法将它们送得太远的。还没飞多远，它们就坠落到地面上了，还没有占领采伐迹地的一半。但是，强风几天后就过来了，云杉种子趁势占据了整片采伐迹地。

但是，这还不是胜利，接连几个清冷的早晨，娇嫩幼小的种子差点儿被冻死了。幸好一场温暖的春雨使土地变得松软了，这批小移民才最终被这片土地接纳了。

对岸的白杨在云杉王国占据空地的时候也开了花，种子被包在葇荑花序中，毛茸茸的，刚成熟。

夏天在一个月后到来了。

准备过节的云杉王国，一反平常阴沉沉的气氛，显得格外喜庆。它们在自己树枝上挂满了充当红蜡烛的新生球果，盛装出场了：黄色的葇荑花序点缀在墨绿色针叶间。开花的云杉正在悄悄地准备着下一年的种子。

它们在采伐迹地播下的那些种子受到了温暖春水的滋润后，开始膨胀，马上就要拱破地面，见到太阳了。

此时，白桦树还没有开花呢。

记者们认为，其他树种已经失去了机遇，现在新大陆已经被云杉占领了。

他们十分肯定地认为，战争已经结束了。

编辑部希望记者们在下一期《森林报》发来更详细的报道。

农场纪事

积雪刚融化，农场的人们就驾驶着拖拉机进了田。耕地和耙地都要用拖拉机。将钢爪子装到拖拉机上，它还能清理树墩，开辟新耕地。

一群黑中透蓝的秃鼻乌鸦飞过来，大模大样地跟在拖拉机后面。秃鼻乌鸦双脚前后交替，踱着方步，灰色的乌鸦和白色腰身的喜鹊则远远地跟在它们身后，不断地跳来蹦去，在翻起的泥土中翻找着美味点心：蚯蚓、甲虫和甲虫幼虫。

耕过的田地被耙平后，带着播种机的拖拉机在地里来回穿梭，播种机均匀地将选好的种子撒进了泥土里。

亚麻，是我们这里最先种下的作物，娇弱的小麦，燕麦和大麦等春播作物则被排到最后。

现在，黑麦和冬小麦等秋播作物已经长好几十厘米高了。这些正在呼呼长个儿的作物是在去年秋天播种下的，它们在秋天发芽，在雪下度过寒冬。

清早和傍晚，阵阵“切尔，维科！切尔，维科”的叫声从充满生机的灌木丛中传来，像是一辆看不见的大车经过时发出的吱呀声，又像是大蟋蟀在唧唧地叫。

但这不是大车，更不是蟋蟀，而是一种美丽的野鸡，它就是灰山鹑。

长着灰色羽毛的灰山鹑身上布满了白色花纹，长着橙黄色的颈部和双颊，它眉毛鲜红，脚爪则是黄色的。

此刻，山鹑太太正在灌木丛中忙着建造窝巢。

柔嫩的新草拱出来了，牧场添了一层新绿。天刚蒙蒙亮，牛、羊、马响亮的叫声已经惊醒了农场小木屋里的农家孩子，成群的牛和羊陆续被牧童们赶往牧场。

人们偶尔可以看到，寒鸦和秃鼻乌鸦蹲坐在马背和牛背上，这些个头小巧的双翅骑士还会时不时地用嘴啄着牛们的脊背，发出笃笃声。牛原本可以像赶苍蝇一样用尾巴将它们赶走，可是它们却忍着没有这样做，原因是什么呢？

理由很简单，这些鸟儿对牛和马十分有利。牛虻和苍蝇经常会在牛马擦破和受伤的皮毛附近产卵，而秃鼻乌鸦和寒鸦正在啄食这些害人的幼虫。况且它们的身体那么轻，驮着它们丝毫不觉得辛苦。

丸毛蜂从冬眠中苏醒过来，胖乎乎、毛茸茸的它发出了嗡嗡的声音；亮晶晶的黄蜂挺着细细的腰肢，忙碌地飞来飞去。

蜜蜂们也该上场了。冬季放在蜂房和地窖里过冬的蜂箱被农场里的人们搬了出来，抬到了养蜂场中。蜂房里爬出了许多金色翅膀的小蜜蜂，它们在太阳下歇了一会儿，将身子晒暖以后，就伸了个懒腰，忙着飞去采集花蜜，开始酿造今年第一批蜂蜜。

农场造林运动

每年春天，我们列宁格勒州的农场都会种植数千公顷的森林，很多地方都开辟了面积达 10~15 公顷的树苗场。

■塔斯社列宁格勒讯

农场新闻

一座新城市

昨天，一座新城市一晚上就在果园周围建了起来。新城市的所有房屋都符合同一个标准，整齐划一。据说房屋不是现场建造的，而是从其他地方抬过来的。天气非常暖和，喜欢四处游荡的居民们很满意，它们在房屋的上空飞来飞去，正在努力记住房屋所在的街道和位置。

马铃薯欢度佳节

如果马铃薯能唱歌，你现在就能听到最快乐的歌曲。今天是马铃薯大喜的日子，它们马上就要搬到田里去了。瞧，人们仔细地将它们装进箱子里，搬上汽车拉走了。

为什么要那么仔细呢，还要装进箱子，为啥不放进麻袋里呢？

原因是嫩芽已经从马铃薯里长出来了，不小心翼翼会被碰坏啊。嫩芽粗短矮胖，毛茸茸的，真是漂亮！晒得黑黑壮壮的嫩芽芽根上，有很多即将生出根来的白色小鼓包。尖尖的芽顶上，叶子已经露了出来。

古怪的坑

学校的试验田里上年秋天就挖了许多不知做什么用的坑，粗心的青蛙经常会不小心跌进这些土坑，许多人都认为这些坑是为了捕捉青蛙而专设的陷阱。

现在，连青蛙都

知道了，原来这些坑是用来种植果树的。

苹果树、梨树、樱桃树和李树被孩子们分别种在了坑中。

每个坑中间还立了根木桩，将小树苗固定在上面。

剪指甲

农场里的剃头匠专门为牛剪了一次指甲，牛们的四只蹄子被他洗得非常干净。这些牛很快就要去牧场了，必须给它们收拾一下才行。

农忙时节

田野里，拖拉机日夜忙活着。夜晚，田野中拖拉机孤孤单单地在田里来回穿梭；早上，田地里就热闹了，拖拉机的后面就紧跟着一大群寒鸦。拖拉机不断地把泥土中的蚯蚓翻出来，鸟儿们敞开肚皮猛吃，也吃不完。

河流和湖泊附近的田地里，忙碌的拖拉机身后跟着的是白色的鸥鸟。泥土中翻出的过冬蚯蚓和甲虫幼虫很合鸥鸟的胃口。

古怪的嫩芽

黑醋栗丛中长出一些大大的、圆圆的古怪嫩芽，有几个甚至还张开了，外表很像很小的甘蓝叶球。将它们放到显微镜下后，我们吓得惊叫起来。一群恶心的小东西居然藏在里面，不断弹胡子、蹬腿的，它们都长着弯曲的长身子。

难怪嫩芽会胀得这么大，原来里面藏满了过冬的扁虱！它们可是对黑醋栗威胁最大的死敌，不但会将黑醋栗的芽毁掉，还会给醋栗树丛带来传染病，使黑醋栗树无法结果。

若树上胀鼓鼓的嫩芽不多，就要趁着扁虱还没爬出来，及时将嫩芽摘下烧掉。若这种胀芽太多，那就只好将整棵树都烧掉了。

飞行的小鱼

一群刚满一岁的小鲤鱼飞到了五一农场里。它们待在矮木箱里，搭乘着飞机飞过来的。虽然一般鱼类很少飞行，但是飞行没有对它们的身体产生任何影响，健康无比的它们正在农场的池塘里活蹦乱跳、快快乐乐地游着呢。

城市要闻

植树周

积雪融化后，土地已经解冻了，城区和州里迎来了植树周。春天里这几个种树的日子成了喜庆的植树节。

孩子们挖的树坑布满了学校的实验田、城市里的花园和公园，他们植树的身影遍布房屋附近、道路旁边等各个地方。

涅瓦区少年自然科学爱好者活动站准备了上万枝果树插条。

而滨海区的学校则收到了苗圃划拨给他们的两万棵云杉、白杨和枫树苗。

■塔斯社列宁格勒讯

树种储蓄箱

田野广阔，要使田地免受风害，需要营造多少森林呀！营造防护林是国家的头等大事，我们学校的孩子们都知道。因此，春天时，六年级一班的教室里就摆出了一只大木箱——树种储蓄箱。孩子们将自己采集到的树种放在小桶里带到学校，装进了大箱子。箱子里装满了枫树的种子、白桦树的葇荑花序和坚硬的棕色橡子。比如维佳，单是榛树种子他就采集了二十来斤。储蓄箱在秋天就会被装得满满的，那时，我们就会上交政府，用来培育新苗圃。

■丽娜·波丽亚科娃

果园和公园

一层薄薄的绿雾笼罩在树木上，透明得好像人呼出来的水蒸气一样。这层绿雾在树叶刚刚伸展开身姿的时候就消失了。

巨大美丽的长吻蛱蝶出现了。它褐色的身上布满蓝点，就像天鹅绒一样，翅膀的尾端是白色的。

另一只有趣的蝴蝶也飞了出来，和荨麻蝶长得很像，只不过个头儿稍小，颜色也稍欠艳丽，呈现浅棕色。它的翅膀边缘呈锯齿状，看起来就像被撕碎了一样。

若是捉住它仔细观察，你就会发现它翅膀下面有个白色的字母“C”，简直像是有人特意画上去的一样。

这种蝴蝶的学名是“白 C[1]蝶”。

接下来出现的就是小粉蝶和大白蝶等白蝴蝶了。

奇特的七鳃鳗

在苏联境内，有一种奇特的鱼类分布在从列宁格勒到萨哈林岛[2]的大江小溪中。又细又长的它粗看像条蛇，鳍长在背部靠近尾巴的部位，身体两侧没有鳍。游动的七鳃鳗身子会像蛇一样不断扭曲，它皮肤柔软而无鳞，嘴巴和普通的鱼很不同，是个漏斗一样的圆孔，是个吸盘。若有人见到这个吸盘，第一感觉就是它是条巨大的蚂蟥，绝对不是鱼

这种鱼在乡下被农户人称为七鳃鳗，因为它身体两侧的眼睛下各长有七个呼吸孔。

七鳃鳗的幼虫很像泥鳅，生活在河底泥沙里。它们经常被孩子们捉住，用作钓食肉大鱼的鱼饵。

七鳃鳗经常用吸盘吸附在大鱼身上，随着对方在河水里漂流，大鱼始终都无法摆脱它。

渔民们还说，七鳃鳗有时也会吸附在水里的石块上。它吸附在石头上，拼命地扭动身子，就会将石头拉走，真是条大力鱼呀！将石头搬开后，七鳃鳗就会在水底的石坑里产卵。

这种蚂蟥样的奇特鱼类还有个名字，叫吸石鳗。

虽然模样并不讨人喜欢。但是若能用油煎煎，再放点醋，这种鱼的味道还是很不错的。

街头生活

蝙蝠们每天晚上都会在城郊来回飞翔，它们自顾自地在空中捕捉苍蝇和蚊子，很少理睬街上的行人。

燕子出现了。有三种燕子栖息在我们这里，尾巴像剪刀的家燕便是其一。它喉咙处有块红斑。还有一种是短尾白颈的毛脚燕；最后一种是白胸脯的灰沙燕。

城郊的木质建筑物上隐藏着家燕的窝，石头房子上则黏附着毛脚燕的窝，而崖壁上的石洞里，灰沙燕正在孵卵。

雨燕在三种燕子飞来很久之后才出现。将雨燕和其他燕子区分开很简单。雨燕从屋顶上掠过，经常会发

① 这是拉丁字母“C”，读音近似“采”。

② 萨哈林岛，即库页岛，位于俄罗斯东端，而列宁格勒则在西端。这么说代表自西到东的全部领土。

出刺耳的尖叫声，它们的外表看起来几乎是全黑的，双翅是半圆镰刀状的，和家燕尖角状的翅膀也不太一样。

蚊子也出来叮人了。

城里的海鸥

海鸥在涅瓦河刚解冻时就聚集在河的上空，轮船和城市的喧闹声并没有使它们畏惧。这些家伙在人们面前的水里从容不迫地捕捉小鱼。

飞累的海鸥若想休息，就会直接落到铁皮房顶上。

搭飞机的有翅乘客

飞机里传出了阵阵均匀的嗡嗡声，听到这种声音，你马上就能猜到搭乘飞机的是有翅乘客。高加索蜜蜂就在胶合板箱子里，箱子内部被分成了200个舒适的小房间。800个蜜蜂家庭正由飞机从库班运到列宁格勒去。

蜂蜜准备得很充足，“乘客们”在旅途中吃喝无忧。

■尼·伊凡钦科

阳光雪

5月20日的早晨阳光明媚，天空湛蓝湛蓝的。此时，雪竟然从天而降。像不断闪光的萤火虫一样，亮晶晶的雪花在空中轻盈缓慢地飘舞着。

不要再吓唬人了，冬天！这场雪是无法持久的！这场一落地就化的雪就好比是夏天的蘑菇雨，不仅不会遮住太阳，还会使蘑菇更快地生长。

这时你可以到城外的森林里去看看，也许会发现令人惊喜的事物。

或许你会发现积雪融化后，地面上露出的满是皱褶的伞帽，那是初春最早露头的羊肚菌，这些蘑菇的味道异常鲜美。

■驻森林记者 维利卡

咕、咕

第一声“咕、咕”声，在5月5日早晨的城郊公园里响了起来。

一周后一个温暖安静的傍晚，灌木丛中忽然传来了清脆明快的口哨声。起初，是轻轻地，稍后声音就大了点儿，最终，它们大声啼鸣起来。响亮的哨声传向四周，婉转动听，就像一把珍珠撒到了玉盘上。

人们这才恍然大悟，这是夜莺在啼鸣。

基特的故事

一位个头儿不太高的男孩走进了《森林报》编辑部。

“您好！”他挪进大门，怯怯地问候着，“我是基特·维里坎诺夫，少年自然科学爱好者。请让我成为《森林报》的一名特约记者吧，我很擅长编一些森林故事。”

“您的特长真是奇特。”我们非常惊讶，“但是您的特长并不是我们急需的。我们登载的内容都是事实啊。”

“怎么可能‘不需要’呢？难道你们不想让阅读《森林报》的读者们动脑筋思考吗？”

“我们觉得，读者本身就会动脑思考。”

“哈！但是我觉得读者会以为你们是在他们替思考，所以他们认为自己就没必要思考了。你们第一期刊发的报道有‘鸟儿抱怨猫和小孩毁了它们的窝’一句吧？有！但是小鸟是不会讲话的，这些可怜的小家伙只会流着无人看到的眼泪，它们的话谁会懂？它们怎么会用话语埋怨？读者读到后肯定会认为鸟儿已经跑到《森林报》编辑部来诉苦了。就是这样！我本人就是读者。”

“瞧您说的！鸟儿自然不会说人话，这是读者都很清楚的事儿。”

“就算您正确！但是他们还是不擅长分析……批判性地面对生物事实。我设计了一个能帮助他们动脑思考的游戏。”

“哦？您做了个游戏。那这就是另外一回事了。让我们看看吧。”

基特从口袋里掏出来一个皱巴巴的练习本，递给我们。

这个游戏让我们觉得很有趣，也很有用。我们将基特的小本子留下了，还请他多做一些。

这个基特·维里坎诺夫就是经常在列宁格勒无线电台录制节目的小男孩，当然，这是我们后来才知道的。

电台编辑告诉我们，基特是个超棒的少年自然科学爱好者。他有着灵活诚实、乐观勇猛的精神，观察力很强。

但是他喜欢张扬和夸张，甚至连自己也给夸大了。他原本叫基特·马雷什金[①]（有“小娃娃”的意思），现在却改成了基特·维里坎诺夫（有“巨人”的意思）。喜欢笑的他总是爱戏弄人，不过终究还带着原名的特质，玩笑过后，他总是会说出答案，单纯诚实、爱憎分明的他像个小孩儿。

看，这就是他的照片。

① “马雷什金”有“小娃娃”的意思，“维里坎诺夫”则是“巨人”的意思。

我们会将基特对自己所讲故事的解释放在本书的最后。阅读他的故事时，请读者尽可能以班级或小组为单位。若在故事中对关于生物的观察、介绍、观点和探险故事有不同意见，请在书中写下自己的判断。若认为基特的话正确，请写“真实”；若认为不是那么回事儿，就写下“虚假”。

然后，请将自己的判断和基特的解释对比一下，在自己的答案后面打分，看谁得的分最高。

一共有 4 个故事，每个故事中都隐藏了 10 个需要你作出判断的事实。“顶级聪慧少年”和“顶级打假者”的光荣称号会颁发给正确判断 40 个测试点、获得满分的一等奖获得者。而“二级聪慧少年”和“二级打假者”的光荣称号将授给获得 30 分的二等奖获得者；而“三级聪慧少年”和“三级打假者”的称号将授予获得 20 分的三等奖获得者。

我的十次观察

本周周日我起得很早，因为我想去看看城外动植物们的情况。

两只飞翔在涅瓦河河面上的大海鸥映入了我的眼帘。天哪！这两只海鸥浑身长满了白色羽毛，双翅却像墨染的一样黑，颜色真是不一般啊，真是奇怪。

“哗”的一声，几只在桥下游来游去的野鸭潜进了水里。

我站在桥上，透过清澈的河水可以很清楚地看到水底。潜泳的野鸭们在水下自由地来回穿梭，不停地扑扇着翅膀，它们游得飞快，就像在空中飞翔一样。

我被这种怪事惊得目瞪口呆，站了一会儿，我开始继续向前跑，边跑边唱起了一首古老的校园歌谣：

胡扯！胡扯！
谎话满嘴跑火车！
小虾跳到炉子上，
带着锤子去割草！

瞧，搭上电气列车，我没过多长时间就到了一个熟悉的

小站，然后又迅速进入了森林，芬兰湾和大海就在森林的后面。

各种水鸟正在欢快地飞翔，海上传来阵阵鸣啼声。为了看得更清楚些，我拿着望远镜爬到了树上。我举着望远镜向远处望去，突然，我吓得差点儿把望远镜扔掉，15只像炭一样奇黑无比的天鹅闯进了我的视线！

太让人吃惊了！我是多么幸运啊！除我以外，恐怕没有人能在列宁格勒郊外看到如此奇妙的景象了！

看！天鹅的附近又靠过去一群大雁。真是没想到会有这么多，蹲在大雁的背上成群的家燕和雨燕飞起来了。此刻，天空中挤满了鸟儿，扇动着双翅，朝各处飞散开去。

亲爱的鸟儿们，你们终于都飞回来了！健壮的大雁用宽阔有力的翅膀把燕子们从大海岸边背了回来。真是太感谢大雁了，我们已经盼望燕子很久了！

到了该回家的时候了。我回头打量着森林，鲜花盛开在森林里，甜甜的蜜香弥漫在森林里，高高的椴树挺立着。一丛丛闪亮的黑色鲜花挤在山丘上，但是我已经记不起它们的名字了。沙锥轻轻的叫声时不时从远处传过来，像小绵羊咩咩叫的声音一样。你当然清楚，我们这里的沙锥在春天是用尾巴歌唱的。

尽情享受春天声音、味道和美丽的我久久地坐在树上……忽然，我看到一只白花花的动物跑过了灌木丛。起初，我还以为是只兔子，仔细一看，这是只鸟儿，根本就不是兔子。它比兔子要小，身上布满大块黄斑，并不是纯白的。

“哈！这种鸟就像雪兔一样，冬天穿着白袄，夏天就会换上花衣裳。”我暗暗猜道。

天色已近中午，我开始感到饥饿，就从树上爬下来往车站跑。忽然，一个影子在林子里闪过。我以为是树梢上的燕子，再一看，原来是蝙蝠！这么说，它们也从越冬的窝巢里爬出来了。

我在车站前的林子边成功地完成了第十次妙趣横生的观察。准确地说，称为发现更合适。在灌木丛下，我找到并采了满满一篮子美味的蘑菇！

这些蘑菇被妈妈做成了晚餐的一道菜。

你能猜出来我的观察哪些是真的，哪些是假的吗？猜中一处，就能得到2分哦！另外，有些观察既有真的又有假的，你能将这些观察判断出的话就能得到1分。然后再看下我在书后附的解释，就清楚原因了。

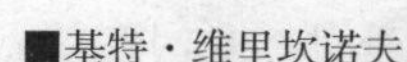■基特·维里坎诺夫

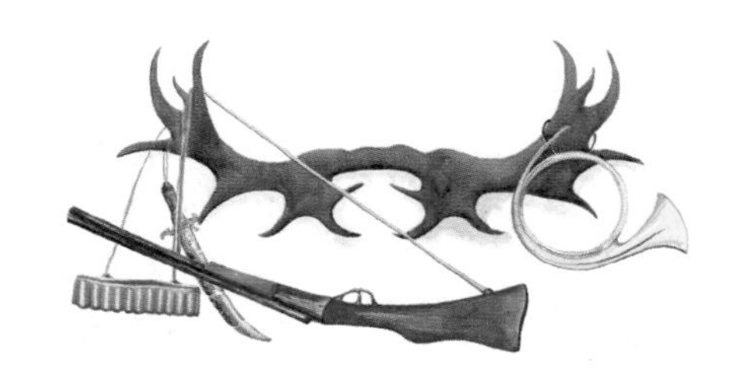

狩猎

去马尔基佐瓦湖猎野鸭

在集市上

列宁格勒的集市上近来正在出售各种野鸭。有的浑身漆黑，有的和家鸭类似；有的很大，有的很小；有的尾巴像又尖又长的锥子；有的嘴巴像宽扁的铲子，有的嘴巴又窄又小。

如果让一个不懂行的主妇去买野味，那可就坏了。瞧，野鸭被她买回家后立刻烤好了，但鸭肉满身鱼腥味，没人吃得下。原来，她买回的是只只吃鱼的潜水矶凫，或是秋沙鸭，或者根本就不是鸭，而是一只潜水䴙䴘。

懂行的主妇一眼就能看出哪个是潜水矶凫，哪个是好野鸭。秘密就在鸭子最小的一根脚趾上。不论是公的还是母的，潜水矶凫这只脚趾上的厚皮大而突出，而那些在美味野鸭后脚趾上的厚皮则非常小。

在马尔基佐瓦湖里

春天里，集市上出售各种不同种类的野鸭，马尔基佐瓦湖里的野鸭才叫真的丰富。

涅瓦河口与喀琅施塔德要塞所在的科特林岛中有片水域，属于芬兰湾的一部分，自古以来就被称为马尔基佐瓦湖。这里是列宁格勒猎人的狩猎天堂。

到斯摩棱河岸上走走吧。你会在斯摩棱公墓旁看到一种颜色和河水相同的小船。小船的外表奇特无比，它有一个很平的船底，两头翘得很高，小小的船身，却异常宽阔。

这就是狩猎时用的小划子。

黄昏，或许你会恰好遇到个猎人。他将火枪和其他杂物放进小划子后，就将小船推入河中，然后摇着船尾的舵顺着河水向下游划去。

20 分钟以后，他就会抵达马尔基佐瓦湖。

涅瓦河虽然早已解冻，但许多巨大的冰块仍然漂浮在海湾里。穿过灰色波浪的小划子迅速向冰块靠去。

接近冰块后，他将船靠上去，自己则跳上了冰块。他把白长袍披在毛皮外套外，将一只用来诱引别的野鸭的母野鸭从小划子里掂了出来。他把母野鸭拴好放入水中，把绳子的另一头固定在冰块上。母野鸭立刻发出了一阵“嘎嘎”的叫声。

坐在小划子中的猎人迅速划离了冰块。

奸细母野鸭和白袍隐身人

没过多久，一只公野鸭就从远处的水里钻出来，听到母野鸭呼唤声，它径直向对方飞去。还没有飞到母野鸭跟前，枪就“砰”的一声响了，然后又一枪，公鸭径自栽到了水里。

扮演诱饵的母野鸭很清楚自己的任务，它拼命地叫唤着，就像收了人家很多钱一样。周围的公野鸭听到母野鸭的叫唤声，相继飞了过来。

这群眼里只有母野鸭的公野鸭，根本就没有看到白色冰块旁还有白色小划子和白袍猎人。在猎人一枪又一枪的射击中，各种野鸭接连跌落到水中，猎人将它们捞到了小划子中。

一群群野鸭沿着长长的海上航线，继续着它们的长途旅行。太阳落山了，逐渐变暗的天空掩盖了城市的轮廓，一盏盏灯火在夜色中陆续亮了起来。

不能再在这样黑的夜色中开枪了。诱饵母野鸭被划子中的猎人提了回去。为了防止被浪冲走，小划子被铁锚紧紧固定在冰块上，贴在冰块边缘。要想想怎样过夜了。

夜色中，风突然刮了起来。乌云布满了天空，天色深沉如漆，在黑暗的笼罩下，伸手不见五指。

水上小屋

将两个弧形木架固定在船舷上后，猎人将展开的帐篷铺到了木架上，再绷紧。做完这些事后，他点起了煤气炉，放上了一壶从湖里舀起的水，这里的水是涅瓦河注入马尔基佐瓦湖的，所以仍是淡水。

帐篷被嘀嘀嗒嗒的雨水敲打得砰砰直响。但是猎人并不在乎。防水帐篷里面干燥明亮，煤气炉像火炉一样呲呲喷着热气，真暖和呀。

喝着热茶、吃着点心，猎人顺手也给母野鸭喂了食，犒赏一下立了大功的助手。然后他又抽了一会儿烟。

春天的夜晚总是很短暂，很快，一抹鱼肚白出现在了东方天际，然后逐渐膨胀、变宽。乌云开始退却，风雨也逐渐停了下来。

帐篷里的猎人向外探头张望着。河岸盘踞在远处，黑黝黝的。城市仍隐没在黑暗中，连点儿灯光都没有。大风在一夜之间将冰块儿远远地吹到了广阔的大海中。

这下坏了，回到城里肯定得费不少功夫。还好另一块冰没有被夜里的大风刮来，否则小划子一定会被两块撞在一起的冰挤得粉碎，自己也会变成肉饼。

还是赶快做正事吧！

诱猎天鹅

充当诱饵的母野鸭再次卖力地嘎嘎叫唤着，声音向四方传开。这时，附近游过来一只白天鹅，体形硕大的它在波浪里起伏不定。但是为什么它一声不吭，原来是只模型，假的，也是只诱饵。

一只只野鸭聚拢过来，落入圈套的它们被猎人开枪一一射杀。

忽然，一阵“克鲁、克鲁鲁”的喇叭声从头顶上空远远地传了过来。

公野鸭不断降落下来，将翅膀扇得哗哗响，向母野鸭身边聚过去。面对大群野鸭，猎人却不再理睬了。

他飞快地将子弹装进猎枪，然后将拢着的双手捂在嘴边，用一种奇特的姿势学起了天鹅的叫声：

“克鲁、克鲁鲁……”

三个高在云端的黑点儿越变越大，鸣叫声也越来越响，越来越清楚，变得刺耳起来。

停止了吹叫的猎人开始保持沉默，不再理会它们。因为，没人能模仿近处天鹅的叫声。

现在已能看得很清楚了，三只白天鹅缓缓地向冰块降落，它们缓慢扇动着的翅膀在阳光下反射着银光。

兜着大圈子的天鹅越飞越低。

这三只天鹅在高空中发现了冰上的那只天鹅，它们以为对方正在招呼自己，于是落了下来。也许对方是累坏了，或者是受伤掉队了，这才降落到冰面上的。

它们不停地盘旋着……

坐着的猎人一动不动，双眼紧紧盯着这群伸着长脖子的大白鸟。它们一会儿靠近自己，一会儿又远远飞离。

屠杀

此时，再次兜起圈子的天鹅们已经离小划子很近了。

“砰”的一声，枪响了，最靠近猎人的那只天鹅，长脖子像根鞭子似的直直地垂了下来。

“砰！”枪声再次响起，紧挨着它的那只天鹅在空中翻了个跟头，沉沉地栽到了冰面上。

最后面的那只天鹅见状立刻飞向高空，消失在远方。

猎人这次可是交着好运了！

赶紧收工回去吧。

但是现在可没那么容易划回城了。

浓雾弥漫在马尔基佐瓦湖中，十步以外的地方就什么也看不见了。

工厂低沉的汽笛声从城市里远远地传过来，但是汽笛声一会儿在左一会儿在右，让人迷惑不已，不知道该往哪里走。

小划子碰撞着细碎冰块，声音像玻璃碎裂一样清脆。

细冰碴儿擦过船头，发出一阵嚓嚓声。

如果撞到大冰块儿该怎么办？

小划子肯定会一个跟头翻个底儿朝天，慢慢沉到水底去。

翌日

一群人聚在安德列耶夫市场上，惊奇地观望着猎人肩头搭着的两只雪白大鸟。它们的嘴几乎垂到了地上。

围着猎人的孩子们好奇地问着一个个问题：

“大叔，你从哪里打到它们的？咱们这里还有这种鸟啊？”

“它们正要飞往北方去做窝。”

“嚯！那它们的窝一定很大吧！”

家庭主妇则关心着另外的事情。

“你说，它们能吃吗？有鱼腥味儿吗？”

口中不断回话的猎人耳边又响起了天鹅像号角一样的鸣叫声，还夹杂着野鸭快速扇动翅膀发出的哗哗声，当然，还有碎冰和划子碰撞时的清脆声响……

上面说的都是以前的旧事啦。

今年春天，天鹅仍会在春天时飞经列宁格勒的上空，天空中也仍会传来它们响亮的鸣叫声。但和以前相比，天鹅的数量已经少了很多。像这样巨大美丽的鸟儿谁都想捕捉，猎人们使尽诡计，打死了不计其数的天鹅。

现在，列宁格勒已经明令禁止捕捉天鹅了。谁胆敢违抗禁令，必定会受到沉重的惩罚。

不过，马尔基佐瓦湖里还栖息着很多野鸭，它们还是可以继续打的。

打靶场

射箭要射中靶子！

答案要对准题目！

第二场竞赛

1. 变黑斗又咬，变红乖宝宝。（谜语）
2. 哪种能吃的蘑菇最早长出来?
3. 耕地的农民身后为什么会跟着秃鼻乌鸦?
4. 喜鹊窝和乌鸦窝有什么区别?
5. “流浪汉”指的是哪种蜘蛛?
6. 去南方过冬的雨燕和家燕，谁先飞回来?

7. 在椋鸟屋不足时，椋鸟会在哪里做窝?
8. 奶牛、绵羊和马的背上为什么经常站着椋鸟和寒鸦?
9. 春天，家鸭和家鹅为什么会焦躁不安，还会伤心地叫?
10. 哪些鸟儿会在春汛到来时遭灾?
11. 哪些鱼儿在春汛时禁止猎杀?
12. 鸟类和爬虫谁更怕冷?

13. 青蛙的舌头，那个部位和嘴连在一起？

14. 下图是两种鸟的翅膀。不同环境下成长的鸟儿翅膀是不同的。请判断出谁生活在密林中，谁又生活在旷野里。

15. 后看像叉子，前看像锥子，横看像纺锤；胸前挂白布，脊背披蓝呢，说话像洋人。（谜语）

16. 门没环，自己开，狗没尾，跑进来。（谜语）

17. 像黑牛，不是牛，六条腿，不长蹄。飞向天，嗡嗡闹，落下来，把地刨。（谜语）

18. 5月里，飞出门，不是鱼虾，不是禽兽。鼻子长，声音小，飞起来，嗡嗡叫，落下来，静悄悄，巴掌一拍就完了。（谜语）

19. 一个往下泼，一个往里喝，一个只长个儿。（谜语）

20. 不会走路不会跑，不会抬头往上瞧，连个窝都不会做，生养孩子却真多。（谜语）

21. 自己饿肚皮，养活其他人。（谜语）

22. 小时小铃铛，大时大铃铛。（谜语）

23. 没翅膀，也能飞，没有脚，也能走，没有帆，也能游。（谜语）

24. 身上七件宝，四个向前跑，两个爱争斗，剩下一个好似鞭。（谜语）

通告

《森林报》编辑部

《森林报》“火眼金睛”大比拼启事

若你想得到“火眼金睛”的光荣称号，请细细钻研我们刊登在通告栏里图画。根据画中动物的形状、足迹或其他特征，分辨出画中是什么鸟兽。这些鸟兽可能生活在森林、田野中，也可能生活在水中和空中。

第一次测试

这是什么鸟

4 只大鸟从空中飞过，怎样辨认它们是哪种鸟呢？

图 1：这是一只脖子很长的大鸟。尾巴短小，翅膀长得很靠后，飞起来就看不见它的双脚。它是哪种鸟？

图 2：这只鸟与前一只鸟外表于很像，但是个头儿要小一些，脖子也很短，全身的羽毛都是灰色的。它是哪种鸟？

图 1

图 2

图 3：这只鸟翅膀长在身体的中间部位，前伸的脖子和后伸的双腿都像木棍儿一样直挺挺的。它是哪种鸟？

图 4：这只鸟的双翅鼓突，双腿后伸，很像木棍儿，它的头和脖颈很像个大问号。它是哪种鸟？

图 3

图 4

速来报名

请参加鸟兽保护协会，和我们一起去救助遭受洪灾的野兔、狐狸、松鼠、鼹鼠以及其他各种生活在陆地上的野兽吧。

只要是救助遭受水灾的动物的人，都会被授予马查伊[1]老爷爷奖章。

少年自然科学家协会成员会亲自动手制作这些奖章，用厚纸裁成圆块，然后将一层金色或银色的纸包在外面。

少年自然科学家协会将为救助大型动物的人颁发金色奖章，大型动物包括驼鹿和鹿等比狐狸大的动物。

还会为保护小动物的人颁发银色奖章，小动物包括野兔、松鼠、鼹鼠、刺猬等。

请为鸟儿准备住宅

我们那些著名的灭虫能手——鸣禽朋友，为了顺利养育雏鸟，此刻正在寻找自己的住所呢。

我们强烈号召读者朋友们提供帮助，为它们准备好住宅。

枯枝掉落时，总会在树身上形成一个凹窝。将它们挖深，这样很容易就能建造成一个鸟洞。这种洞在一些枯朽的老树身上也很容易挖成。山雀、朗鹟、鹟鸟、猫头鹰和黑啄木鸟，以及以树洞为窝的鸟儿很喜欢住在这样的树洞里。

请将灌木枝捆扎成一束束的，这样就能方便那些爱在灌木丛中做窝的小鸟做窝了。如下图。

请多做一些浅树洞式的窝，给那些爱在浅树洞里做窝的灰鹟和红腹鸲，如图。

请仿照图中所示，为猫头鹰和寒鸦做个窝。

图中的这些阔叶是哪种树上的？这些针叶又是哪种树上的？

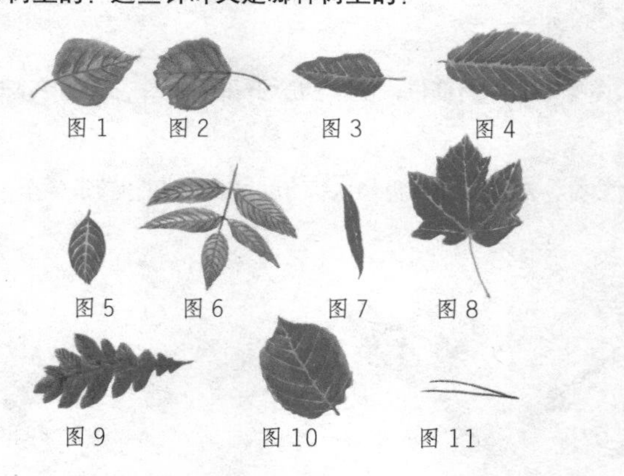

①从前有个叫马查伊的老爷爷，每当发大水时，总要划船去救助小动物。俄国诗人H. A. 涅克拉索夫以此为题，写有一首著名的诗歌。

森林报

No.3

欢歌曼舞月

（春季第三月）

Forest Newspapers

5月21日到6月20日　　太阳进入双子宫

第三期导读

太阳诗章——5月
林中逸闻
林间大战（续前）
农场纪事
农场新闻
城市要闻
狩猎
打靶场：第三场竞赛
通告："火眼金睛"大比拼

一年：太阳在12个月内谱写的乐章

5月——请欢歌曼舞吧！给森林换上崭新的绿衣，是春天要完成的第三件工作。

看！欢歌曼舞月，这森林里最欢乐的月份即将拉开帷幕！

太阳获得了彻底胜利，它的光明击败了冬天的黑暗，它的温暖击垮了冬天的严寒。我们的白夜在晚霞与朝霞的会面中开始了。泥土养育了生命，甘霖滋润了生命，此刻，万物充满盎然的生机，奋力向上生长。换上绿衣的树木迸发出蓬勃的生命力，不计其数的昆虫振动着轻灵的双翅来回穿梭，在高空展示着曼妙的舞姿。傍晚，蚊雌鸟和蝙蝠等夜行侠敏捷地在夜色中翻飞，追捕着昆虫；白天，忙碌的家燕和雨燕在天空中不断穿行，不断盘旋的雕和鹰在森林上空巡视着，而扇动着翅膀的茶隼和云雀在田野上空悬着。

勤劳的蜜蜂，振着金色的翅膀从蜂巢里飞了出来。森林的上空回荡着歌声和嬉戏声，这是野外的琴鸡，水上的野鸭，树上的啄木鸟和被称为“天上的绵羊”的鹬在欢歌曼舞呀。引用诗人的一句话，“在俄罗斯的土地上，所有生灵喜气洋洋。森林中的肺草，从去年的枯枝败叶中探出头，闪着亮闪闪的蓝光。”

5月，常被称为“嚯”月，是什么原因呢?

5月有点热，又有点冷。白天，太阳暖暖的；夜晚，嚯！真冷啊！5月，有时需要大树避暑；有时又得为马儿铺好干草，自己也得睡火炕呢。

愉快的5月

谁不想表现一下自己的勇敢和强壮，炫耀一下力量和敏捷的身手？此刻，歌声家和舞蹈家不知躲到哪里去了，森林中所有动物的爪牙都开始发痒，渴望痛快地打上一架。羽毛和兽毛在空中飘飞，动物在这春天的最后一个月里忙得不可开交。

夏天就要到来了，鸟儿们正在为造窝和养育雏鸟奔波费心。

乡下人说：“春天倒是很想像姑娘一样长期在俄罗斯安家，但布谷鸟和夜莺一开口，她就得投向夏天的怀抱。”

林中逸闻

森林乐团

本月，大展歌喉的夜莺会日夜唱个不停，从不停歇。

它究竟啥时会睡觉呢？孩子们实在搞不清。春天，忙活的鸟儿顾不上睡觉，唱着唱着就会打盹儿，醒过来再唱。它们睡觉的时间很短，只会在半夜和中午各睡一小时。

不只是鸟儿，森林中所有的生物都会在早上和傍晚演奏和歌唱。它们各有各的乐器，各有各的调子。有的独唱，有的拉琴，有的敲鼓，有的吹笛。嗡嗡、咕噜、哇哇、汪汪、嗨嗨、嗷嗷，充满森林；尖叫、哀叹、叫喊、咳嗽、低吟，回荡空中。

燕雀、夜莺和鸫鸟的歌声清脆婉转、纯净悠扬，甲虫和蚂蚱吱吱呀呀地拉着琴，啄木鸟咚咚地奋力打着鼓，黄莺和白眉鸫尖声尖气地卖力吹着长笛。狐狸和白山鹑哇哇直叫，牝鹿不停地咳嗽；狼在长嚎，猫头鹰在低哼；忙碌的丸花蜂和蜜蜂发出了阵阵嗡嗡声，青蛙变换着花样，一会儿呱呱叫，一会儿又咕咕叫。

不能唱的动物并没有不好意思，它们各自弹奏着自己拿手的乐器。

选出能发出响亮声音的干树枝后，啄木鸟就拿它当大鼓，自己结实灵活的尖嘴当鼓槌，笃笃敲了起来。

天牛把自己坚硬的脖子扭来转去，发出了一阵嘎吱嘎吱的响声，难道不像小提琴吗？

脚爪和翅膀都有钩的螽斯用爪子弹拨着翅膀，奏起了音乐。

红色麻鳽将长嘴伸进湖水里，把水吹得呼噜呼噜响，整个湖里都传遍了像公牛群低吼的声音。

独树一帜的沙锥竟然用尾巴唱起了歌。它挺胸飞向高空，径直俯冲了下来，展开的尾巴被风吹着，森林上空响起了仿佛羊羔咩咩叫的声音。

这就是森林乐团。

旅客

黄色的顶冰花在大树和灌木丛中摇曳着，它们零星分布在离地不远的高处，金星似的花儿闪耀着光芒。

明媚的阳光穿过光秃秃的树木、顺畅地直射到地面上，这正是顶冰花开放的时候。旁边的紫堇花，也随之怒放了。

这些早开的花儿让人的心情多么愉快啊！紫堇花那紫色的花朵形状雅致，和花儿的长柄紧紧相连，一束束盛开在花茎上，灰绿色的叶子有锯齿状的边缘，全身上下美得无法描述。

此时，地面上树荫浓密，花季已过的顶冰花和紫堇花若不赶快回家，恐怕性命就会受到威胁。家住地下的它们，只能算是地面上的匆匆过客。散播完种子后，它们很快就会消失，但是地下仍隐藏着它们像蒜头一样的鳞茎和圆形块茎，它们会在那里安全地度过夏、秋、冬三季。

若想在自家的花园里移栽这些花儿，就要趁它们晚开的花朵还没凋落，就赶快把它们挖出来。务必仔细，它们淡白色的地下根茎，长得令人惊奇，可要小心不要把它们挖断了呀！

旅客们的鳞茎和块茎在冻土地带隐藏得很深，若有保护层或者土壤温度比较暖的地方，其根茎就会离地面近一些。想要移植此花儿的朋友们，请记住这一点。

■尼·朱·帕甫洛娃

田野中的声音

为了除草，我和同学们一块儿来到了田中。走在路上时，我们保持着沉默。突然，一阵鹌鹑叫声从草丛里传过来："不及布罗基[1]（拟声词，发音与俄语“去除草”相似）！不及布罗基！"

“我们这就是要去除草呀！”听到歌声的我们答道。“不及布罗基！不及布罗基！”它仍旧这样唱个不停。

经过水塘时，我们看到两只青蛙在水面上露出了头。它们耳后的鼓膜不断地起伏，不停地叫着。“朵拉（拟声词，发音与俄语“傻瓜”相似）！朵拉！”一只这样叫。“萨玛咔咔哇[2]（拟声词，发音与俄语“你也不怎么样”相似）！萨玛咔咔哇！”另一只这样回敬对方。

翅膀圆圆的田凫在我们刚走到田里时，就远远地跑过来欢迎我们，在我们头顶上不断地扑扇着双翅，一遍遍地问：“乞夷维[3]（拟声词，发音与俄语“你们是谁”相似）？乞夷维？”“科拉斯诺亚尔卡村里的！”我们大声回答道。

■驻森林记者 库洛奇金

①拟声词，与俄语“去除草”听来相似。

②这也是拟声词。前句中的“朵拉”在俄语中是“傻瓜”的意思，后句的“萨玛咔咔哇”相当于“你自己又怎么样”的发音。

③同样是拟声词，意为：“你们是哪个？”

鱼之歌

水底的声音被人录了下来，然后通过无线广播播放了出来。世人从没听过的声音顿时灌进了人们的耳膜，人们说话的声音很快就被淹没了。吱吱声低沉喑哑，吱嘎吱嘎的尖叫声刺耳高亢，低吟声，哼唱声，还有独特的咯咯声和震耳的嗒嗒声。黑海里的各种鱼类是这些声响的制造者。不同的鱼会有独特的声音，和其他鱼类绝不相同。

现在，有了巧妙的海底声音搜集设备——它们是极其灵敏的水下“耳朵”——我们坚信鱼儿绝不是哑巴，水下也不会是无声国度。这种发明有很大的现实意义，凭着水下测音器，我们能快速找到有捕捞价值的鱼类和它们聚集的地方，还可以摸清它们的洄游路线。这样，鱼群的位置就能快速确定了，出海捕鱼也就有了明确的目标。必要时，人类还能通过模仿鱼类的声音来诱捕它们。

天然房顶

花儿中最娇嫩的花粉，若被弄湿，就会坏掉，因而对花儿来说，雨露是十分危险的。但是它们又是怎样保护自己的呢？

铃兰、覆盆子和越橘花的花粉被外形很像倒吊的小铃铛的花瓣护卫着。

仰着头开放的金梅草花花瓣像一个个向内弯曲的小汤匙，层层花瓣紧密地挤在一起，很像闭合紧密的毛球。即使下雨，雨水也会落到花瓣外，内里的花粉很安全。

含苞待放的凤仙花苞全都躲在叶子底下，真是些机灵聪慧的小鬼。花茎伸过叶柄，花苞就稳稳地待在了叶子的下面，成功地获得了叶子的庇护。

野蔷薇的雄蕊很多，下雨时，它就把花瓣迅速合起来；莲花也会在刮风下雨时将花瓣合拢起来。

下雨时，毛茛花则会低垂花朵，避免雨水打湿花粉

■尼·朱·帕甫洛娃

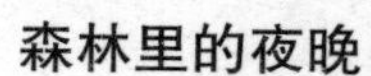

森林里的夜晚

我们收到了一位森林记者寄来的信：

“为了倾听夜晚森林里的各种声音，我特地在晚上去了森林。听到的声音有很多种，但是我却说不出到底是什么动物发出来。这样，我可怎么给《森林报》写报道呀？”

我们告诉他：“请直接把听到的声音记录下来，我们会设法弄清楚的。”

于是，他的回信很快寄回了编辑部：

“实际上，我在夜晚的森林里听到的声音很混乱，压根儿就不是你

们在报上所说的乐团演奏声。”

“所有鸟儿都停止鸣叫的时候已经是半夜了，森林里一片沉寂。”

“此时，一阵低沉的琴声突然从高处传了过来。起初很轻，后来越来越响，然后变得沉闷厚重，接着，声音再次变轻，直到最后，一点儿声音也没有了。”

“这样的序曲还不错嘛，我心想，虽然是单弦独奏，但总算开始了。”

“突然，一阵‘哈哈哈！呵呵呵’的狂笑声从森林里传了过来。那声音真是瘆人啊，我的脊背上好像爬过了一群蚂蚁。”

“我暗自揣度，这是在为刚才的演奏者叫好吗？怎么听起来更像是嘲讽啊！”

“然后又是很长时间的寂静，我还以为再也听不到别的声音了呢。”

“等了一会儿，我听到了一种给留声机上发条的声音，不停地上啊上，却始终听不见声响。我暗暗纳闷，‘怎么着，留声机坏了？’”

“后来，上发条的声音停息了，又是一片静寂。但是没过多长时间，又有人上起了发条，不停地吱吱嘎嘎！简直烦死人了。”

“终于，发条上够了。‘哎哟，’我想，‘这回该把唱片放进去了吧，等会儿就能听到演奏了！’”

“唱片还没放呢，就突然有人热烈地鼓起掌来，掌声那叫一个响啊。”

“我纳闷不已，‘怎么了？还没人表演呢，这是鼓的哪门子掌？’”

“就这样，没过多长时间，发条又开始一个劲儿地上了起来，上了很长时间，但就是忘了放唱片，掌声仍然响个不停。我气坏了，就回家了。”

我们认为，这位记者的气生得真是没有必要。

他耳边不是响过一阵低沉的琴声吗？是哪种甲虫从他头顶飞过去了呢？或许是金龟子吧。

他所说的哪种瘆人的“哈哈”声，是一种猫头鹰的叫声。这么恐怖的笑声是它天生的，你能拿它怎么办呢？

“嘎吱嘎吱”的留声机上发条声，是蚊雌鸟[①]的叫声，不是猛禽的它们喜欢在夜里出来转悠。当然，蚊雌鸟根本就没有什么留声机，它的喉咙是这种声音的真正来源。可能它一直自认为自己唱得还行吧。

在黑暗中热烈鼓掌的也是它。当然，蚊雌鸟并不会鼓掌。它只是空中拍打翅膀，掌声就是空中拍翅的啪啪声！听听，的确很像掌声吧。

为什么它要这么做呢？编辑部也无法解释，因为我们也不知道。

或许它觉得这样十分有趣吧。

①蚊雌鸟，学名夜鹰，属夜鹰目夜鹰科。几乎分布在全世界的温带和热带地区。有灰、褐或红褐的保护色。常在夜间活动，不停地在空中捕食蚊、虻、蛾等昆虫。

嬉戏和舞姿

沼泽地里，灰鹤开起了舞会。

围成圆圈后，单个或成对的灰鹤便开始在圈子中央跳起了舞。

起初倒也一般，灰鹤们不过是用长腿蹦来蹦去罢了。但是后来就有趣了，连蹦带跳的灰鹤们迈着大步，花样百出，十分滑稽！这根本就是在跳特列帕克舞①嘛！瞧，转圆圈儿，蹦跳，矮步！中间的灰鹤则在缓缓地扇动着翅膀。

空中举行的可是猛禽的游戏和舞会。

游隼尤其出众。它们飞上白云，表现着各自的本事。有时，游隼会突然收起翅膀，像石块一样从让人眩晕的高空径直扎向地面，然后，在即将到达地面的时候，它们又会猛地伸展双翅，划一个大圆圈后再次飞向高空。有时，它们又会展开翅膀一动不动地悬在高空中，就像是被绳子拴在云彩上了一样。有时，游隼们还会像正在表演的小丑一样在空中翻跟头，翅膀被风刮得猎猎直响，就这样翻滚着向径直地面扑去。

最后到来的鸟群

春天即将结束时，最后一批在南方过冬的鸟群飞回了列宁格勒州。

果然和我们想的一样，这群姗姗来迟的鸟儿毛色鲜艳。

现在，鲜花开满了草地，绿衣重新披上了灌木丛和大树。枝叶浓密的它们成了鸟儿们躲避猛禽捕杀的庇护所。

一只来自埃及的翠鸟出现在彼得宫②的一条小溪上。它的身体蓝中透绿，还夹杂着棕色。

几只黑翅膀的金色黄莺在树丛中不停地鸣叫着，它们来自非洲南部，叫声很像在吹笛子，又像是体弱的猫咪在呜呜叫。

野鹟和小川驹鸟出现在了潮湿的灌木丛中。小川驹鸟长着个蓝肚皮，野鹟的羽毛则斑驳多彩。金黄色的鹡鸰也开始出现在沼泽地里。

伯劳、流苏鹬和佛法僧鸟也飞回这里。伯劳长着一条红红的尾巴，肚皮却是粉色的。流苏鹬长着五彩斑斓的羽毛，脖颈里的毛蓬松松的；佛法僧鸟的羽毛蓝中透绿。

秧鸡徒步行千里

从非洲来到这里的秧鸡是一种很奇特的鸟。它们不是飞行的好手，飞得奇慢无比，很容易被鹞鹰或游隼捉到。

但是秧鸡跑得非常快，而且还很精通在草丛里躲藏。因此，它宁愿用两条腿穿过整个欧洲。它偷偷地跑过草地和树丛，到了无路可走的海边，才会在夜里扇着翅膀，悄悄地飞过大海。

到了我们这里，秧鸡天天都会在茂密的草丛里叫唤，听！“叽叽！

①特列帕克舞：俄罗斯民间的一种顿足跳的舞。

②彼得宫是彼得大帝1710年在彼得堡市近郊兴建的一座皇家行宫建筑群，有大小宫殿、园林、人工瀑布、诸多喷泉和雕塑，临芬兰湾而建。现已成为旅游胜地。

叽叽！”虽然很容易听到它的叫声，但是要想把它从草里赶出来，观赏一下它的尊容，可不是件容易事。不信你就去试试看，看到底能不能把它赶出来。

哭与笑

除了流泪的白桦，森林里的其他树木都非常爱笑。

白桦树洁白的身躯被炽热的阳光灼烧着，体内的树汁越流越快，越来越多的树汁透过树皮上的小孔向外流淌。

白桦树汁被人们当成营养丰富又可口的饮料。于是人们便将树皮切开，把汁水收集进瓶子里。

但是，如果树汁流失过多，树木就会枯萎。树汁对树木来说，就像人体内的血液一样不可或缺。

松鼠吃肉

植物是松鼠在整个冬天的食物。坚果仁、秋天储存的蘑菇，都成了它的腹中餐。现在，吃肉的好日子总算到了。

各种鸟儿都已经在造好的窝里产下了蛋，有些雏鸟甚至已经孵化出来了。

松鼠正盼着呢。在树枝和树洞里，找到鸟窝的松鼠就会叼走窝里小鸟和鸟蛋，美美地享受一顿大餐。

和猛禽相比，这种可爱的啮齿动物捣毁鸟窝时也毫不逊色呢。

我们的兰花

在我们北方，很少能见到这种有趣的花。看到它时，你会情不自禁地想起它那些著名的亲戚。比如长在热带的迷人兰花。热带丛林里的兰花可能会开在树上，但是在这里，它们只能在地上生长。

我们这里生长着好几种兰花。它们有像张开手指的小胖手一样的怪根，开花时非常漂亮。有的兰花虽然算不上最美丽的，但是和香子兰、舌唇兰、红门兰这些兰花相比，那可是相当漂亮，花香更是让人沉醉。

如果非要让我说什么兰花最杰出，我只能说是我近期在罗普什头回见到的那种兰花。那种花，我并不了解。

五朵漂亮的大花开在花茎上，我好奇地伸出手翻起了其中一朵的花瓣，立刻就看见了一只奇怪的暗红色大苍蝇躲在花朵中，一动不动。我马上恶心地缩回了手，用麦穗向它抽去。但它仍然稳稳地待在那里。我靠近仔细看了看，原来这根本就不是苍蝇。它有个毛茸茸的身子，还布满了蓝斑，短短的翅膀也毛茸茸的，还有一对小胡子。但它的确不是苍蝇，而是当时我还不知道的蝇状兰的一部分。

■尼・朱・帕甫洛娃

寻找浆果

阳光下的草莓成熟了，处处都可以见到这些熟透了的鲜红色浆果。多么香甜的浆果啊，只要吃上一口你就永远也忘不了。

沼泽地里，桑悬钩子已经成熟了；矮矮的树丛中，挂满了成熟的覆盆子，多得数也数不清。草莓每棵最多结五颗。吝啬的桑悬钩子每棵只结一颗。而且，还不是每棵桑悬钩子都会结果，有些只开花，不结果。

■尼·朱·帕甫洛娃

这是哪种甲虫

我看到了一只甲虫，但是无法判断出它的名字和吃什么食物。

这种甲虫有一个和瓢虫相同的外表。可是，红色的瓢虫身上点缀着小黑点；这种甲虫全身都是黑色的，只比豌豆大一点儿，圆身子上长着六条小腿，会飞。它背上两片黑色的小硬翅下面，有两片黄色的软翅，当它翘起黑色硬翅扇动黄色软翅时，就能飞起来了。

更有意思的是，在遇到危险时，它的小腿会缩到肚皮下，触须和脑袋则会缩进身子里去。若此时将它抓在手里，你肯定不会认为这是一只甲虫，它更像一颗黑色的水果糖。

如果不碰它，过不了多久，它就会先后探出小腿、脑袋和触须来。

我很想了解这是哪种甲虫，能告诉我吗?

■柳霞·留托宁娜 12 岁

编辑部的回答

由于你的详细描述，所以我们很快就判断出了这是哪种甲虫。这是阎魔虫，属于盾蝽科。行动迟缓，像乌龟一样，还会将头脚缩进甲壳里，因为它的甲壳上有很多凹坑，因此才能藏得下它的小腿、脑袋和触须。

它们以腐败植物和动物粪便为食，有多种颜色，有的是黑色的，其他颜色的也有。

还有种浑身长着小绒毛的阎魔虫是黄色的。和蚂蚁住在一起，它总是自由地飞来飞去，累了就回蚁窝，而蚂蚁在保护自己巢穴不被敌人破坏的同时，也在护卫着自己的房客阎魔虫。

林间大战

（续前）

各位还记得吗？我们的记者曾经写过一篇稿子，是关于那块采伐迹地的。他们在那里住了很长一段时间，天天等待着小云杉从空地中长出来，为空地换上绿衣。

几场暖雨后，很多碧绿的小苗出现在采伐迹地上。但是这都是些什么植物呢？

首先钻出地面的是蛮横霸道的野草，压根儿就不是小云杉！瞧，莎草和拂子茅迅速向上长着，非常密集。拼命从地下往上钻的小云杉还是晚了一步，野草们已经彻底占据了战场。

第一场白刃战开始了。

挺着像矛一样尖利的树梢，小云杉艰难地刺穿了头顶上覆盖着的野草大军。野草们也不肯让步，数量众多的它们拼命压向树苗。此刻，地上和地下，双方正在恶战。

纠缠成一团的野草和树苗根须像凶猛的鼹鼠一样在地下乱钻。为了抢夺水分和营养，双方的根紧紧缠在一起，你掐我，我勒你，杀得死去活来。很多小云杉都被铁丝一样的草根给活活地勒死了，它们到死也没钻出地面，柔韧而结实的草根将它们留在了地下。

即便是侥幸突破野草的围追堵截，小云杉照样有被闷死的危险。因为野草的茎正紧紧缠绕着这些逃出重重包围圈的幸运儿。

小云杉使尽浑身解数向上生长，用尖利的树梢刺穿野草们富有弹性的、紧密编织在一起的茎。而野草则用茎死死缠住小云杉，尽力阻挠它向上生长，不让它见到阳光。

最终侥幸冲破野草重重阻碍的小云杉很少很少。

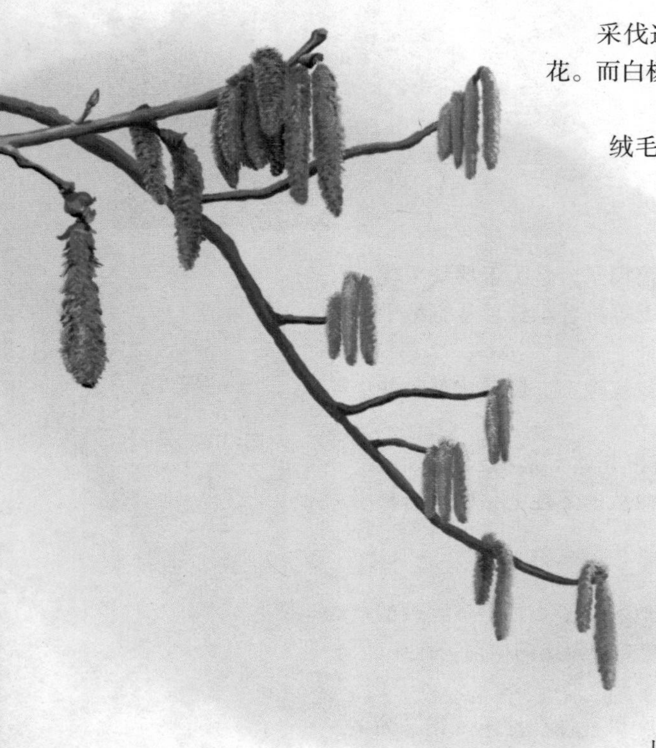

采伐迹地上的恶战打响时，白桦在河对面刚刚开花。而白杨已经做好了出兵的准备，即将在对岸登陆。

白杨树的葇荑花序里飞出了数百个头顶白色绒毛的种子，像无数个乘着白色降落伞的独脚小伞兵。

小绒毛被兴奋的风抓在了手中，轻灵地在半空中盘旋着，转着圈儿，飞过了河，缓缓地降落到采伐迹地上，一直落到了云杉王国的国境旁。

第一场雨将这些像雪一样落在云杉和野草头上的独脚小伞兵冲了下去，它们被埋在了地下，消失得无影无踪。

日子一天天流过，战争仍然在采伐迹地上继续着。不过很明显，面对云杉，野草已经力不从心了。

拼命向上长个儿的野草很快就长不高了，但是云杉还在不断向上蹿。

此时，野草开始遭罪了。云杉的枝条黑黝黝的，上面缀满了密麻麻的针叶。现在，已经展开的枝条向野草头顶上压过来，野草们再也见不到一丝阳光了。被树荫遮盖的野草逐渐枯萎，最终软塌塌地瘫在了地上。

这时，白杨也从地下钻了出来。一丛丛、一束束挤在一起，看起来怯生生的，不住地打着哆嗦。

迟到的它们已经没有实力和云杉一决高下了。

浓密厚重的云杉枝条和树叶向白杨的头顶压去，一片昏暗，树荫下的白杨弯着身子逐渐枯萎了下去。喜光的白杨在缺少阳光的地方根本无法生存。

云杉马上就要获胜了。

此时，又有一群新的敌军空降到了采伐迹地上，是白桦。它们乘坐着双翅滑翔机飞过了河，落到了采伐迹地上。像白杨部队一样，它们一落到地面上也迅速躲进了地下。

我们的记者还无法知道它们到底能不能击败首批占领者——云杉。

他们的最新报道会在下期《森林报》上刊出。

农场纪事

现在，人们要做的事情有很多：在播完种后，要把厩粪和化肥运到田里，把肥料施上，为秋播做好准备。紧接着，菜园里也有活儿要做：先是种土豆，然后要栽种胡萝卜、黄瓜、芜菁、饲用芜菁和甘蓝。这个时候，亚麻也已经长高了，得去给它们除草了。

孩子们是不会闲在家里的。无论是田间还是菜园里和果园里，他们都是不错的帮手。他们帮着大人栽种、除草、修剪果树等。农活多得干也干不完！他们用白桦枝条捆扎了无数把扫帚，一年也用不完；他们还采来嫩嫩的荨麻作汤料，用鲜嫩的荨麻和酸模做的绿菜汤非常好吃。他们还要去捕鱼：用钓竿钓小鲤鱼、斜齿鳊、铜色鱥鱼、鳜鱼、鲈鱼、鳊鱼、鱥鱼等；设置鱼簖和鱼梁能捕到鳕鱼和小梭鱼；撒下鱼饵则能捉到鳜鱼、梭鱼和鳕鱼。

晚上可以用捞网（在一根长杆子的顶端装上一个网框，在框子上装个袋形的网做成的一种捕鱼工具）捕到各种鱼。

晚上，在岸边布下虾网以后，就可以稳稳当当地坐在篝火旁，等着虾儿们自投罗网！这个时候，几个人围在一起，讲讲笑话，说些恐怖的故事，也是一件乐事啊！

这时，秋播的黑麦已经齐腰高了，而春播的作物也不低了。清晨，灰山鹑已经不再啼叫了。它还住在原来的地方，只是不像以前那样肆无忌惮地叫了。因为，它的窝里有蛋，母山鹑正在里面孵蛋呢！这个时候它要是再叫的话，恐怕会招来不小的麻烦呢。像大鹰、小孩儿们或是狐狸，都是掏鸟窝的高手，要是它们闻声赶来，那可就不妙了。

■驻森林记者 安娜

大人的小帮手

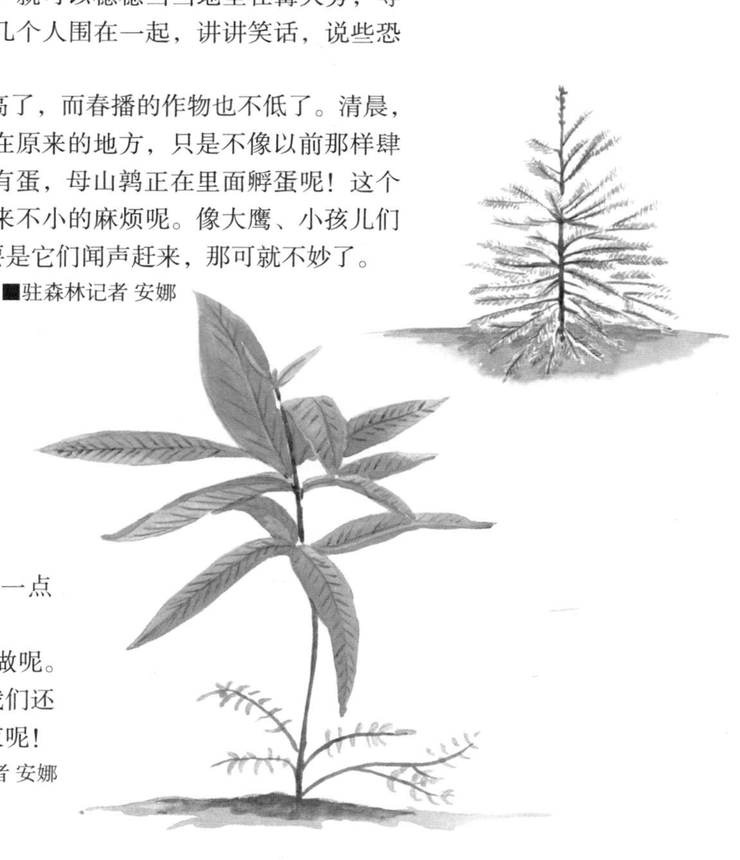

假期刚开始，我们少先队员们就开始帮大人们做农活了。我们帮着消灭害虫，除去庄稼地里的杂草。

我们干一会儿，歇一会儿，一点儿也不累。

田里还有好多事情等着我们做呢。庄稼就快成熟了，收割完以后，我们还要过去拾麦穗，帮着妇女们捆麦束呢！

■驻森林记者 安娜

新森林

在苏联的中部和北部地区，春季造林的活动已经结束了，新造的林带近 10 万公顷。今年春天，我国欧洲部分的草原和森林地区，各农场共同开辟了近 25 万公顷的新防护林带，而且，还开辟了大面积的苗圃，可以为明年提供近 10 亿棵不同品种的乔木和灌木树苗。

到了秋天，苏联还会有几万公顷的新森林出现呢！

■塔斯社列宁格勒讯

农场新闻

逆风帮忙

农场的突击队员们，收到了一封亚麻们的投诉信。信中，亚麻幼苗说，田里出现了杂草，这些敌人让它们吃尽了苦头。农场赶紧派妇女们帮助亚麻抗击敌人。她们严惩了敌人，对亚麻小心照顾。她们脱掉鞋子，光着脚丫，小心翼翼地顶着风往前走。但是，在她们的脚下，还是有不少亚麻被踩倒了。不过，一阵顶头风吹来，亚麻那细细的茎又被扶了起来。于是，亚麻又跟没事儿人似的，挺了挺身子，稳稳地站在那里。它们的敌人已经被消灭干净啦！

今天头一次

看啊！一群小牛，它们今天是第一次到牧场上。甭提有多高兴啦，你看它们正摇头摆尾地到处撒欢儿呢！

绵羊脱掉了皮大衣

红星农场的绵羊理发室里，有 10 位经验丰富的剪毛工人，正在用电推子给绵羊们剪毛呢！他们把绵羊身上的毛都给剪掉了，好像把它们给剥了一层皮似的！

妈妈在哪里

绵羊妈妈身上的毛被牧羊人剪光后，才被送回绵羊宝宝的身边。

“妈妈，你在哪里啊？你在哪里啊？”绵羊宝宝哭喊着。牧羊人帮着绵羊宝宝们找到妈妈后，才回到理发室去给下一批绵羊们剪毛。

牲口群壮大了

农场的牲口群又壮大了不少。今年春天，有许多小马、小牛、小绵羊、小山羊和小猪出生啦！

就昨天一晚的时间，“小溪”农场内小学生饲养员家的牲口群就增大到了4倍。刚开始的时候，这里只有一只山羊，现在有4只了：分别是山羊妈妈库姆什加和三只小羊崽儿库加、姆扎和施加利克。

重要的日子

果园里，一年中最重要日子到了。草莓已经开过花了；一株株圆圆的樱桃树上，布满了雪白的花朵。昨天，梨树枝头的花蕾也绽放了。就这一两天，苹果树也要开花了。

新生活农场

昨天，南方蔬菜——番茄搬家了，它们搬到了新生活农场的池塘边。以前，它们生活在温室里；现在，它们与黄瓜做了邻居。这些西红柿个个都年轻力壮的，正准备开花呢！但是，黄瓜们还太小，只能躺在白色的薄膜里，只敢露出个鼻尖儿！大地母亲小心地保护着这些孩子们，它可不想让那些嘴馋的鸟儿们发现了。黄瓜秧能不能快点长大，它们赶得上番茄吗？

帮帮六条腿的朋友

只要是说到农田里的昆虫，大家最先想到的就是一大群小小的、对庄稼非常不利的敌人。不过，大家可不要将那些六条腿的朋友们也算进去。它们的个头儿虽然很小，数量也很多，但它们待在田里是为了帮我们，它们为植物授粉做出了不小的贡献呢。这些六条腿、长翅膀的昆虫（蜜蜂、丸花蜂、姬蜂、甲虫、蝇类、蝶类），正在为黑麦、荞麦、大麻、苜蓿、向日葵等授粉，它们把花粉从这一朵花运到另一朵花上。

有些时候，这些小劳动者的力量太小，只能带过去一部分花粉，满足不了所有庄稼的需求。这个时候，就需要我们帮帮它们了。我们可以用一根绳子帮黑麦、荞麦、亚麻和苜蓿等授粉。找来一根绳子，两人一人拉一头，慢慢地从开花植物的梢头上拉过去，把它们的梢头拉弯。这样一来，花粉就会从花朵上落下来，随风散播到整片田地里，或者是粘在绳子上，再被带到别的花朵上去。在给向日葵授粉时，应当这样做：先将花粉收集在一小块兔皮上，然后再把这块兔皮像扑粉一样扑到开花的向日葵的花盘上去。

■尼・朱・帕甫洛娃

城市要闻

列宁格勒的驼鹿

5月31日早晨，有人在列宁格勒的梅契尼科夫医院旁，发现了一头驼鹿。在最近几年，这已经不是第一次在市区内看到驼鹿了。大家猜得不错，这些驼鹿就是从符谢沃罗得区的森林里跑来的。

说人话的鸟儿

有一位公民来到我们《森林报》编辑部，爆料道："早上，我正在公园里散步。忽然，有个哨音从灌木丛里传了出来，问我：'你看到特里希卡了吗？'那声音很响，音调也很直。我看了下四周没发现一个人，只有一只浑身通红的小鸟儿站在灌木丛上。我仔细打量了它一下，心想：'这是什么鸟啊？怎么叫得那么清楚？它问的那个特里希卡是谁？'它又接着问道：'你看到特里希卡了吗？'我向前迈了一步，想看得更清楚一点儿。但是，它却一溜烟儿钻进灌木丛不见了。"

这位公民看到的鸟儿叫朱雀，它来自于印度。它的尖哨声，听起来的确很像是在问什么。不过，不同的人在听到它的叫声以后，都会根据自己的想法把它翻译成人话。有的人觉得它是在问："你看到特里希卡了吗？"有的人则觉得它是在问："你看到格里希卡了吗？"

海上来客

近来，有大批的小鱼从芬兰湾结群赶了过来。这些鱼是胡瓜鱼，它们是到涅瓦河里产卵的。渔民们这下可有的忙了，他们可以打到很多这种鱼。胡瓜鱼在河里产完卵后，就又回到海里去了。

海洋里有很多种鱼都会将卵产在江河里，然后再从河里游回到海里生活。不过有一种鱼却将卵产在深海中，然后再从深海游回到江河里生活。这种奇怪的鱼叫作小扁头，它们出生在大西洋的藻海里。

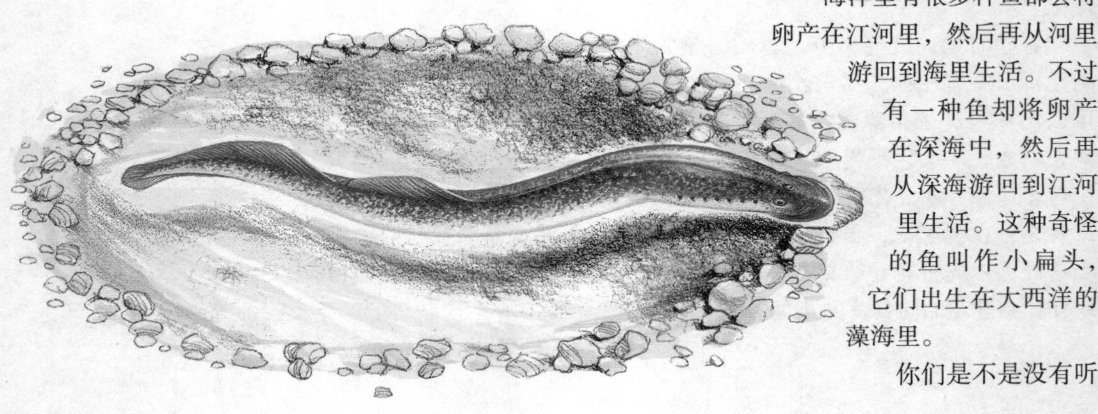

你们是不是没有听

说过它的名号啊？这也难怪：这种鱼只有在它很小，而且还住在海里的时候才叫小扁头。那个时候，它浑身都是透明的，连肚子里面的肠子都能看得见，身子扁扁的，很像一片树叶。它长大以后，就长得与蛇很像了。

这时，人们才想起来它的真名——鳗鱼。

小扁头一般要在藻海里生活 3 年，到了第 4 年，它们就会变成像玻璃一样透明的小鳗鱼。然后成群结队地游进涅瓦河。它们从大西洋那个神秘的深海家乡游到这里，途中要经历 2500 多千米呢！

试飞

当你在公园里、大街上或林荫小路上散步的时候，还是多往头上瞧瞧吧！说不定哪只小乌鸦或是小椋鸟就从树上掉下来，砸到你头上了呢！现在，这些小鸟儿刚准备离开窝巢，它们正在学习飞行呢！

路过城郊

近来，住在城郊的人们，经常会在夜间听到一种断断续续的低啸声："呋啾！呋啾！"刚开始的时候，这种低啸声只出现在一条沟里，后来又从另一条沟里传出了这种叫声。原来，这是路过城郊的黑水鸡。它们和秧鸡有着血缘关系，而且与秧鸡一样，都是徒步横穿整个欧洲，走到我们这里来的。

一场温暖的雨下过之后，你就能到城外去采蘑菇了。像平茸菇、白桦蕈和食用菌等，都从地下钻出来了。这是夏季长出来的第一批蘑菇。它们有个共同的名字，即麦穗菇。这样叫它们是有原因的，因为它们出世的时候，正值黑麦抽穗。过不了多久，刚到夏末，它们就消失不见了。

当你看到花园里的紫丁香花凋落了，你就应明白，春天已经过去了，夏天就要来了。

有生命的云

6 月 11 日，在列宁格勒市区的涅瓦河畔，有很多人在那里散步。天上一片云彩也看不到，气温还很高。房子里和柏油马路，都被太阳晒得滚烫滚烫的，把人们烘烤得都快喘不过气了。孩子们也变得非常烦躁。

忽然，在宽宽的河岸那边，有一大片灰色的云彩浮了起来。人们都停下脚步，看着那片云彩。那片云彩飞得很低，都快贴到水面上了。大家看着它越变越大，当它们呼呼啦啦地将人群全都围起来的时候，大家才看清楚，这哪里是云彩啊，分明就是密密麻麻的一大群蜻蜓。只是一眨眼的工夫，周围的一切就很奇妙地变了样儿。这么多的小翅膀一起扇动着，竟然带来了一阵凉风。孩子们也不再烦躁了，他们还兴高采烈地看着：阳光透过彩色云母般的蜻蜓翅膀，在空中闪着多彩的光，就像彩虹一样。人们的脸也都变成了彩色的，有无数的小彩虹、光影和亮星星在他们的脸上闪烁着、跳动着。这片有生命的云飞掠过河岸的上空，升高了一些后，飞到房屋后面就消失了。

这是一批刚出生的小蜻蜓，它们正成群结队地寻找新住处。不过，它们是在哪里出生的，又要飞到什么地方安家，是没有人知道的。这种成群结队的蜻蜓到处都有，很常见。如果你看到这种情形的话，不妨观察一下这些小蜻蜓是从哪儿飞来的，又要飞到什么地方去。

列宁格勒州新出现的野兽

近几年，在列宁格勒的叶菲莫夫区和附近的几个区内的森林里，猎人们经常会遇到一种当地居民都叫不出名字的野兽。这种野兽的身子跟狐狸差不多大小，它们就是乌苏里貉，或者称它们狸。

它们怎么会跑到这里呢？这个很好解释：它们是被火车运来的。一共有 50 只，只需把它们放进列宁格勒的森林里，仅仅 10 年的时间，它们就能在这里繁殖大量的后代。现在，法律已经准许猎人们猎捕这种野兽了。

乌苏里貉的皮毛非常珍贵。在列宁格勒，整个冬天都能捕猎它们。因为，在这里它们不冬眠。这里可没有它们的故乡那么寒冷，用不着冬眠。

欧鼹

有不少人都觉得欧鼹是啮齿类动物，就像其他住在地下的鼠类一样，喜欢在地下刨洞，吃植物的根。大家这样想可就冤枉欧鼹了，因为它根本就不是鼠类。论长相的话，它们更像是穿着一身天鹅绒

般柔软光滑的皮大衣的刺猬。欧鼹吃的是金龟子和其他害虫的幼虫，是一种以捕食昆虫为主的兽类，并不危害植物。因此，欧鼹对我们是有益的。

另外，若是有人觉得欧鼹在自家花园和菜园地里刨了洞，并将刨出的泥土堆在花台或是菜垄上，碰坏了花儿或是可口的蔬菜，千万不要因此生气。你可以平复下心情，找来一根长竿子，在上面装个小风车就行了。

只要风一吹，风车就会转起来。这样，长竿子就会抖动起来，就连下面的泥土也会跟着一起发颤，欧鼹的窝里就会发出嗡嗡的响声。如此一来，欧鼹们就会赶紧逃跑了。

■少年自然科学爱好者 尤拉

蝙蝠的回声探测器

夏天的一个晚上，有一只蝙蝠通过一扇敞开的窗子飞进了屋里。“快把它赶走！快把它赶走！”小女孩儿一边慌忙用围巾包住了自己的头，一边叫嚷着。旁边脑袋光秃秃的老爷爷嘴里却嘟囔道：“它扑的难道不是窗户里的亮光吗，怎么会钻到你的头发里呢？”

早在几年前，科学家们还对蝙蝠能在漆黑的夜里飞行而不迷路，大惑不解。为此，他们还做过这样的实验：他们将蝙蝠的眼睛蒙上，塞住它们的鼻子。但是，蝙蝠还是能在空中避开所有的障碍，即便是系在房间内的细线它们都能绕过去，非常灵巧地逃过了人们布下的天罗地网。在人们发明了回声探测器以后，这个谜团才被破解。现在，科学家们已经确认：所有的蝙蝠在飞行的时候，都会从嘴巴里发出一种人们听不到的、很尖细的叫声——超声波。这种声音只要遇到障碍物，就会反射回来。蝙蝠的耳朵可以“收听”到这些反射回来的信号，如“前面有墙”，或是“有线”“有蚊子”等讯息。

不过，女孩儿那细密的头发却不能很好地反射超声波。光着头的老爷爷自然不用担心，但是，小女孩那一头细密的秀发，却被蝙蝠错误地当成“窗户里的亮光”了，那它冲着其中的一扇扑过去也就很正常了。

给风力定级①

风小的时候，它们是我们的朋友。

夏天，在炎热的中午时分，若是没有一点儿风的话，我们就会觉得又闷又热。平静无风的时候，烟囱里冒出来的烟会笔直地往天空升去。如果

①文中的风级标准与蒲福风力等级表所载标准略有出入，如在蒲福风级中，无风的标准是每秒0～0.2米，软风是每秒0.3～1.5米，轻风是每秒1.6～3.3米，等等。

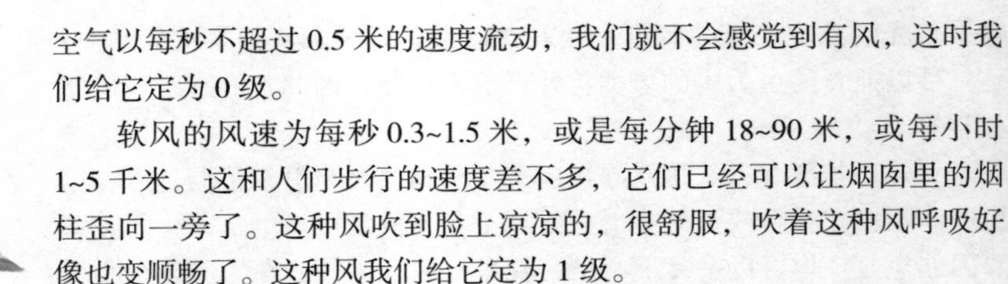

空气以每秒不超过0.5米的速度流动，我们就不会感觉到有风，这时我们给它定为0级。

软风的风速为每秒0.3~1.5米，或是每分钟18~90米，或每小时1~5千米。这和人们步行的速度差不多，它们已经可以让烟囱里的烟柱歪向一旁了。这种风吹到脸上凉凉的，很舒服，吹着这种风呼吸好像也变顺畅了。这种风我们给它定为1级。

轻风的风速为每秒1.6~3.3米，也就是每分钟96~200米，或每小时6~12千米。和人们跑步时的速度差不多，在这种风的吹拂下，树枝上叶子也会沙沙作响，我们给它定为2级。

微风的风速为每秒3.4~5.4米，相当于每小时12~19千米。这和马儿小跑的速度差不多。这种风可以让树枝来回摇晃，还可以吹着纸折的小船儿到处跑。我们给它定为3级。

在气象学中，是这样给和风下定义的：能扬起路上的尘土，在大海上吹起海浪，晃动树木的枝干，风速为每秒5.5~7.9米。我们给它定为4级。

清劲风的风速为每秒8.0~10.7米，或是每小时29~38千米，这和乌鸦飞行速度差不多。这种风可以将树梢吹得呼呼作响，让森林里的细树干来回摇曳，令大海上涌起波浪，还能吹散蚊蚋。我们将这种风定为5级。

强风是会给人们捣乱的风。它会使劲地摇晃森林中的树木；把人们晾晒在绳索上的衣服抖落到地上；把人们戴的帽子扯下来；把排球吹向一边，阻碍球赛的正常进行。它的风速为每小时39~49千米，这与火车、客车的行驶速度差不多。幸亏气象学家们在给风力定级时，用的是12级制。否则的话，像我们学校内用的5级制，就不够用了。因为，气象学家们将强风分成了6级。

接下来，我们还会在第八期的《森林报》上继续刊登关于风的报道。在我们这里，秋天的风是最大的。

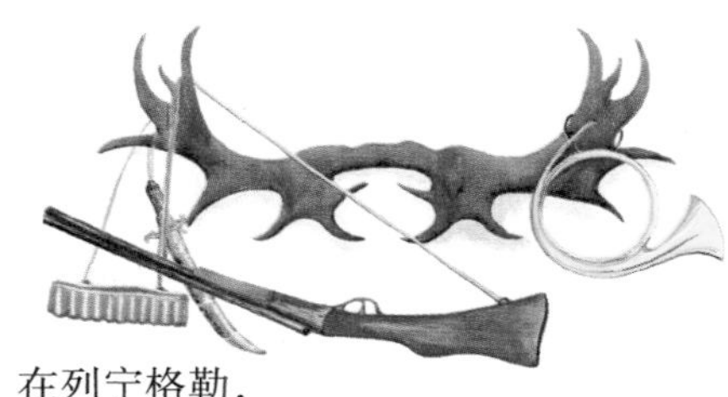

狩猎

前苏联幅员辽阔，所以各地狩猎的时令会有所不同。在列宁格勒，狩猎季节早就已经结束了，而北方才刚刚进入汛期，正是狩猎的好时节。因此，那些喜欢打猎的人，在这个时节都赶往北方去了。

坐船进入汛期的茫茫水域

今天晚上，天空乌云密布，漆黑一片，仿佛已经进入了秋天的夜晚。

我和塞索伊奇乘着轻舟，顺着小河在森林中缓缓地前行。河岸看上去相当地险峻。我划着桨，坐在船尾，塞索伊奇则坐在船头。他是一名优秀的猎手，打过各种各样的飞禽走兽。但是，对于捕鱼呢，这位老猎人经常嗤之以鼻，他瞧不起捕鱼的人。虽然说今天他就是和我去捕鱼的，但他仍然死要面子，说自己是去“猎鱼”的，而不是用鱼钩、渔网之类的工具去钓鱼或者网鱼。

轻舟驶过峻峭的河岸，就到了一片开阔地。这里，时而可以看见稍稍探出水面的灌木丛。向前方望去，是一大片黑乎乎的树影。再往前划上一段，是一道黑压压、又高又陡的林墙，那就是森林了。

夏天，这里是一条小河和一个不大的湖泊，隔在中间的是一条狭窄的堤岸，岸上长满了一丛丛的灌木。有一条窄小的小河汊将小河与湖泊连接了起来，不过，这个季节，已经没有必要费心去寻找那条小河汊了。因为，水已经淹没了那条小河汊，小舟可以在灌木丛中自由穿行。

船头固定着一块铁板，上面堆放着干松枝和松脂之类用来引火的东西。

塞索伊奇用火柴点燃了松枝。

穿行的小舟上，顿时篝火熊熊，红黄色的火光，映亮了宁静的水面，旁边光秃秃、黑黝黝的灌木枝干倒映在水里，在我们面前一闪而过。

然而，我们此时却没有闲情逸致来欣赏周遭的景色，只是凝神注视着船下，注视着湖面被照亮的地方。我轻轻地划着桨，船桨一次次地没入水中。小舟悄无声息地向前移动。

我的眼前，逐渐浮现出一个奇幻无比的世界。

我们已经到了湖中央。水底下，似乎潜藏着一些庞然大物。它们的脚爪深陷在水下的淤泥中，探出半个头颅，长长的发须纠结着漂浮在水面上，左右摇晃。它们是水藻呢，还是陆地上生长的草？

瞧！眼前这个黑幽幽的水潭，深不见底呢。或许，它并没有我们想象的那么深，只不过是因为篝火的光，仅仅

能照到 2 米那么深而已。但是，望着黑洞洞的水面，仍然会觉得有些毛骨悚然。谁知道，这下面藏着的是什么呢？

突然，一个银白色的小球，从水面下升了上来，开始的时候，速度很慢，后来逐渐加快，形状也变得越来越大。

这个小球正对着我，飞快地来到了我的眼前，马上就要冒出水面，射到我的脑门上了……

我不由自主地缩回了脑袋。

小球却逐渐变成了红色，钻出水面，便破了。

原来这只不过是普通的沼气泡泡而已。

这一刻，我只感觉，自己好像是坐在宇宙飞船里，飞行在一个陌生的星球上空。

下面，几个岛屿倏然漂过，岛上长满挺拔的密密匝匝的林木，那是芦苇吗？

一个黑色的妖怪把自己的手臂弯曲成钩状，向我们不怀好意地摸了过来。这怪物看起来像章鱼，也像鱿鱼，但触手显然要更多一些，而且模样更丑陋，也更恐怖。这究竟是什么东西？

原来是一株淹没在水里的树啊，是一株残损的盘根错节的白柳。

塞索伊奇的动作引起我的注意，我抬起了头。

他站在船上，左手拿着鱼叉（他是个左撇子），双眼炯炯有神，紧紧盯着水里。他的那个样子，威武极了，看起来就像是一位满脸胡髭的矮个子军人，高举着长矛，想要刺死跪倒在自己脚下的敌人。

鱼叉的木柄有 2 米长，底端装着 5 根闪闪发亮的钢齿，呈倒钩状，插住鱼后能够确保鱼儿不会逃脱。

塞索伊奇的脸庞被篝火照得通红，他扭过头，朝我做了个古怪的鬼脸。我缓缓地停下了小舟。

猎人小心翼翼地把鱼叉伸进了水里。我朝下一望，只见河水深处有一个笔直的黑色带状物。起初我以为那是根棍子，但后来仔细一看，才看清楚，原来是一条大鱼的脊背。

塞索伊奇握紧鱼叉，慢慢地向水深处伸了下去，斜对着大鱼。后来，鱼叉止住不动了，他也僵住了，一动不动站着。突然，他把鱼叉竖直，说时迟，那时快，如闪电般有力地刺进了黑色的鱼背。

湖面泛起了水花，他将猎物拖了出来，只见一条足有两公斤重的大鲤鱼，兀自在鱼叉上挣扎。

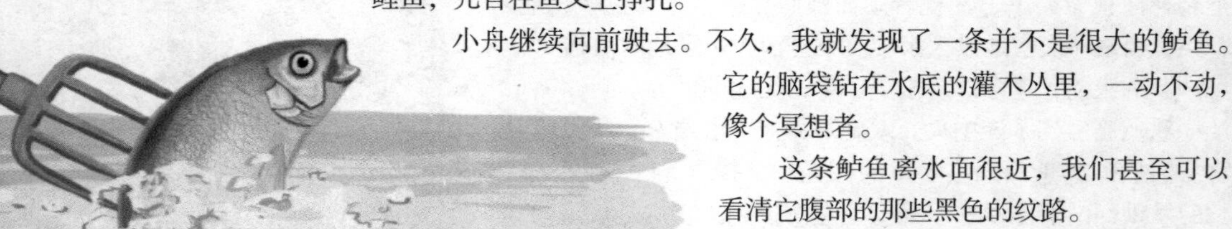

小舟继续向前驶去。不久，我就发现了一条并不是很大的鲈鱼。它的脑袋钻在水底的灌木丛里，一动不动，像个冥想者。

这条鲈鱼离水面很近，我们甚至可以看清它腹部的那些黑色的纹路。

我瞧了眼塞索伊奇。他摇摇头。

我明白，他是嫌这条鱼太小，不值得猎取。所以，我们最终还是放过了它。

我们就这样在湖上划着船。水底世界的迷人景色，恍如电影片段似的一幕幕在我的眼前闪过。当塞索伊奇忙着在水里猎取猎物的时候，我还舍不得把视线从美景上移开呢。

又是一条鲤鱼、两条肥大的鲈鱼、两条细鳞的金色鲤鱼，它们陆续从湖底落到了我们小船的船舱中。黑夜马上就要过去了。此时，我们的船在被水淹没的田野上划着。燃烧着的枯枝和滚红的木炭掉落进水里，发出嗞嗞的响声。偶尔可以听见野鸭鼓动翅膀，在头顶上飞过的声音。在一片黑魆魆的树林里，有一只年幼的猫头鹰正在轻柔地叫唤着，似乎在反复地说："我在睡觉！我在睡觉！"灌木丛后传来小公鸭叽叽喳喳的叫声，声音优美，非常好听。

前方的水中，我突然发现了一段短原木。我忙把船头转向一边，免得撞上，却突然听到塞索伊奇低低的喝声：

"停！……停！……梭鱼！"

他兴奋得连话都说不清了。

鱼叉柄朝上的一段，系着一根长长的绳子。塞索伊奇利索地将绳子的另一端缠在手上，仔细地瞄准目标，然后果断出手，用尽全身气力，向梭鱼刺去。这条大家伙竟然拖着我们的船游了一阵。幸好扎得深，它这才没能逃脱！

这条梭鱼看起来足有 15 斤重呢！

塞索伊奇费了好大力气，才把梭鱼拖到了船上。这时，天差不多已经快亮了。黑琴鸡叽叽咕咕的喧嚷声，透过薄薄的雾气，从各个方向涌进了我们的耳中。

"好啦，"塞索伊奇兴高采烈地说，"现在由我来划船，换你来打猎。可别错过好机会呀。"

他把燃烧剩下的枯枝扔进水里，然后和我调换了位置。清晨的凉风，吹散了氤氲着的雾气。天空明朗如洗，多么美好、晴朗的早晨啊！

从林边上的树木笼罩在一层薄薄的绿色轻雾之中，我们的小船沿着林边滑行。水面上，笔直地矗立着一些光滑的白色树干，以及一些粗糙的云杉。向前方望去，森林就好像悬挂在半空中似的。近处，有两片树林在眼前荡漾，一个树林的树梢朝上，另一个树林的树梢向下。水面平滑如镜，奇妙地倒映着根根黑色或者白色的树干，轻波荡漾，圈圈的涟漪，摇碎了水中丝丝缕缕的细树枝。

“做好准备！……”塞索伊奇轻声提醒我。

我们划过了一片被水淹没、亮光闪闪的林中空地，来到了白桦树林的边缘。在光秃秃的树梢枝头，栖息着一群琴鸡。让人感到不可思议的是：那么细小的枝梢，竟然没有被这些肥大的鸟儿压断。

雄琴鸡个头很大，身体壮实，脑袋小，尾巴长，尾巴梢上还拖着两根辫子似的长长的尾羽，浑身黝黑的羽毛在明亮的阳光下，尤其耀眼。那些雌的琴鸡，则是一身淡黄色的羽毛，看上去更朴实也更小巧。

从林下的水面上，也有一群黑色、浅黄色的大鸟，只不过是脑袋朝下，随着水波晃来荡去。我们离它们已经很近了。塞索伊奇小心翼翼地划着船，沿着林边行进。为了不惊动这些警惕性很高的鸟儿，我慢慢地举起了双筒猎枪。

所有的黑琴鸡都把小脑袋转了过来，瞅着我们。它们都很惊奇：那些什么东西漂在水面上啊，会不会伤害我们啊？

鸟的思维是很慢的。现在，我们距离最近的那只琴鸡只有50来步了。可它还在紧张地摇头晃脑呢，似乎在寻思着：万一发生了危险，该往哪儿飞呢？它的两只脚交替着缩上又踏下，身下的细细的树枝都被压得弯了起来。它惊慌中猛地扇了两三下翅膀，以维持着身体的平衡。

可是，它的伙伴们仍然站在那儿，无动于衷。所以，它也放心了，觉得没事了。

我开了一枪。轰隆一声，枪响了，巨大的响声从水面向树林飘了过去，像碰到了树墙似的反射回来，传来了回声。

琴鸡乌黑的躯体，扑通一声，掉进了水里，溅起一大片的水花，在阳光的照射之下，如彩虹般五颜六色的。其他琴鸡，猛烈地拍动着翅膀，一下子都从白桦树上飞走了，瞬间消失得无影无踪。

我急忙再次瞄准了一只黑琴鸡，又开了一枪，但没有打中。

不过，一大清早，就收获了这么一只羽毛丰满的漂亮鸟儿，难道还有什么不满足的吗？

“收获不错啊！”塞索伊奇高兴地向我道贺。

我们俩从水中拎起湿淋淋、低垂着翅膀的死琴鸡，不慌不忙地划着船，打道回府。

水面上，不时地有一群群的野鸭掠过，丘鹬在尖叫着，沿岸的黑琴鸡叫得更欢了、更响亮了，那叽叽咕咕的声音，此起彼落，没完没了。此时，一轮红日高高地悬在了森林上空。

田野上，时而传来了云雀清脆的歌声。尽管昨夜一整宿没有合眼，但我们却丝毫没有倦意呢！

■本报特约记者

打靶场

射箭要射中靶子！

答案要对准题目！

第三场竞赛

1. 哪些甲虫是用它出生的月份命名的？

2. 蚱蜢用什么发出啾啾的叫声？

3. 沙锥用什么发出叫声？

4. 为什么棕红色的麻鳽被称为“水中的公牛”呢？

5. 蜘蛛总共有多少只脚？

6. 甲虫有几对翅膀？

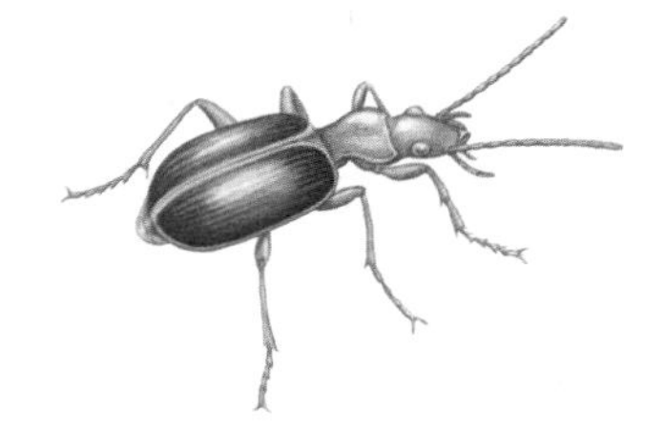

7. 哪些鸟儿是徒步从南方返回我们这儿的？
8. 椋鸟窝里孵出了雏鸟，那些破碎的蛋壳到哪里去了？
9. 哪种动物的耳朵长在脚上？
10. 什么鸟儿的叫声像小瘦猫的叫声？
11. 青蛙的卵和蛤蟆的卵有什么不同？
12. 长脚秧鸡的个头儿有多高呢？
13. 什么鸟儿的叫声像狗吠？
14. 哪种到南方过冬的候鸟是最后飞回我们（苏联）这儿的？
15. 丁香花盛开的季节是春季还是夏季？
16. 树木根下，乱乱哄哄；树木中间，在钉铁钉；树木上头，烛火通明。（谜语）
17. 走路时用得着它，赶车时用得着它，生病时用得着它。（谜语）
18. 白如雪，黑如铁，绿如叶，转起来像中了邪，爬起树来像上台阶。（谜语）
19. 有网一面，不用手编。（谜语）
20. 长长细细，落进草里，自己躲着，儿子出去。（谜语）
21. 求我来，盼我来，等我来到了，你又躲起来。（谜语）
22. 小牛般大小，就是头上不长角。宽脑门，细眼梢。不让摸，不让碰，千万防它钻牛棚。（谜语）
23. 刚出生的小娃娃，长着胡子一大把。（谜语）
24. 三个伙伴在一起：一个爱跑，一个爱躺，还有一个爱扭着身子挠痒痒。（谜语）

场景和音乐

良机莫失!

在静寂无声的林中，在长满芦苇和青草的湖上，可以欣赏最精彩的表演。观众们如果想要观看这场表演，请先在岸上搭一个小窝棚，藏在其中。

晴朗的早晨，两位盛装打扮的演员从草丛里游了出来。这是两只漂亮的鸟儿，嘴巴红红的、细细的，毛茸茸的衣领高高竖起，盖住了面颊。在朝阳的映照之下，闪耀着鲜明的古铜色光芒。这是两只潜鸟，也就是䴙䴘。你就静静地坐在那里吧，看看它们会有怎样特别的演出。

快看，它们就像接受检阅的队伍一样，肩并着肩并排在水里游着。突然，好像是听到了“散开”的指令似的，各自分了开来，灵巧地向后转，面对面，鞠起了躬，优雅得就好像是要跳华尔兹一样。

然后，它们各自伸长脖子，仰起脑袋，微微地张开了嘴巴，好像是在严肃地发表演说。突然，它们又一起低下了脑袋，一头钻进了水中，水波平静，没有激起半点的浪花！过了不大一会儿，它们又一前一后地浮出水面，在水上直直地挺立起整个身子，就像站在平地上一样。它们的嘴巴上衔着从水底捞上来的绿藻，彼此喂给对方，就好像在相互交换着一条绿色的小手帕似的。

看到这么精彩的表演，你禁不住会给它们鼓起掌来，可这一鼓掌，鸟儿都不见了，一转眼就消失在芦苇丛中了！

“火眼金睛”大比拼

第二次测试

如何辨别以下动物

图 1

图 1，请问如何根据潜鸭和野鸭在水面上的姿势加以辨别？

图 2 和图 3，是我们（苏联）这里的两种兔子，灰兔和雪兔。冬季，这两种兔子很容易辨别，因为一种是灰色的，另一种是雪白的。可是到了夏天，两种兔子都变成灰色的了，请问该如何加以辨别？

图 2　　图 3

图 4、图 5、图 6，是三种小兽。它们有什么区别？分别叫什么名字呢？

图 4　　图 5　　图 6

下图中是三种蛇和一种没有脚的蜥蜴。哪一幅图是蜥蜴？三种蛇中，哪一种蛇是有毒的？它用什么咬人？哪些蛇是无毒的？

图 7　　图 8

图 9　　图 10

森林报

夏

森林里开起了露天音乐会

森林报

No.4

鸟儿筑巢月

（夏季第一月）

Forest Newspapers

6月21日到7月20日　　太阳进入巨蟹宫

第四期导读

太阳诗章——6月
各居其所
林中逸闻
林间大战（续前）
农场纪事
农场新闻
狩猎
祖国各地无线电大串联！
打靶场：第四场竞赛
通告："火眼金睛"大比拼

一年：太阳在12个月内谱写的乐章

6月——蔷薇花开的季节。候鸟都飞了回来，迎接即将到来的夏天。白天也越来越长，在很远很远的北方，太阳一整天都照耀着大地，完全看不到黑夜的影子。草叶和花瓣上挂了露珠，在阳光的照耀下闪闪发光，异常美丽。金梅草、驴蹄草、毛茛……披着耀眼的阳光，把整片草地都染成了金黄色。

在这个季节，勤劳的人们迎着刚刚升起的太阳，呼吸着怡人的新鲜空气，到山中采集草药，以便在生病的时候，这些草药内所贮存的太阳精华，能派上用场，让自己重新容光焕发。

6月21日是夏至日，也是一年中白昼最长的一天，就这样过去了。

从这天开始，白昼在慢慢地变短，黑夜在慢慢地变长。不过，这个过程慢极了，你不注意简直感觉不到。但是有时候，你也会觉得像春天悄无声息地迅速来到你的身边一样，不知不觉地，“夏天已经从篱笆的缝隙里探出了头……”

所有的鸟儿都筑好了自己的巢，每只鸟巢里都藏着几枚颜色各异的蛋。在这薄薄的蛋壳下孕育着柔弱的小生命，它们即将破壳而出！

各居其所

到了繁殖孵化的季节，森林中的鸟儿们都为自己建好了窝巢。

我们《森林报》的记者们决定去了解一下，看看那些鸟儿、鱼儿、虫儿、猛兽们都把家安在了什么地方，生活过得好不好。

形色各异的房子

现在正是繁殖的季节，整个森林里早已住满了小动物，几乎一块儿空地都没有了！地面上、地底下、水面上、水底下、枝头上、树干中、草丛里，还有半空中，都住得满满当当的。

黄鹂把家安在了半空中。它用大麻、草茎和毛发等，编成了一个轻盈的小篮子，并把它挂在高高的白桦树枝上，“小篮子”里躺着自己下的蛋。更加奇妙的是，当风儿摇动树枝的时候，里面的蛋一点儿事都没有，依然安安稳稳地躺着。

百灵鸟、林鹨、鹀，还有其他一些鸟儿，都在草丛中安了家。在这些“建筑”中，我们的记者最喜欢的就是篱莺的家了。它的家是用干草和苔藓搭建起来的，上面有个顶棚，而门则开在了侧面。

在树干内安家的有鼯鼠（松鼠的一种，脚趾间连有一层薄膜）、木蠹虫、小蠹虫、啄木鸟、山雀、椋鸟、猫头鹰，以及其他一些鸟儿。

在地下安家的有鼹鼠、田鼠、獾、灰沙燕、翠鸟和各种各样的虫儿。

鸊鷉是一种水鸟，它会潜水，它们喜欢把家安在水面上。它们用沼泽地里的干草、芦苇和水藻做成一只巢，住在这样的家中，就像乘着木筏一样，可以在水面上随意漂流。

在水底下安家的有河榧子和一种银色的水蜘蛛。

最好的住宅

看了各种各样的“住宅”，我们的记者想要从中选出一所最好的。但是，无论哪一所住宅都很漂亮，这可真是难以取舍啊！

雕的窝巢是最大的，它们用粗大的树枝，把巢搭建在高大粗壮的松树上。

黄头戴菊鸟的窝巢是最小的，整个窝巢也只有拳头那么大。原来，它的个头儿还没有一只蜻蜓大呢！

田鼠的窝巢设计最精妙，前后左右不知道有多少备用的出入口。就算你费再大的力气，也别想在它的家中逮到它。

卷叶象鼻虫的窝巢最精致。这是一种长有长吻的小甲虫，在建造窝巢时，它们会先咬断白桦树叶的叶脉，等到树叶枯萎时，就把它卷成筒状，再用唾液将叶子粘牢。雌卷叶象鼻虫就是在这幢精致的小房子里繁育后代的。

戴领带的丘鹬和夜游神欧夜莺的窝巢最简单。丘鹬直接将自己的四枚卵产在河边的沙地上，而欧夜莺则把卵产在树干下的枯叶堆里或是小土坑里。这两种鸟都懒得在筑巢上下功夫。

柳莺的窝巢最漂亮。它们的窝搭建在白桦树枝上，外面还用苔藓

和薄薄的桦树皮精心装饰。有时，它们还会从别墅花园内捡来一些彩纸片，装饰自己的家呢。

长尾巴山雀的窝巢最舒适。这种鸟的外形很像一只长柄汤勺，因此它也叫作汤勺鸟。它们的窝巢里面主要由绒毛、羽毛和兽毛编成，外面则用苔藓和地衣粘牢。整个窝巢圆乎乎的，就像一个小南瓜。窝巢的小门开在头顶的正中间，也是圆圆的。

河榧子幼虫的窝巢最轻便。

河榧子是一种有翅膀的昆虫。当它们停下来的时候，翅膀就会收拢起来，盖在背上，刚好能将自己的身子全部遮掩起来。而河榧子的幼虫却没有翅膀，只能露着身子，毫无遮掩地生活在小溪、小河的底部。

当河榧子的幼虫找到一根与自己大小差不多的干树枝或是芦苇时，就会将泥沙做成一个小圆筒粘在上面，然后自己再倒着身子爬进去。

这样一来，就方便多了。它可以把整个身子都躲进圆筒里面，安安稳稳地睡上一觉，不用担心被别人发现；若是想搬个家或是活动活动，只需伸出前腿儿，就能背着自己的房子在水底爬上一圈，实在是太轻便了。

有一只河榧子的幼虫，在河底找到了一根沉没的香烟嘴儿，把它当作自己的巢钻了进去，然后还带着它四处旅行。

银色水蜘蛛的窝巢最奇特。它们先在水底的水草间结上蛛网，然后再用自己毛茸茸的肚皮，从水面上带回一些气泡放在蛛网下面，而水蜘蛛们就住在这种有蛛丝做成的空气流通的窝巢里。

还有哪种动物做窝

我们的记者还走访了鱼类和野鼠的窝巢。

刺鱼给自己建造的窝巢非常不错，而且建巢的任务由雄鱼全权负责。它在建巢的时候，只用那些分量重的草茎。这种草茎，即便是用嘴从水底衔到水面上，也漂浮不起来。刺鱼利用这种草茎编织出住宅的墙壁和天花板，并用唾液把它们粘牢，然后再用苔藓将窝巢四壁的孔隙堵上。它们最后还会在墙壁上开两扇门。

小老鼠的窝与鸟窝差不多，是用草叶和被扯细的草茎编织而成的，它们把窝挂在离地大约 2 米高的圆柏树的树枝上。

林中逸闻

狐狸如何占了獾的家

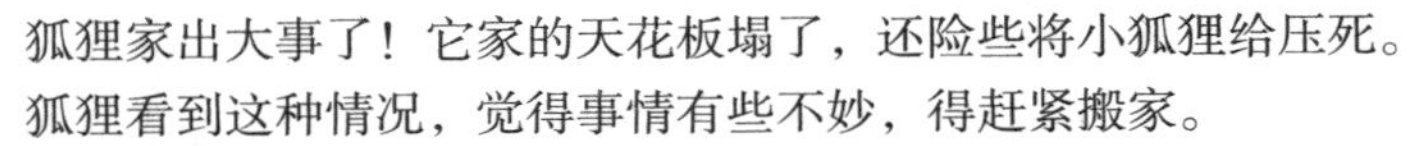

狐狸家出大事了！它家的天花板塌了，还险些将小狐狸给压死。

狐狸看到这种情况，觉得事情有些不妙，得赶紧搬家。

于是，狐狸就跑到了獾的家里。獾的洞穴都是它们自己动手挖出来的，住着非常舒服。而且，洞内还有多个进出口，还有很多迷宫一样的密道，即便是有敌人来袭，也能安全逃生。

獾的洞穴非常宽敞，即便是两家合住都丝毫不会觉得拥挤。

狐狸就想向獾借一间房子，可是獾无论如何都不答应。獾做事一向都很认真，家里面也被它打理得井井有条。而且，它很爱干净，决不允许家中出现脏乱的状况。它怎么能让狐狸拖儿带女地住进来呢？

于是，獾二话不说就把狐狸赶出去了。

“好！好！”狐狸在心底寻思着，“既然这样的话，那咱们就走着瞧吧！”

狐狸佯装进了树林，其实它就躲在一簇灌木丛后，在那里等待时机。

獾从洞穴里探出头来左右张望了一下，看到狐狸已经走了，这才爬出洞穴，到树林里找蜗牛吃去了。

狐狸趁机溜进了獾的洞穴里面，在地上拉了一堆屎，还把洞里搞得乱哄哄的，然后就溜走了。

獾回到家后大吃一惊，洞里怎么又臭又乱！它虽然气得不行，但也实在不能忍受着脏乱再在这里住下去了，只好离开这里，到别的地方重建新居去了。

狐狸等的就是这一刻。

它等獾走后，就拖儿带女地搬进了这个舒适的新家。

奇特的植物

池塘中长满了浮萍，也有人管它叫苔草。其实，浮萍与苔草是两种不同的植物。浮萍与其他植物有些不太一样，长相比较特别。它的根很细，在水面上漂浮着一个绿色的小圆片，上面还有一个椭圆形的小突起，这些小突起就是它的茎和枝，看起来像绿色的小饼子似的。浮萍是没有叶子的，虽然有时它们也会开上几朵小花，但这并不常见。而且，浮萍不必开花，也一样可以快速简便地进行繁殖。只需从饼状的小茎上分出一个同样是饼状的小枝，一棵浮萍就变成两棵了。

浮萍不喜欢受到束缚，因此它们的生活非常自由，想去哪里安家就去哪里安家。当有野鸭从它身旁游过时，只要它愿意它就可以黏在鸭掌上，被野鸭带到另一片水塘中开始全新的生活。

■尼·朱·帕甫洛娃

神奇的花儿

在林中草地和空地上，紫红色的矢车菊开花了。我每次看到这种花，都能想起伏牛花来，因为它们都像魔法师一样，会变点儿小戏法。

矢车菊的花，结构比较复杂，是由许多小花组成的头状花序。聚集在花盘周围的那些毛茸茸的、小牛角似的漂亮小花，都是不会结籽的无实花。真正的花是花盘当中，那些紫红色的细管子。在这些管子里面，有一根雌蕊和好几根神奇的雄蕊。

只要你触碰一下那紫红色的细管子，它就会往旁边一歪，接着就会从细管子的小孔里冒出一小团花粉来。

过了一会儿，你要是再碰它一下，它还会一歪，再冒出一小团花粉来。

这就是矢车菊变的小戏法！

它的这些花粉可不是随随便便喷出来的。只要有昆虫向它索取花粉，它都会给一些。这些昆虫将花粉拿去吃掉也好，粘在身上也罢——只要能将一点点的花粉带给另一株矢车菊它就心满意足了。

■尼·朱·帕甫洛娃

神秘的夜间杀手

森林里出了个神秘的夜间杀手，引起了森林居民的极大恐慌。

每天夜晚，都会有几只小兔子失踪。只要天一黑，小鹿、琴鸡、松鸡、榛鸡、兔子、松鼠等，都是战战兢兢的，不敢安眠。这个杀手如此神秘，无论是树丛中的鸟儿，树上的松鼠，还是地上的老鼠，都没人知道它是从哪儿来的。而且，这个神秘的杀手，有时从草丛里来，有时从树丛里来，有时还会从树上冒出来，简直就是神出鬼没。也许，杀手不止一个，而是有一大群呢。

几天前的一个夜晚，小獐鹿一家（有獐鹿爸爸、獐鹿妈妈和两只小獐鹿）在林间的空地上吃草。獐鹿爸爸待在距离灌木丛八步远的地方放哨，而獐鹿妈妈则带着两只小獐鹿在空地上吃草。

突然间，灌木丛中蹿出一道黑影，一下子就扑到了獐鹿爸爸的背上。獐鹿爸爸倒了下去，而獐鹿妈妈带着孩子们逃进了森林。

第二天早上，獐鹿妈妈回到林中的那片空地，只看见獐鹿爸爸留下的两只犄角和四个蹄子。

昨天晚上，驼鹿遭受了神秘杀手的袭击。当时它正在林子里穿行，发现旁边的一根树枝上长了一个非常奇怪的木瘤。

驼鹿仗着身高体大，从没怕过谁，而且它头上那对硕大的犄角，就连熊也有所忌惮。

当驼鹿走到那棵树下，刚想抬头看个究竟，突然一个可怕的、重量足有 300 千克的东西掉在了自己的脖子上。

事发突然，驼鹿吓了一大跳，它使劲摇了摇脑袋，才把那个可怕的东西给甩下去，然后它连头也没敢回，拔腿就跑。因此，它也不清楚昨天晚上袭击它的到底是个什么怪物。

在我们这片森林之中并没有狼，即便是有，狼是不会上树的啊。至于熊嘛，估计它们这会儿都在密林深处休憩，才懒得动弹呢！更何况，熊也不会爬到树上再跳下来压到驼鹿的脖子上去啊！那么，这个神秘的杀手到底是谁呢？到目前为止，真相仍在调查之中。

勇敢的小刺鱼

前面我们已经描述过，雄刺鱼在水下建造的房子的模样。

房子造好后，雄刺鱼就找了条雌刺鱼做自己的妻子，把它带回了自己建造的房子。刺鱼夫人从一边的门进去，产下鱼卵，然后立刻就会从另一边门游走。

而雄刺鱼又去找了第二位夫人，接着又是第三位、第四位，但是它们的做法都一样，产卵后统统跑掉了，只留下鱼卵让雄刺鱼照料，就不再露面了。

家中堆满了鱼卵，雄刺鱼独自留守在家中。

但是，河里有许多喜欢吃新鲜鱼卵的家伙。可怜的雄刺鱼，尽管个子很小，但是为了保护好自己的家，不得不勇敢地站出来同那些凶残的恶魔进行战斗。

在不久前，就有一条贪吃的鲈鱼袭击了刺鱼的家。势单力薄的雄刺鱼勇敢地冲了上去，与眼前的怪物展开了英勇的斗争。

刺鱼的身上长有五根利刺——脊背上三根，腹部有两根。面对凶恶的鲈鱼，它竖起了身上的利刺，对准鲈鱼的腮部发起了猛烈的攻击，真是戳到鲈鱼的弱点啦。

原来，鲈鱼周身虽然都是披鳞带甲的，但是鳃部却没有防护。

贪吃的鲈鱼被雄刺鱼的攻击吓坏了，只能灰溜溜地逃跑了。

真凶是谁

今天晚上，森林里又发生了一起谋杀案，被害者是树上的松鼠。我们检查了一下案发现场，根据凶手在树干上和树底下遗留的痕迹，终于弄清了这个神秘的夜间凶手是谁。在不久前，杀害獐鹿爸爸，并引起全体森林居民惊慌的也是它。

我们根据现场发现的脚印判断，凶手就是我们北方森林中的“豹子”，也是最凶残的猫科动物——猞猁[①]。

现在，小猞猁已经长大了，猞猁妈妈正带着它们在森林里到处游荡，还在树上爬来爬去的。

到了晚上，猞猁的眼神并不比白天差，要是有谁在睡觉前没有藏好的话，那可就要倒大霉了！

六条腿的鼹鼠

我们的一位森林记者，从加里宁格勒发来了一份报道：

“为了练习爬树，我准备竖一根杆子。在挖土的时候，我挖出了一只不知名的小动物。它的前脚上有爪，背部长着两片类似于翅膀的薄膜，浑身上下长着棕黄色的茸毛，与短而密的兽毛很像。这只小动物体长约5厘米，样子长得既像黄蜂，又像鼹鼠。可是，从它的六条腿我判断它是一种昆虫。”

编辑部的回答

这是一种比较独特的昆虫，它叫蝼蛄[②]。它的长相的确有点儿像小兽，这也难怪它会有个“赛鼹鼠”的外号。蝼蛄与鼹鼠长得很像，它们的两只前爪都很宽，都是掘土方面的高手。不过，蝼蛄的两只前爪还有一个特点，长得很像剪刀。它在地底下来回穿梭，靠的就是这双“剪刀手”去剪断植物的根。而鼹鼠的个儿大，力气也大，遇到植物的根须，它只需用它那强有力的爪子一扯就能扯断，再不然就用它那锋利的牙齿咬断。

蝼蛄的两颚上，长有一副锯齿状的薄片，很像牙齿。

大多数时间，蝼蛄都生活在地下。它和鼹鼠一样，会在地下挖掘通道，然后在里面产卵，并在上面堆出个小土堆，和鼹鼠的窝极为相似。另外，蝼蛄还有一对大而柔软的翅膀，擅长飞行。在这一点上，鼹鼠可就不如蝼蛄了。

在加里宁格勒，蝼蛄并不常见，在列宁格勒更少。但是，在南方各州蝼蛄就比较常见了。

要是有谁想寻找这种独特的昆虫，那就在潮湿的泥土中找吧。尤其是在水边、果园里和菜园里比较容易找到。捉蝼蛄有个窍门：先选好一个地方，然后每天傍晚都在那个地方浇上水，再在上面盖些木屑。到了夜里，蝼蛄就会自己钻到木屑下的湿土中去了。

①猞猁：属猫科猛兽，俗称大山猫，体长可达109厘米，尾长24厘米。耳朵上有一撮竖毛。

②俄语中“蝼蛄”一词与“熊”同源。此词另一意义是“熊皮”或“熊皮大衣”。

林间大战

（续前）

小白桦的命运，与野草和小白杨差不多，它们都受到了云杉的欺负。

如今，在这块采伐迹地上，云杉已经成为统治者，再也没有对手了。我们的记者在收拾好帐篷以后，就转移到另一块采伐迹地去了——伐木工人前年在这里砍伐过树木，而不是去年。

在那里，他们目睹了统治者云杉在战后第二年的境况。

云杉虽然非常强大，但是它们却有两个致命的弱点。

第一个弱点，它们扎在土里的根虽然能伸得很远，但却扎不深。到了秋天，当狂风吹过开阔的采伐迹地时，许多弱小的云杉都被狂风刮倒了，甚至会被连根拔起。

第二个弱点，弱小的云杉幼苗不够健壮，会很怕冷。

云杉幼苗，在严寒的环境下，只要冷风一刮，枝条上的树芽就全冻死了，柔弱的树枝也会被寒风吹折。到了来年春天，那块曾经被云杉征服了的土地上，一棵小云杉也看不到了。

云杉不是每年都会结种子的。因此，它们在战斗一开始虽然很容易取得胜利，但是，它们的胜利并不牢固，有很长一段时期，它们都没有丝毫的战斗力。

第二年春天，野草们刚刚露出头来，就加入战斗了。

这一次，它们的对手是小白杨和小白桦。

可是，小白杨和小白桦都已经长高了，很轻松地就摆脱掉了那些柔韧的小草的围堵。而且，细密的野草将它们密密地包裹起来，反倒对它们有利。往年的枯草，就像一条厚厚的毯子一样铺在地面上，腐烂后枯枝烂叶可以散发出热量帮助取暖。而新生的野草，则簇拥着刚出土的小树苗，保护着它们免受霜露的侵害。

小白杨和小白桦的生长速度很快，矮小的野草无论如何都很难追上它们，落后也是很自然的事情。可是，它们刚一战败，就看不到太阳了。

当小树的个头超过野草时，它们就会伸展开各自的枝丫，将野草盖住。虽然小白杨和小白桦没有云杉那样浓密的针叶，但是它们的叶子很宽大，形成的树荫也不小呢！

要是小树们之间的距离比较远，稀稀疏疏的，野草们的日子还能勉强过得下去。但是，在采伐迹地上，小白杨和小白桦之间的距离非常小，排列得密密麻麻的。只见它们手挽着手，紧密地团结在一起，一排排地围起来，枝枝杈杈连成一片，就像是一个严密的绿色帐篷，把太阳光遮得严严实实的！树底下的野草见不到阳光，很快就死掉了。

到了第二年，我们的记者在采伐迹地上就只看到了小白杨和小白桦的身影，这场战争也以它们的胜利而告终。

后来，我们的记者又去了第三块采伐迹地。

如果你想知道他们发现了什么，就请继续关注我们下期的报道吧。

农场纪事

黑麦已经开花了，长得比人还要高呢。一只雄山鹑正在黑麦田里散步，看起来黑麦田就像是树林一样！雄山鹑是领着雌山鹑出来的，在身后还跟着它们的小宝宝。只见这些小家伙们个个都像小黄球似的，在那里滚来滚去。原来小山鹑已经孵出来了，而且都能跑出窝了。

农场里的人们正在忙着割草。有用镰刀割的，也有用割草机割的。割草机在草场上挥动着光溜溜的翅膀来回奔跑，高高的牧草在它身后纷纷倒下，躺得整整齐齐的，多汁的牧草还散发着阵阵的芳香。

在菜园里，绿油油的大葱已经长高了，孩子们正在畦垄上忙着拔葱呢！

女孩儿和男孩儿们一起到森林里采摘浆果。在这个月初，一处向阳的斜坡上，甜甜的草莓已经成熟了。现在正是草莓大量成熟的时候。树林里的黑莓和覆盆子也快熟了。在林中长满苔藓的沼泽地上，一肚子籽儿的桑悬钩子已经由白色变成了红色，又从红色变成了金黄色。你爱吃什么样的浆果，就采什么样的浆果吧！

孩子们还想多采一些，但是，家里还有很多活儿等着他们干呢。他们不仅得去打水浇菜，还得到菜畦里除草。

农场新闻

牧草的投诉

农场里的牧草们纷纷投诉道，场员们总是欺负它们。牧草们就要开花了。有些已经开花了，白色的羽状柱头从小穗里露了出来，沉甸甸的花粉挂在纤细的丝上。

突然间，来了一批割草的人，他们把所有的牧草都齐根割了下来。这下还怎么开花呀！只好重新生长了！

我们的森林记者接到投诉后，对这件事情做了深入的研究。原来，场员们要将割下的牧草晒干，好给牲口们越冬贮存下足够的干草。因此，场员们才不等牧草开完花就割，这样可以贮存到更多的牧草，这种做法非常正确。

洒在田地里的怪水

田地里的杂草，只要沾上这种怪水，要不了多久就没命了。对于杂草来说，这种怪水简直就是夺命的水。

但是，这种怪水在洒到庄稼上，庄稼却没有一点儿事，依然欢快地生长着。对于这些庄稼而言，这种怪水是保命的水，不仅不会对它们造成伤害，还能改善它们的生活条件，消灭它们的敌人——杂草。

阳光下的受害者

在共青团员农场里，有两只小猪在散步的时候，被灼热的太阳光晒伤了脊背，灼伤的部位还起了个大水泡。场员们赶紧请来了兽医给小猪治病，还告诉小猪，在太阳最毒时候，千万不要出来散步，就算有猪妈妈跟着也不行。

失踪的避暑客人

在不久前，有两位女客人到河岸农场避暑。可是，没多久她们两人就莫名其妙地失踪了。大家一起找了很久，才在距离农场 3 千米远的干草垛上找到了她们。

原来，这两位女客人是迷路了。事情的经过是这样的：清晨，她们俩到河里游泳时，明明记得自己是从浅蓝色的亚麻地里穿过去的。可是，到了午后，当她们想要回去的时候，那块浅蓝色的亚麻地怎么也找不到了，于是她们就迷路了。

看来，这两位前来避暑的女客人还不知道，亚麻都是在清晨开花的，到了中午花就凋谢了，亚麻地也就从浅蓝色变成绿色的了。

母鸡的疗养地

今天天刚亮，农场里的母鸡们就动身前往疗养地了。它们这次可是坐着专车去的，而且它们的房子也被搬上了车。

母鸡们的疗养地就是收割过后的麦田。麦子收完以后，除了留在麦田里的秸秆，还有不少的麦粒撒在地上。人们为了不让这些麦粒浪费掉，才把母鸡们请到这里疗养的。这里也就成了一座临时性的母鸡村，等到它们将地上的麦粒捡干净后，就会立刻乘着汽车到别的地方继续捡麦粒。

浆果们要出发了

浆果们都熟了，有马林果（树莓）、醋栗、茶藨果等，它们就要从农场动身进城去了。

醋栗不怕走远路，它说：“带我去吧！我们最好快点动身，趁我现在还没有熟透，身体还有些硬硬的，还能受得了！”

茶藨果也说：“把我好好包装一下，我也能坚持到底。”

可是，马林果却有点儿信心不足，它说："你们还是别碰我了，最好是让我待在原地吧！我最怕的就是路上的颠簸了！颠来倒去的，恐怕还没到地方，我就变成果酱了。"

混乱的食堂

在五一农场的池塘里，有几根木棍露出了水面，上面挂着个写有"鱼儿食堂"几个字的木牌。在这种水下食堂里，都只有一张镶边的大桌子，而没有椅子。

每天早上，在木牌周围的水，就像沸腾了一样地翻滚着，这是鱼儿们在等着吃早饭呢！鱼儿们的纪律性很差，总是你挤我，我撞你的，场面十分混乱。

七点钟，厨师们就会坐着小船将饭菜送上餐桌：有煮熟的土豆、杂草种子做的饭团、晒干的小金虫以及很多其他可口的美食。

在这个时间，食堂里的鱼可真不少啊！每个食堂里面，少说也得有 400 条鱼同时进餐。

一位少年自然科学爱好者讲述的故事

我们的农场坐落在一片小橡树林旁。从前，这里很少有杜鹃（布谷鸟）飞过。即便来了，也最多"布谷——布谷"地叫上一两声就飞走了。但是，今年夏天我却经常听到它们的叫声。在这个季节，正好可以将农场里的牛群赶到橡树林里吃草。中午，牧童跑回来嚷道："牛发疯了！"

我们立刻向橡树林跑去。这可不得了了，那里都快闹翻天了！太吓人了！母牛们到处乱跑乱叫，还不停地用尾巴抽打着自己的脊背，像没头苍蝇似的乱撞。它们这样很有可能会撞坏自己的脑袋，说不定还会踩伤我们呢！

大家赶紧将牛群赶到了别的地方。怎么会出现这种事情呢？

原来，这一切都是毛毛虫们引起的。那些棕色的毛毛虫，浑身毛茸茸的，个头儿还挺大，活像一头头小野兽，橡树上密密麻麻的都爬满了。有些树枝上的树叶已经被它们啃光了，只留下光溜溜的枝丫。这些毛毛虫身上脱落的毛，被风吹得到处飞扬，正好飞到了牛的眼睛里，又扎又痒地让它发了疯——真可怕啊！

还好，这里来了那么多的杜鹃！我还从没有见过这么多杜鹃呢！除了杜鹃以外，这里还有黄色的带有漂亮的黑色条纹的黄莺，以及翅膀上带有浅蓝色条纹的樱桃红色的松鸦。这附近的鸟儿全都赶到我们的橡树林里来了！

你能猜到结果是什么吗？你猜对了！所有的橡树都挺过来了。鸟儿们用了不到一周的时间，就将那些毛毛虫全给消灭了！鸟儿们真了不起！要不是它们，我们的橡树林可就没救了，后果是难以想象的！

■尤拉

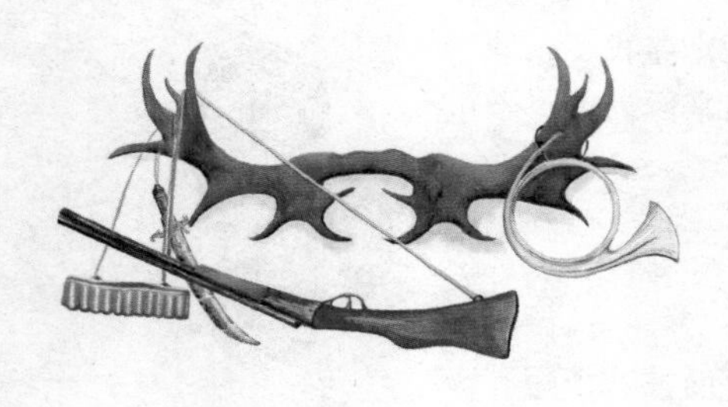

狩猎

不猎飞鸟，也不猎走兽

在夏天里狩猎，我们既不猎飞鸟，也不猎走兽。与其说是狩猎，还不如说是一场战争更准确。夏天，人类就会有许多敌人。比方说，你开辟了一个菜园，种上了蔬菜，经常浇水，但你能保证你的蔬菜不受敌人的祸害吗？

若是用木棍树个稻草人，能起多大的作用？起不了多大作用！虽然稻草人能帮你赶走麻雀和其他的鸟儿，但是效果也不明显。

在菜园里还有一群敌人，不要说稻草人了，就算是拿着武器的真人，都吓不跑它们。这些敌人用木棍捶不死，开枪也打不着。对付它们，我们只能智取了。这就需要我们时刻保持警惕，做好防备工作。别看它们的个头儿不大，但其捣乱的本事却要比其他的敌人厉害多了。

跳来跳去的敌人

有一种背上带有两道白色花纹的黑色小甲虫，它们就像跳蚤一样在菜叶子上跳来跳去的。若是它们出现在菜园里，那就不得了啦！

这种可怕的敌人就是跳甲虫，它们只需要两三天的时间，就能毁掉好几公顷的菜园。它们很喜欢啃咬嫩叶，被它们咬过的菜叶无一不是千疮百孔。那这片菜园可就算是全毁了！萝卜、芜菁、冬油菜和甘蓝菜等，最怕的就是这种跳甲虫。

围剿跳甲虫

在与跳甲虫展开战斗前，我们得准备好自己的武器——系有一面小旗子的长矛，在小旗子的两面都涂上厚厚的胶水，只留下一条宽约 7 厘米的边儿不涂胶水。

拿着这样的武器，在菜园里的菜畦间来回走动，同时在蔬菜的上方挥动小旗子，但是只能让没有涂胶水的那条边儿碰到蔬菜。

只要跳甲虫往上一跳，就被小旗子上的胶水粘住了。但是，我们并不能因此而沾沾自喜，因为还会有大批新的敌人来进攻我们的菜园的。

第二天早上，要赶在草上的露水未干之前起床，用细筛子把炉灰、烟末或熟石灰等撒在蔬菜上。在大农场里，这得动用飞机，人工是做不到的。

这些东西不但可以有效地驱除菜园里的跳甲虫，而且不会对蔬菜造成损害。

会飞的敌人

蛾蝶比跳甲虫还要难缠。它们总能在人们不知不觉的时候把卵产在菜叶上。这些卵可以孵化出青虫，大肆地啃食蔬菜的叶和茎。

蛾蝶的破坏性很大，喜欢在白天活动的有：大菜粉蝶（它们的个头儿较大，白色的翅膀上长有黑色的斑点）和萝卜粉蝶（模样和大菜粉蝶相似，只是个头儿稍小了点儿）；喜欢在夜间活动的有：甘蓝螟（个头儿小，翅膀下垂，身体的前半部呈赭黄色）、甘蓝夜蛾（全身有着灰褐色的茸毛）和菜蛾（个头儿很小，全身呈浅灰色，模样很像织网夜蛾）。

要想打退这股敌人，不需要借助工具，只要一双手。大家只要找到它们的卵，用手捏碎就行了。或是像消灭跳甲虫那样，向蔬菜上撒些炉灰、烟末和熟石灰。

还有一种更加恐怖的敌人，它们会直接向人类直发起攻击。

这种敌人就是蚊子。

在死水潭里面，有许多身上长有茸毛的软体小虫来回游动；还有一些很难用肉眼看得清的小蛹儿，它们的头与身子比起来大得离谱，而且头上还长着小角。

这就是蚊子的幼虫孑孓和蚊子的蛹。在这些死水里，还有蚊子的卵，有些粘连在一起，就像小船一样漂浮在水面上，有些则黏附在水里的草上。

两种蚊子

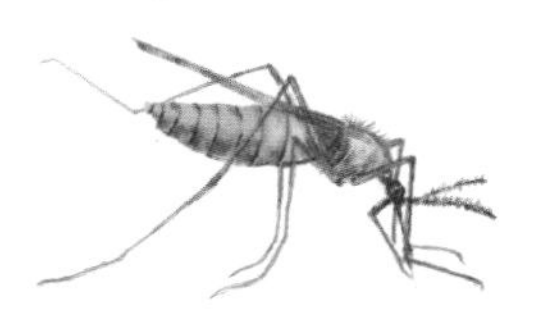

有两种不同的蚊子。第一种蚊子，在叮咬人之后，人只会有些痒痒的，起个小疙瘩。这是普通的蚊子，没有什么危险。另一种蚊子，人们若是被它叮咬了，就会染上“沼泽热”病，医学家们将其称为“疟疾”。患上这种病的人，身体会忽冷忽热。在觉得冷的时候，全身都会打哆嗦。每过一两天，就会发作一次。这种蚊子叫作疟蚊。（右图中上面那只就是疟蚊，下面是普通蚊子。）

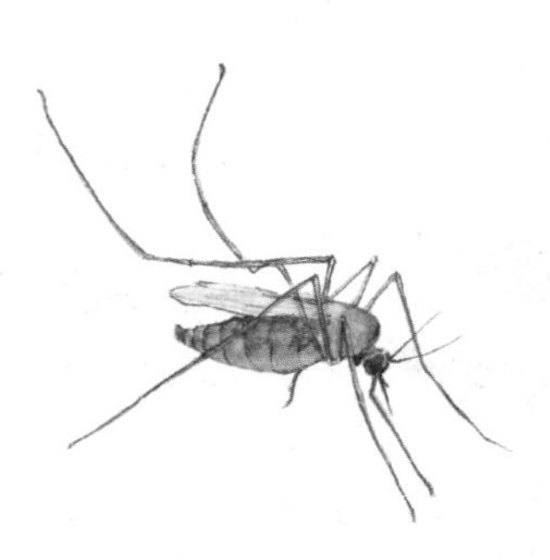

这两种蚊子，从外表看长得很相像，但是雌疟蚊的吸吻旁还有一对触须。在雌疟蚊的吸吻上带有致病的病菌，在叮人的时候，病菌就会进入到人体血液中去，破坏血球。

所以，人们就生病了。

科学家们是在高倍显微镜下，通过对疟蚊的血液进行观察后，才得出这个结论的，仅靠肉眼是什么都看不到的。

祖国各地无线电大串联！

呼叫！呼叫！

这里是列宁格勒《森林报》编辑部。

今天是6月22日，夏至日，是一年中白昼最长的一天。现在我们要和全国各地举行一次无线电大串联。

苔原！沙漠！森林！草原！海洋！大山！都请注意了！

现在正值盛夏，今天又是白昼最长、黑夜最短的一天，请汇报一下你们那里的情况。

请回复！请回复！

北冰洋群岛回电！

你们所说的黑夜是什么啊？我们已经忘了黑夜和黑暗是什么样子了。

我们这里的白昼时间最长，24小时都是白昼。太阳虽然有起有落，但却一直都在海平面以上，这种情况会持续3个月呢！

我们这里充满了光明，地上的小草长得快极了。说它们一天一个样儿一个样都不够，简直是一小时一个样儿，就像童话故事里讲的那样，它们飞快地长着，叶子越来越茂盛，花儿越开越多。沼泽地里长满了苔藓，就连光秃秃的石头上也长满了五颜六色的植物。

苔原睡醒了。

不错，我们这里没有美丽的蝴蝶、漂亮的蜻蜓、机灵的蜥蜴、青蛙和蛇，更没有一到冬天就躲到地下的洞穴里过冬的大大小小的兽类。在我们这里，一年四季都覆盖着厚厚的冰层，就算是盛夏，也只有地表的冰层才会解冻。

大群的蚊子，在苔原的上空嗡嗡地乱飞，但是，我们这里却没有可以制伏它们的突击队——动作敏捷的蝙蝠。它们在怎么能在我们这里住得惯呢？要知道，它们只在黄昏和夜晚才出来捕食蚊子啊！但是，我们这里整个夏天都没有黄昏和夜晚。因此，就算它们过来了也不行啊！

在我们这里，野兽的种类不多。只有旅鼠（与老鼠大小差不多，尾巴较短的啮齿动物）、白兔、北极狐和驯鹿。偶尔还能看见从海里游到我们这儿来的北极熊，在苔原上挪动着笨重的身躯找寻着猎物。

不过，我们这里鸟儿很多，数也数不清！虽说在那些太阳照不到的地方还有积雪，但是许多鸟儿还是飞过来了。例如角百灵、北鹨、雪鹀、鹡鸰等各种鸣禽，还有鸥鸟、潜鸟、鹬、野鸭、雁、管鼻鹱、海鸟、外形滑稽可爱的花魁鸟及其他各种古怪的鸟儿，也许你们都没有听说过这些鸟儿的名字。

整个苔原上，到处都是喧闹声，就连光溜溜的岩石上都筑上了鸟巢。有些岩石上，数不清的鸟巢一个挨一个。若是岩石上有个小凹坑，哪怕只能容下一枚卵，也能被这些鸟儿做成巢。它们的鸣叫声此起彼伏，就跟进到鸟市一样！若是有猛禽胆敢靠近这些地方，就会遭到一大群鸟儿的攻击，仅凭叫声就能震破它的耳膜，尖嘴也会像雨点般地啄下，它们可不想让自己的孩子受到欺负。

快来瞧啊，我们的苔原上多热闹啊！

你肯定会问：“你们那里没有黑夜，鸟兽们在什么时候休息、睡觉呢？”

它们很忙的，几乎没有时间睡觉。稍稍打个盹儿，就又得继续忙活了：有喂孩子的，有筑巢的，有孵卵的，个个都忙得不可开交。因为，我们这里的夏天很短暂。

至于睡觉的事情，还是到冬天再说吧！那时候可以把全年的觉都补回来。

库班草原回电！

我们这里，平坦的农田一望无际，农场的收割机和马拉的收割机正忙着收割庄稼。今年是个丰收年，获得丰收的玉蜀黍已经装到火车上运往莫斯科和列宁格勒去了。

老鹰、雕、兀鹰和游隼，正在收割完庄稼的农田上空盘旋。现在，它们终于可以好好地惩治一下那些爱偷庄稼的小贼——老鼠、田鼠、金花鼠和腮鼠了。现在农田一览无余，即便隔得很远，但只要这些小贼们从洞中抬一下头它们也能发现。

在庄稼正在生长的时候，这些可恶的小贼不知偷吃了多少粮食啊！想想就觉得不可思议！

现在，它们正在收集农田里散落的麦粒，储存在自家的地下粮仓中，供它们冬天食用。和猛禽们相比，野兽们也不甘落后：狐狸正在这片光秃秃的麦田里猎捕鼠类，白色的草原鸡貂更是帮了我们的大忙，它们无情地消灭了一切啮齿类的动物。

阿尔泰山回电！

低洼的盆地，闷热而潮湿。清晨的露水，在夏日的阳光下，很快就被蒸发掉了。晚上，浓浓的雾气笼罩着草地，水汽上升，把山坡打得湿漉漉的。水汽遇冷就会凝结成白云，飘荡在山顶。在太阳升起之前，山顶上一直都是云雾缭绕的。

白天，在太阳的照射下，这些水蒸气就会凝结成水滴，这时就又乌云密布，下起雨来。

山上的积雪开始融化了。但是在那些极高的山峰上，积雪一年四

季都不会消融。那里有大片的冰原、冰河，天气也异常寒冷，即便是中午最毒的阳光也不能融化那里的冰雪。

可是，山顶之下，雨水和消融的雪水，汇成一条条小溪，从山坡上奔流而下，又从峭壁上直泻下来，形成瀑布，一直流入到大河里面去。这时河水就会暴涨，漫出河岸，在盆地里四处泛滥。

在我们这里的山上，什么都有：山脚下有大森林；往上走有肥沃的高山草场——一种独特的高山草原；再往上走是一片苔藓和地衣，看上去与遥远的、寒冷的苔原很像；到了山顶，就又变成了冰雪的世界了，那里和北极一样，永远都是冬天。

在这种地方，既没有飞禽的踪迹，也没有野兽出没。只有勇猛的雕和兀鹰才会偶尔到这里歇歇脚，凭借着犀利的眼神，搜寻着猎物。但是，山顶之下就不一样了，就像是一座多层的住宅楼一样，各种动物都选择了适合自己的楼层居住。

最高的一层上，只有光秃秃的岩石，雄野山羊就住在这里。在它下面那一层，住着雌野山羊和小野山羊，还有和雌火鸡大小差不多的山鹑。

在肥沃的高山草场上，住着一群长着直直的尖角的山绵羊——羱羊，它们很喜欢吃这里的草。雪豹是为了猎食它们尾随到这里来的。此外，这里还是肥壮的旱獭和大量鸣禽的聚居地。再往下面走，就是大森林了，这里住着松鸡、雷鸟、鹿、熊等动物。

以前，人们只在盆地里种植麦子。现在，耕地正在慢慢地向山上延伸。在那里，我们就不能再用马拉犁耕地了，而是用一种高山上的长毛牛——牦牛来帮我们耕作。我们投入了大量的劳力，就是为了能够获得最大的收获，我们一定能够达到目的！

请回复！请回复！

海洋回电！

我们伟大的祖国，与三个无边无际的大洋毗邻：我们的西面是大西洋，北面是北冰洋，东面是太平洋。

我们乘船从列宁格勒起航，横渡芬兰湾和波罗的海，就来到了大西洋。在那里，英国、丹麦、瑞典、挪威等国家的船只都很常见，既有商船，也有邮船和渔船。渔船在这里捕捞鲱鱼和鳘鱼。

我们从大西洋来到北冰洋。沿着欧亚两洲的海岸线，有一条北上的航线。这里是我们的领海，这条航线是我们俄罗斯勇敢的航海家们开辟的。以前，人们觉得这里到处都是坚冰，人到了这里随时都有可能丧命，这条航线是无法打通的。但是现在，航线开辟了，我们的船只已经可以在破冰船开路的情况下，沿着这条航线航行了。

在这片人烟稀少的地方，我们见证了许多奇迹。刚开始的时候，我们遇到了大西洋的赤道暖流，接着又遇到了漂浮的冰山，它们在阳光的照耀下熠熠生辉，刺得我们都睁不开眼了。我们还在那里捉到了许多鲨鱼和海星。

再往前走，这股暖流又折向北方，朝着北极流去。此时，我们已经能够看到大片的冰原了，它们在水面上分分合合，缓慢地移动着。我们的飞机在上空勘察着航道，随时向船只报告哪里没有的冰原的阻挡。

在北冰洋的众多岛屿上，我们目睹了数不清的大雁正在换毛，身体十分虚弱。由于翅膀上的翎毛都脱落了，它们根本就飞不起来，人们只需把它们围住，就能轻易地将它们赶进网中。接着，我们看到了长着獠牙的海象，它们从水里钻了出来，趴在浮冰上休息。我们还见到了各种长相奇特的海豹。其中有一种名叫冠海豹的，它们的头上有个皮囊，只要它们愿意，瞬间就能把皮囊吹鼓，看上去就像戴了顶头盔似的。我们还看到了满口尖牙，非常厉害的逆戟鲸。它们动作敏捷，喜欢猎食其他鲸鱼和它们的幼崽。

不过，关于鲸鱼的话题，还是等我们到了太平洋再说吧，那里的鲸鱼种类更多一些。

这次的全国无线电大串联就先到这里，我们下次再见！

下次通报，将在 9 月 22 日举行。

打靶场

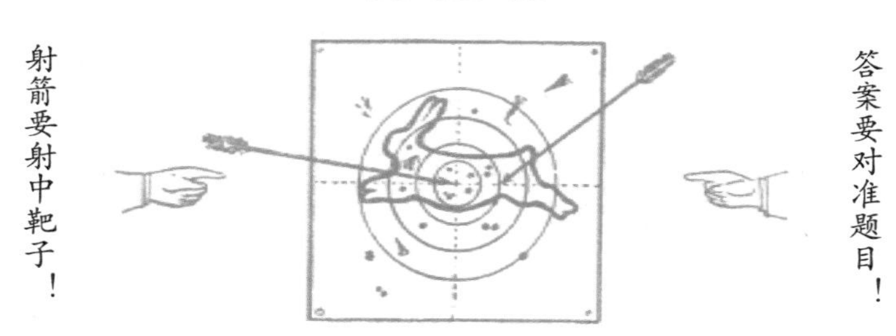

第四场竞赛

1. 从日历上看，夏天是从哪一天开始的？这一天有什么特点？
2. 哪种鱼会筑巢？
3. 哪种野兽会在草丛和灌木丛里做窝？
4. 哪种鸟儿不会筑巢，直接把卵产在沙地上和土坑里？
5. 下图中这种鸟蛋是什么颜色的？

6. 蝌蚪是先长前腿还是先长后腿？

7. 普通刺鱼身上的刺都长在什么部位？一共有几根？
8. 从外观上看，毛脚燕（短尾）和家燕（尾巴像剪刀）筑的巢，有什么不同？

9. 为什么不准用手去掏鸟窝里的蛋?

10. 雄萤火虫有翅膀吗? 晚上，请你到林子里捉一只雌萤火虫罩在玻璃杯里，它发出的亮光可以把雄萤火虫引来。

11. 哪种鸟把鱼骨铺在窝里当垫子?

12. 人们为什么不容易发现燕雀、金翅雀和篱莺等鸟儿在树枝上做的窝?

13. 是不是所有鸟儿在夏天都只孵一次卵?

14. 我们这里有没有捕食以生物为食的植物?

15. 哪种动物在水下用空气建造自己的房子?

16. 哪种动物在自己的孩子还没出生时，就将它们交给别人抚养了?

17. 一只老鹰，个儿不小，飞得高远，张开翅膀，遮住太阳。（谜语）

18. 倒下一棵棵的树，堆起一座座的山。（谜语）

19. 串串珠宝，挂在树梢，填饱肚皮，全靠它们。（谜语）

20. 一蹲一蹦，扑通一声，只见水花，不见踪影。（谜语）

21. 推不开，抬不起，时间到了，自动离去。（谜语）

22. 只见拔草忙，不见打草鞋。（谜语）

23. 没有身体照样活，没有舌头照样说，虽然没见过，但是都听过。（谜语）

24. 不是裁缝不做活，绣花针而随身带。（谜语）

“火眼金睛”大比拼

第三次测试

这里是谁的家

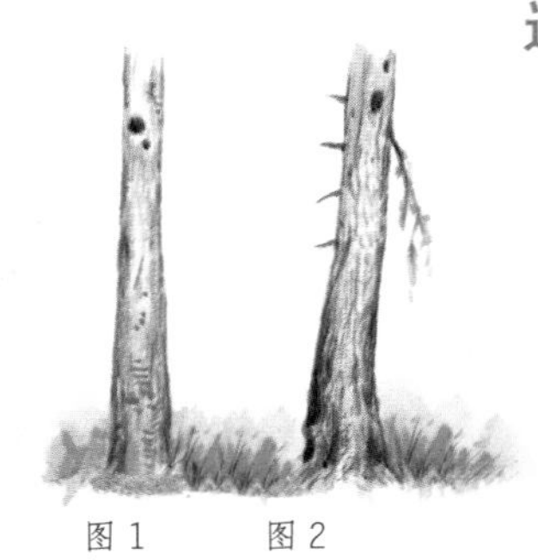

图 1　　图 2

图 3

图 1 和图 2，花园里的两棵树上都有树洞，里面传来小鸟的叫声，如何知道是什么鸟儿住在里面呢？

图 3，哪种动物住在暗无天日的地下？

图 4

哪种动物住在图中这样的洞穴里？

图 5

树上有座小房子，是用苔藓搭成的，哪种动物住在这里呢？

图 6

图 7

两个洞穴很相似，都是同一种动物挖的，可住在里面的却不是同一种动物。判断一下：每个洞里分别住着什么动物呢？

请爱护我们的朋友！

我们这里的小孩子，比较喜欢捣鸟巢。他们这样做没有任何原因，只是因为淘气。但是他们不知道，这种做法会令自己的国家蒙受多大的损失。根据科学家们的统计，每一只鸟，就算是最小的鸟，仅仅一个夏天就能给我们的农业和林业带来约 25 卢布的利益。而每个鸟巢内就有 4~24 枚卵或幼鸟。请你算算吧，每毁一个鸟巢，给国家带来的损失有多大！

小朋友们！

让我们号召大家成立一个鸟巢护卫队吧，不允许任何人捣毁鸟巢。不让猫儿钻到灌木丛或树林里去，一旦发现它们去了那里，就要立即将它们赶出来。因为，猫儿喜欢捕食小鸟，还会毁掉鸟巢。要告诉你身边所有的人，为什么要保护鸟类，它们是如何保护我们的森林、农田和果园的。还要告诉他们，鸟儿是如何捕捉那些人工难以消灭的昆虫，保证我们的庄稼不受祸害的！

森林报

7月21日到8月20日　　太阳进入狮子宫

No.5

雏鸟出生月

（夏季第二月）

Forest Newspapers

第五期导读

太阳诗章——7月
森林里的“小朋友”
林中逸闻
林间大战（续前）
农场纪事
农场新闻
基特的故事
狩猎
捕猎猛禽
打靶场：第五场竞赛
通告：“火眼金睛”大比拼

一年：太阳在 12 个月内谱写的乐章

7 月——正值盛夏时节。太阳正不知疲倦地拾掇着这个世界。它让稞麦深深地低下了头颅致敬，它为燕麦穿上了长衫，而荞麦却连件衬衫都没有穿。

绿色植物正充分吸收着阳光，努力让自己的身体健壮起来。成熟的稞麦和小麦就像一片金色的海洋，只要我们把它们收割储藏起来，足够我们吃一年的！我们为牲畜储备了干草，一片片的牧草都被割倒了，堆起了一垛垛的干草垛。

鸟儿们的话儿越来越少了，它们现在已经无暇唱歌了。每个鸟窝里都有了雏鸟。这些雏鸟孵化时，浑身赤裸裸的，没有羽毛，眼睛也睁不开，它们需要父母长时间地照顾。现在，地上、水中、森林里，甚至在空中，到处都是雏鸟可以吃的食物，不争不抢这些小家伙们也不会饿肚子！

森林里，长满了鲜美多汁的果子，像草莓、黑莓、大覆盆子和醋栗等。在北方，有金黄色的桑悬钩子；在南方，有樱桃、杨梅和甜樱桃。草场已经脱掉了金黄色的外衣，换上了缀满野菊的花衣裳，野菊的白色花瓣可以将灼热的阳光反射出去。在这个季节，可不敢和光明的使者——太阳开玩笑，它的爱抚完全可以灼伤天下万物！

森林里的“小朋友”

谁的孩子多

在罗蒙诺索夫城外的大森林里，住着一位年轻的驼鹿妈妈，今年它生下了 1 只驼鹿宝宝。

白尾雕也住在这片森林里，它窝里有 2 只小白尾雕。

黄雀、燕雀和鸫鸟，都孵出了 5 只雏鸟。

歪脖鸟孵出了 8 只雏鸟。

长尾山雀孵出了 12 只雏鸟。

灰山鹑孵出了 20 只雏鸟。

在刺鱼的窝里，有 100 多粒鱼卵，而每粒鱼卵都可以孵出 1 条小刺鱼。

一条鳊鱼一下子可以孵化出几十万条小鱼。

一条鳘鱼的孩子更多，它一次大概可以孵化出好几百万条小鱼呢！

被遗弃的孩子

鳊鱼和鳘鱼从来不管自己的孩子。它们在产下鱼卵后就游走了，至于小鱼们如何孵化、如何生存，它们一点儿都不关心，任孩子们自生自灭。不过，不管是谁，有几十万或几百万个孩子，都只能这样。否则的话，那么多的孩子怎么可能照顾得过来呢？

一只青蛙虽然只有 1000 个孩子，可是它照样是不管不问！

这些被遗弃的孩子们，生活过得非常艰难。水底下有许多贪吃的坏家伙，它们就喜欢吃鲜美的鱼卵和青蛙卵，以及鲜嫩的小鱼和小蝌蚪。

在小鱼长成大鱼、蝌蚪长成青蛙的过程中，不知道有多少小鱼和蝌蚪都被吃掉了！它们在生长的过程中要遇到多少危险啊，只是想想就让人毛骨悚然！

细心的妈妈

话又说回来了，驼鹿妈妈和所有的鸟妈妈们，在照顾自己的孩子时是很细心的。

驼鹿妈妈为了它的独生子女，随时都愿意牺牲自己的生命。就算是熊想攻击它们，它也会前后蹄并用，乱踢乱蹬。这一顿踢打，就够熊受得了，下次说啥它也不敢再打小驼鹿的主意了。

有一次，我们的记者在田野里碰到了一只小山鹑，从他们的脚边跳了出来，又一溜烟儿窜到草丛里躲了起来。

我们的记者刚一捉住它，它就拼命地啾啾大叫起来！这时，山鹑妈妈忽然冒了出来，也不知道它是从哪里钻出来的。它看见自己孩子被捉了以后，就咯咯地叫着扑了过来。然后摔倒在地，耷拉着翅膀。

我们的记者还以为山鹑妈妈受伤了呢，就赶紧丢下小山鹑去捉它。

山鹑妈妈在地上一瘸一拐地走着，只要一伸手就能捉住它了。可是刚一伸手，它就闪到了一旁。我们的记者就追着它一直跑。突然，山鹑妈妈扑腾了一下翅膀，从地上飞了起来，竟然若无其事地飞走了。

当我们的记者回来找小山鹑时，连个影子都没见着。原来，山鹑妈妈是为了救孩子，才故意装成受伤的样子，吸引我们的记者去抓它，好让小山鹑逃走的。它对自己所有的孩子都很关心，因为它的孩子只有 20 个呀。

鸟儿工作的时间

夜色刚刚褪去，鸟儿们就开始工作了。

椋鸟每天要工作 17 个小时，家燕每天要工作 18 个小时，雨燕每天要工作 19 个小时，而红尾鸲每天工作的时间竟然有 20 多个小时。

我观察过，这些数据都是真的。

它们不这么拼命地工作不行啊！

为了喂饱自己的孩子，鸟儿们每天必须无数次往返于觅食处与窝巢之间，雨燕至少得 30~35 次，椋鸟大概是 200 次，家燕则有 300 次，红尾鸲更是多达 450 次！

仅仅一个夏天，被它们消灭掉的森林害虫和幼虫，多得根本就数不过来！

这些鸟儿真是太勤劳了！

■驻森林记者 尼·斯拉德可夫

鵟和沙锥的孩子什么样

这是刚刚出生的幼鵟。它的嘴上有个白色的小疙瘩，这是“破壳齿”，幼鵟若想钻出卵壳，就得靠“破壳齿”啄破卵壳。

幼鵟长大以后，就成为一种很凶残的猛禽，所有的啮齿类动物都害怕它。

不过，现在的它还是一个小不点儿，浑身毛茸茸的，眼睛都还没睁开呢！

幼鵟非常虚弱、娇嫩，根本就离不开爸爸妈妈的照顾，要是爸爸妈妈不给它喂食的话，那它就得饿死了。

在这些小家伙里，也有好勇斗狠的雏儿：它们刚从卵壳里爬出来，立刻就能站稳身子，还一蹦一跳的，自己就能找东西吃。它们不怕水，遇到敌人也不怕，还会找地方藏起来呢！

你们看！这里有两只小沙锥。它们刚出生一天，就已经离开了家，自己找蚯蚓吃了。

沙锥的卵个头儿很大，小沙锥在里面可以长到很强壮再破壳出世。

我们在前面提到的小山鹑，也很强壮，

它刚一出壳就能撒开脚丫子奔跑了。

还有小野鸭——秋沙鸭也是这样。

刚刚出世的小秋沙鸭，就能一摇一晃地走到小河边，扑通一声跳到水里游泳呢！它们还会潜水，在水面上伸懒腰，什么动作都会做，简直和大秋沙鸭一样灵活。

旋木雀的孩子就要稚嫩多了，它们要在窝里一直待两个星期，才能飞出窝来，现在它正落在一个树桩，懒懒地蹲着呢。

原来它的妈妈还没回来喂它，你看它噘着嘴的模样儿，这是在生妈妈的气呢！

它从出生到现在都快三个星期了，整天还是叽叽喳喳地叫个不停，等着妈妈喂它青虫和其他的好东西吃。

海鸥的地盘

在一个小岛的沙滩上，有许多小海鸥，它们住在那里避暑。

到了晚上，它们就会飞到小沙坑里睡觉。一个小沙坑里可以睡三只。沙滩上布满了这样的小沙坑，那里就是它们的地盘。

在白天，小海鸥在大海鸥的带领下，学习飞行、游泳和捕捉小鱼。

大海鸥在教孩子们的时候，还会做好警戒，保护孩子们的安全。

若是有敌人来袭，大海鸥们就会结成群飞起来，扑向它们的敌人。这架势，无论谁见了都会害怕。就连海上的霸主白尾雕，也要落荒而逃。

雌雄倒置

我们收到一些来自祖国各地的信件，他们向我们描述了一种非常奇怪的小鸟儿。在这个月，很多人在莫斯科附近、阿尔泰山区、卡马河畔、波罗的海、雅库梯以及哈萨克斯坦等地，都发现了这种鸟儿。它们很可爱，又非常漂亮，与城里喜欢垂钓的年轻人买的那种鲜艳的浮标很像。这种小鸟儿不怎么怕人，就算你离它只有5步远，它们也不会吓得飞走，仍然会在你的面前游来游去。

在这个季节，其他的鸟儿都待在家里生儿育女。但是，它们却组起了团，正在周游全国呢。

令人惊奇的是，这些毛色鲜艳的鸟儿全是雌鸟。而其他的鸟儿，都是雄鸟的毛色比较鲜艳。这种鸟正好相反，雄鸟的毛色灰突突的，雌鸟的毛色则是绚丽多彩。

更奇怪的是，这种雌鸟从来就不管自己的孩子。在北方遥远的苔原上，雌鸟在小沙坑里产过卵以后，就飞走了！只留下雄鸟孵卵，哺育小鸟，保护小鸟。

这简直就是雌雄倒置！

这种鸟儿就是蹼瓣鹬，是鹬的一种。

它们分布的地区也很广，今天若是在这里见到它们了，明天或许还会在别处见到。

林中逸闻

凶残的幼鸟

体形纤小的鹡鸰妈妈，在巢里孵出了六只光溜溜的小鸟儿。其中五只长得都挺像，另外一只则长得像个丑八怪。它身上的皮肤十分粗糙，青筋毕现，脑袋大大的，眼皮耷拉着，眼睛暴突着。它一张嘴，准能吓你一跳，这哪里是鸟嘴啊，简直是一张食肉动物的血盆大口呀！

它在出生后的第一天，待在窝里还比较老实。只有在鹡鸰妈妈带着食物回来时，它才会抬起自己沉重的大脑袋，吃力地张开大嘴，好像在说："我要吃饭。"

到了第二天，迎着凉凉的晨风，鹡鸰夫妇都出去找食物去了。这时，丑八怪开始行动了！只见它低下头，抵住巢底，将两腿叉开，慢慢地往后退。

它的屁股顶到一个小兄弟后，它就使劲地往这个小兄弟的身下钻。然后它将光秃秃的弯翅膀往后一伸，像钳子一样，把这个小兄弟紧紧地夹住，扛到自己的背上，接着往后退，直到巢的边缘。

这个小兄弟太弱小了，眼睛还没睁开，只能躺在它背上的凹陷处来回挣扎，活像是掉到了汤勺里。这个丑八怪用头和腿抵着巢底，把背上的小兄弟慢慢地抬了起来，直到和巢的边缘一样高。

这时，丑八怪攒足了劲儿，屁股猛地一撅，就把小兄弟扔到巢外边去了。

要知道，鹡鸰的巢都筑在河边的悬崖上。

只听"啪"的一声，那个可怜的、光溜溜的小不点儿，就这么跌到石头上摔死了。

这个凶残的丑八怪自己也险些掉下来。只见它的身子在巢边上晃了一会儿，这也多亏了它那个沉重的大脑袋，才让它又跌回到了巢里。

它这个邪恶的行动，从开始到完成，仅用了两三分钟而已。

干了这么一件可怕的事情，它可能是累了，只见它趴在巢里一动不动，足足歇了 15 分钟。

看见鹡鸰夫妇回家了，那只丑八怪像往常一样伸长了青筋突出的脖子，抬起沉重的大脑袋，耷拉着眼皮，若无其事地张开了大嘴巴，大叫着："我要吃东西！"

吃饱歇足后，它又邪恶地瞄向了另一位小兄弟。

这个小兄弟可没那么好对付，它拼命地反

抗着，好几次都从丑八怪的背上逃脱了。但是，丑八怪才不会这么轻易地放过它呢。

五天过去了，丑八怪终于睁开了双眼，现在窝里只剩它一个了。它的五个小兄弟全被它扔到巢外摔死了。

12天后，它身上长出了羽毛。这个时候，真相才显露出来。原来，这对鹡鸰夫妇养育的是被杜鹃抛弃的孩子，它们可真是倒霉透了！

但是，小杜鹃的叫声很可怜，像极了它们那些死去的孩子！它还抖动着翅膀，向鹡鸰夫妇乞求着食物，很惹人怜爱。纤小的鹡鸰夫妇不忍心拒绝它的哀求，总不能丢下它，把它活活饿死吧！

它们夫妇俩为了喂饱这只丑八怪，每天都是从早忙到晚，自己都很少有吃饱的时候。找到了肥壮的青虫，它们需要将自己的头伸进丑八怪那张血盆大口中，才能把食物送到那贪得无厌、无底洞似的喉咙里去。

它们夫妇一直忙到秋天，才能把小杜鹃养大。杜鹃长大后就飞走了，再也没有回来看过养育它的父母。

小熊洗澡

有一天，我们的猎人朋友正沿着林中的小河往前走。忽然，他听到了一阵很大的响声，就像是树枝被折断的声音。这让他吃了一惊，赶紧爬到树上躲了起来。

只见一头棕色的母熊，带着两只活泼的小熊，从树林里走了出来。身后还跟着一头一岁大的小熊，可能是熊妈妈的大儿子，它帮助妈妈照料着两个小兄弟，俨然一副保姆样儿。

熊妈妈坐了下来。

熊大哥咬着一个小弟后颈的皮毛，叼起来就往河水里浸。

熊小弟怪叫了起来，脚爪不停地蹬着。但是，熊大哥就是不松口，直到把熊小弟浸到水里，洗得干干净净后，这才停手。

另外一只熊小弟害怕洗冷水澡，一溜烟儿钻进了林子去了。

熊大哥追上了上去，捉住它后还给了它一巴掌，然后又叼着它往水里浸。

洗着，洗着，熊大哥一不留神，把熊小弟掉到水里去了。熊小弟吓得哇哇乱叫！熊妈妈见状立刻跳到了水里，把熊小弟拖上了岸，然后狠狠地打了大儿子几巴掌，可怜的大儿子痛得嗷嗷叫。

两只小熊回到岸上以后，觉得洗完澡后，身上舒服多了。这么热的天，它们还穿着毛茸茸的皮大衣，确实很热。但是，在冷水里洗一下就舒服多了。

洗完澡，熊妈妈就带着孩子们回到林子里去了。这时，猎人才敢爬下树，急急忙忙地回家去了。

浆果

形形色色的浆果都熟透了。人们都在果园里忙着采摘树莓、茶藨子和醋栗。

在树林里也能采到野生的树莓。树莓是一种丛生的小灌木，茎很容易折，若是从树莓丛中走过，很容易把它的枝条碰折，脚踩在断枝上会发出一阵噼里啪啦的响声。不过，这不会对树莓造成什么损失。这些挂着浆果的枝条，是不能过冬的。快看啊，这是它们的后代。无数鲜嫩的纸条，从地下的根上长了出来。这些枝条毛茸茸的，浑身都是刺儿。到了明年夏天，就该轮到它们开花结果了。

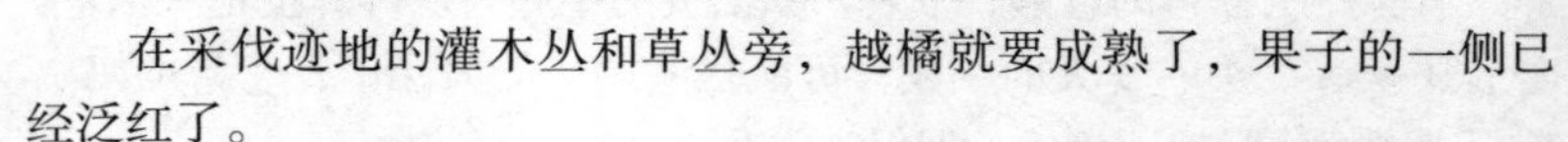

在采伐迹地的灌木丛和草丛旁，越橘就要成熟了，果子的一侧已经泛红了。

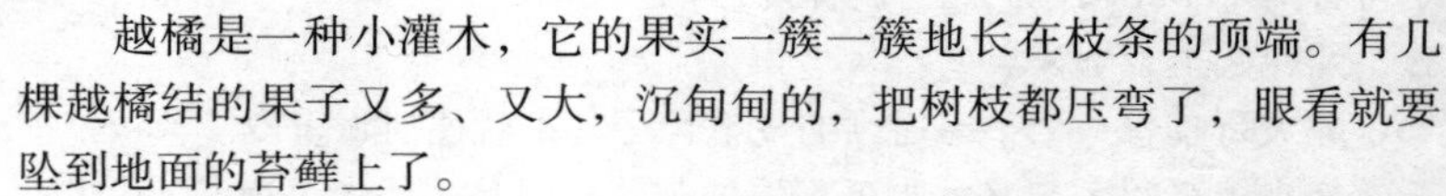

越橘是一种小灌木，它的果实一簇一簇地长在枝条的顶端。有几棵越橘结的果子又多、又大，沉甸甸的，把树枝都压弯了，眼看就要坠到地面的苔藓上了。

一看到这些小灌木，我就想挖一棵移植到自己家中。若是用心培育一番，结的果子会不会更大呢？但是，如果不能给它创造自由自在生长的条件，成功的概率几乎是零。越橘非常有趣，它的果子能保存一个冬天。在吃之前，只需用开水一冲，或是捣碎，果汁就会自动流出来了。

为什么越橘能够长期储存而不会坏掉呢？这是因为它自身有一种保鲜功能，它体内含有少量的苯甲酸，可以有效地防止浆果腐烂。

■尼·朱·帕甫洛娃

猫奶妈养大的兔子

今年春天，我们家的母猫生了几只小猫儿，后来小猫儿全都被别人领养走了。期间有一天，我们在树林里捉到一只小兔子。

我们把小兔子放在猫妈妈的身边。猫妈妈的奶水还很足，它也很乐意喂小兔子。

于是，小兔子就吃着猫妈妈的奶长大了。它们俩处得很好，就连睡觉时都在一起。

更可笑的是，猫妈妈还教会了小兔子如何跟狗打架。只要有狗跑到我们家的院子里，猫妈妈就会扑上去，非常生气地用爪子挠他。小兔子也会跟过来，举起两只前腿擂鼓似的猛打，打得狗毛漫天飞舞。邻居们的狗都怕我们家的猫和它养大的兔儿子。

歪脖鸟的小把戏

我们家的猫儿看见树上有个洞，认为那肯定是个鸟窝。它想抓只鸟儿吃，于是就爬上了树，刚把脑袋伸进树洞，它就看到几条小蝰蛇在洞里扭动着，还时不时地发出咝咝的声音！这可把它给吓坏了，它赶紧从树上跳下来，夹着尾巴逃跑了！

其实，猫儿看到的并不是蝰蛇，而是几只小歪脖鸟。它们躺在洞里，把脑袋和脖子扭来晃去，就像是蛇在扭来扭去，它们嘴里还能发出蛇吐舌头一样的咝咝声，这只不过是它们为了吓退敌人而施的小把戏而已。毕竟，谁看见蝰蛇都会害怕的。所以，小歪脖鸟就聪明地伪装成蝰蛇来吓跑敌人。

瞒天过海

一只大鵟发现了一只琴鸡和它身后一群黄绒绒的孩子们。

它在心里想：这回我可要美美地大吃一顿啦！

它看准了猎物，正想俯冲下去，却被琴鸡妈妈发现了。

只听琴鸡妈妈一声鸣叫，所有的小琴鸡转眼间都消失了。大鵟在

那儿东张西望，愣是一只都没看到，它们好像一下子都钻到地下去了。这还有什么办法呢，鹫只能找别的东西吃了。

琴鸡妈妈又叫了一声，黄绒绒的小琴鸡们就都跳了出来。

原来，它们哪儿也没躲，只是躺到了地上而已。它们身子紧紧地贴着地面，在半空中俯视，任谁也不能将小琴鸡与树叶、青草和土块区别开！

凶狠的花儿

一只蚊子在林间的沼泽地上飞了很长时间，它有些累了，就想找个地方歇歇脚，喝点儿什么。它找到了一朵花儿：绿色的花茎，茎的上面挂着一只白色的小钟儿，下面是一片片紫红色的圆叶子，围在茎的周围。圆叶子上生着茸毛，上面还有晶莹的露珠儿在闪烁呢！

这只蚊子就落在了一片叶子上，伸出嘴去吸露珠儿。可是，露珠儿却黏糊糊的，把蚊子的嘴巴给粘住了。

忽然，叶子上的茸毛竟然动了起来，就像触手一样伸过来捉住了蚊子。小圆叶子也合拢了，把蚊子裹在里面看不见了。

又过了一会儿，叶子重又张开来，那只蚊子只剩下一具干瘪的躯壳了，它的血竟然被花儿吸光了。

这种凶狠的花儿，叫作毛毡苔，它们非常喜欢捕食小虫儿。

林间大战

（续前）

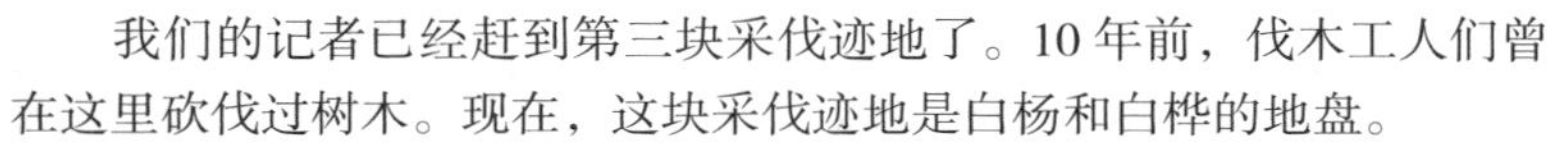

我们的记者已经赶到第三块采伐迹地了。10 年前，伐木工人们曾在这里砍伐过树木。现在，这块采伐迹地是白杨和白桦的地盘。

作为胜利者，它们决不允许其他植物到自己的地盘撒野。每年春天，虽然青草们很想从土里钻出来，但是在那顶阔叶织成的绿色帐篷下，很快就会窒息而死。云杉每隔两三年都会结一次种子，每次都有一部分种子空降到采伐迹地上。不过，那些云杉种子没有一棵能长成的，全都被白杨和白桦折磨死了。

小白杨和小白桦都在争分夺秒地生长着，它们的枝叶密密麻麻地在半空中铺展开。渐渐地，它们觉得太挤了，于是它们之间发生了争斗。

每棵小树都想抢到更多的生存空间，它们都是越长越宽，使劲地排挤着自己的邻居。在整片采伐迹地上，它们你推我，我挤你，战争一触即发。

高大强壮的树木，凭借着先天的优势打倒了孱弱的树木。因为，它们的根非常粗壮，枝条也伸得更远。这些强壮的树木在长大之后，它们就把自己的枝条从旁边小树的头上伸过去，把对方遮得严严实实的，不让它们见到阳光。

最后一批孱弱的小树，也死在了遮天蔽日的树荫下。矮小的青草虽然能从土里钻出来了，但是，大树已经不再畏惧他们了。就让它们在脚下生长吧，这样还能暖和一点儿。但是，胜利者的后代——它们的种子，在落到这个潮湿阴暗的地牢里以后，全都闷死了。

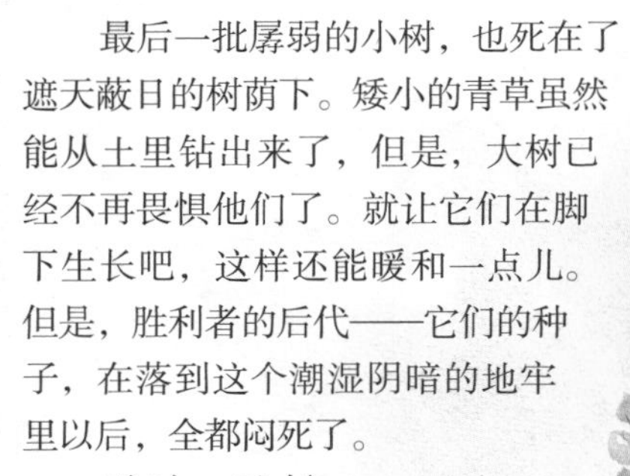

不过，云杉可没有轻易地放弃，它们每隔两三年，还

会把自己的种子空投到采伐迹地上。胜利者们对这些小东西，都懒得多看一眼！它们高傲地想：它们根本就不能把我怎么样！就让它们在那阴暗的地牢里折腾吧。

很快，小云杉找到机会出土了。这里的环境既潮湿又阴暗，日子并不好过。它们只能得到一点阳光，长得又细又弱。

不过，在这里也有好处，风儿没有办法欺负它们了，更不会把它们连根拔起了。暴风雨来袭时，虽然白杨和白桦都被刮得东倒西歪，口里还喘着粗气，但是它们这里却很安全，根本就不用担心。

地面上不但可以吸收到充足的营养，还很暖和。小云杉待在这里，不像待在空旷的林地上那样，要忍受春季早霜和冬季严寒的侵袭。到了秋天，白杨和白桦的落叶，堆在地上腐烂以后，会发出热来，野草也能发热，供小云杉取暖。它们需要忍耐的，只是这座地牢里常年的昏暗。

好在小云杉并不像小白杨和小白桦那样喜爱阳光，即便是在昏暗的环境中，它们仍能顽强地生存下去。

我们的记者对它们非常同情。后来，他们又去了第四块采伐迹地。

我们正等着他们的后续报道。

农场纪事

收获的季节到了。我们农场里的黑麦田和小麦田，就像一片无边无际的大海。麦子长得高高的，麦穗既饱满又壮实。人们经过辛勤的劳动，才得到了这些硕果。不久之后，这些麦粒将会汇成一股股的金色洪流，涌入国家和农场的粮仓之中。

亚麻也成熟了，场员们都在忙着收割亚麻呢！我们是用机器收割的，这可比手快多了！妇女们跟在机器的后面，将倒下的亚麻捆起来一排排放好，然后再堆成垛，一垛十捆。没过多久，亚麻田里就堆满了亚麻垛，就像一队队的士兵似的。

山鹑只好带着自己的妻儿，从秋播的黑麦田里搬到春播的田地里去了。

场员们开始收割黑麦了。壮实的麦子，在收割机的铁齿钢牙下，一片片地倒了下去。男人们把它们捆起来，堆成垛。一个个麦垛站在田地里，像极了运动场上等候接受检阅的运动员列队。

菜地里，胡萝卜、甜菜和其他蔬菜也成熟了。人们把这些蔬菜运往火车站，然后再运到城里去。这些日子里，城里的人们就能吃到新鲜可口的黄瓜，喝到甜菜做的红菜汤，吃到胡萝卜馅饼啦！

农场里的孩子们都跑到林子里采摘蘑菇、成熟的树莓和越橘。最近，只要有榛子林的地方，就能看到一群群的孩子，赶也赶不走。他们装榛子的口袋都装不下了，还不舍得离开。

现在的大人们，可没时间去采榛子。他们得忙着收庄稼、打亚麻，还得赶紧把田地耕完，再用机器耙上一遍。因为，再过不久就得播种秋播作物了。

森林的朋友

在卫国战争[①]期间，我国有许多森林都被毁掉了。现在，各地都在努力想办法重新造林。我国各地的中学生为此提供了不少的帮助。

重新造出一片松林，我们需要几百公斤的松子。三年来，孩子们已经帮助我们收集了7.5吨的松子。他们还帮着翻地，照料新生的树苗，守护着树林，避免发生火灾。

■驻森林记者 查列夫

①卫国战争：指1941—1945年，苏联军民抗击德国法西斯军事侵略的战争，是第二次世界大战的重要组成部分。

人人皆忙碌

天刚蒙蒙亮，大人们就到地里干活去了，孩子们也没有闲着。大人们到哪儿，他们就跟到哪儿。草场里、农田里、菜地里，到处都能看到孩子们忙碌的身影。

快瞧啊！孩子们扛着耙子过来了。只见他们麻利地把干草拢到一起，装到车上，运到干草棚里去了。

杂草也让孩子们不省心。孩子们必须经常在亚麻地和马铃薯田里除草，如香蒲、滨藜、木贼等。

到了亚麻收获的季节，机器还没到亚麻地里，孩子们就已经抢先一步赶到了。

他们先拔掉亚麻地里四个角上种植的亚麻，这样，拖拉机在拐弯的时候就方便多了。

在黑麦田里，我们也能看到孩子们的身影。在收完麦子以后，他们会把落在地上的麦穗耙到一起，捡拾起来。

农场新闻

“红星”农场的麦田里传来了消息。禾谷作物们汇报道：“我们这儿一切顺利。庄稼已经成熟了，在不久的将来，我们就能把它们播到地里了。你们不要再为我们担心了，甚至也不用来看望我们了。没有你们的帮助，我们也能应付。”

农场的人们听到后笑了起来，说道：

“这样不行吧！不用到田里去看可不成！这个时候可是农忙时节啊！”

联合收割机开到了田里。它可是个全才，收割、脱粒、簸分，它一人全部承担了。联合收割机开到田里的时候，黑麦长得比人还要高。可当它从田里开出来的时候，就只剩下矮矮的麦秆。联合收割机交给人们的是非常干净的麦粒。人们只需把麦粒晒干，装进麻袋里，运去交给政府就行了。

变黄的田地

我们的记者来到了“红旗”农场采访。在那里，他看到农场里有两块马铃薯田。其中比较大的那一块，呈深绿色；另一块地较小，已经变黄了。第二块田里的马铃薯茎叶枯黄，好像就要枯死了似的。

我们的记者想要搞清楚这是怎么回事。后来，他寄回了这样的一份报道：昨天，一只公鸡跑到了变黄的马铃薯田里，刨松了田里的土，还召唤来好几只母鸡，请它们食用新鲜的土豆。一位妇女看见后，就笑着对同伴说：

“快瞧啊！公鸡可是第一个过来抢收我们这些早熟的马铃薯的。它怎么知道我们明天就要开始收获这块地里的马铃薯了呢？”

从这里我们可以知道，马铃薯的茎叶一旦变黄，就是说它们已经熟了。这块面积较小的田地种的就是早熟的品种。那块面积较大的，还呈绿色的田里的马铃薯，是晚熟的品种，还得一段时间才能成熟呢。

林中简讯

在农场的树林里，第一朵白蘑从土里钻了出来。它长得非常壮实、肥硕！

它的帽子上有个小坑儿，周围全是湿漉漉的穗子，上面还粘了许多的松针。白蘑四周的泥土是被它拱起来的。只要挖开这些土，就能从中找到许多大小不一的白蘑。

来自远方鸟岛的一封信

我们乘船在喀拉海的东部航行。那里是一片浩渺无边的汪洋，怎么望都望不到陆地。

忽然，桅顶的监视员喊道："正前方，有一座倒立的山！"

"这恐怕是他的幻觉吧？"我一边想着，一边爬上了桅杆。

我能够清楚地看到，我们的船正驶向一座岩石嶙峋的岛屿。整座岛都倒挂在空中，下面没有任何东西支撑。

"天哪，"我自言自语道，"你的脑袋是不是出毛病了？"

此时，我忽然间想起了：呀！这原来就是折射啊！想到这里，我情不自禁地笑了起来。折射是一种非常奇妙的自然现象。

在北冰洋上，时常会有这种现象出现，也叫海市蜃楼。当船只在海面上行驶的时候，你会突然发现远处的海岸或船只，倒挂在空中。这是它们经空气折射后，颠倒出现在空中的影像，与照相机的取景框里看到的影像一样。

几个小时以后，我们的船驶到了远方的那个小岛。小岛当然不是倒悬在空中的，而是非常稳当地矗立在海水中，岩石也都没有异样。

船长根据地图，测定了我们的方位，这里是位于诺尔德舍尔特群岛海湾入口处的比安基岛。这座岛屿是为了纪念俄国著名科学家瓦连京·科沃维奇·比安基[①]而命名的，也就是我们《森林报》所纪念的这位科学家。因此，我想，大家肯定都想知道这座岛屿什么样，岛上都有些什么吧。

这座岛屿是由许多岩石杂乱地堆成的，有巨大的石头，也有宽大的板岩。这座岛上没有丛生的灌木和青草，只有一些淡黄色和白色的小花，依稀闪烁着。还有，在背风朝南的岩石上，长满了短短的苔藓和地衣。这里的青苔又软又肥，很像我们那儿的平茸蕈。

现在是7月底，可是这里的夏天才刚刚开始。但是，这并不妨碍那些大小冰山，悄悄地从岛屿旁漂过。它们在阳光的照射下，闪烁着耀眼的光芒。这里的雾非常大，全都低低地罩在岛上和海面上。从这里经过的船只，在大雾的笼罩下只能看见桅杆而看不到船身。不过，很少有船只从这里经过。由于岛上荒无人烟，因此，这里的野兽并不怕人。只要你随身带点儿盐，就可以撒到它们的尾巴上捉住它们了（这是一种老说法，说只要在鸟儿的尾巴上撒点儿盐[②]，就能捉住那只鸟）。

比安基岛是鸟儿真正的天堂。这里的鸟儿并没有集市上那么吵闹，也没有数万只鸟儿挤在一起筑巢的现象，它们可以自由自在地在岛上选

①他就是本书作者维塔里·比安基的父亲。

②"往尾巴上撒盐"是俄语中的一个成语，文中的意思是："谁也不可能惹得野兽惊慌不安。"

择自己的住所。在这里安家的鸟儿成千上万，有野鸭、大雁、天鹅、潜鸟以及形色各异的鹬。还有一些鸟儿住得比较高，它们在光秃秃的岩石上安家，如海鸥、北极鸥和管鼻鹱等。这里的海鸥也是形色各异，有身白、黑翅的海鸥；有身体娇小、羽毛粉红、尾巴叉开的海鸥；也有体形硕大、性情暴戾，以鸟蛋、小鸟和小兽为食的北极鸥。这里还有浑身雪白的北极大猫头鹰。白翅、白胸的漂亮的雪鹀，可以像云雀一样飞到云端唱歌。北极百灵鸟在地上边跑边唱，它们头上竖起的两撮黑冠毛，就像一对小犄角似的，而脖子上的黑羽毛，就像几绺黑胡子。

这里的野兽也很有意思……

哪天，我带着早餐，跑到海岬后面坐了下来。在那里，我看见许多旅鼠窜来窜去。这是一种很小的啮齿类动物，浑身长着灰、黑、黄相间的绒毛，毛茸茸的。

岛上有很多北极狐。我在乱石堆中就见到一只，它正在偷偷地向一只还不会飞的小海鸥靠近。可是，它的举动被大海鸥发现了，于是马上就有一大群的海鸥朝它扑了过去，嘴里还叫嚷着，吓得这个小偷儿赶紧夹着尾巴逃走了。

这儿的鸟儿会保护自己，也不让自己的孩子受到欺负。这样一来，野兽们可就只有挨饿的份儿了。

我向海上望去，看到许多鸟儿在海面上游弋。

我打了个呼哨。忽然，从岸边的水底下钻出几个油光水滑的圆脑袋，它们好奇地瞪着一双双乌黑的眼睛盯着我看，可能是想问我："你是哪里来的怪物？为什么要吹口哨？"

这是海豹，体形比较小。

在距离岸边较远的一些地方，有一只很大的海豹出现了。再远一些，还有几只长着胡须的海象，它们的个头儿更大。突然间，所有的海豹和海象全都钻进水里消失了。鸟儿们的鸣叫声也大了起来，还纷纷飞向空中。原来，有一头白熊从岛旁游过，它在水里只露出一个大脑袋。它可是这里最强大、最凶猛的野兽。

这时我觉得有些饿了，就想拿出早餐来吃。我清楚地记得，我将早餐放在身后的岩石上了，可是这会儿却不翼而飞了，就连石头下面也没有。

我猛地站起身来。只见一只北极狐从石头底下钻了出来。

小偷儿，小偷儿，肯定是它偷偷摸过来，偷吃了我的早餐！因为，它的嘴里还衔着我用来包面包的那张纸呢！

大家瞧吧，这里的鸟儿们把这些体面的野兽们饿成什么样儿了啊！

■远航领航员 马尔德诺夫

基特的故事

钓鱼人的故事

我喜欢在河边或湖边钓鱼。静静地坐着，几乎一动不动，不仅不会惊扰到别人，还能够看到周围发生的事情。时间一长，鸟兽就会对你失去戒心，甚至还有一些动物把你当成了一个树桩，慢慢地向你靠近。这些都是非常奇妙的事情！至于鱼儿有没有吃食儿，有没有咬钩，已经不重要了。每次我看到周围有意思的事情，就会忘记去看浮标。有时候我还会胡思乱想，甚至会在不知不觉间就打起了盹儿。

上一次，就是在夏初的时候，我静静地坐在湖边钓鱼。阳光暖洋洋的，照在身上非常舒服，没多大会儿我就睡着了，早已忘了自己是来钓鱼的。后来，我还差点儿从树墩上摔下来。这一吓我就精神多了，赶紧往四周看了看，生怕别人偷偷笑话自己。不过，周围到是没有一个人，只有雨燕在天空飞来飞去地觅食。然后落在悬崖上，那里有许多的小洞，可能就是雨燕的家。

我低头看了看草丛，不禁惊讶起来！这不就是克雷洛夫[①]寓言中的那个世界吗？我的脚下居然有只蜻蜓，还有只蚂蚁！那只浅蓝色的蜻蜓像架小飞机似的降落在草茎上休息。小蚂蚁好像在诉说着什么，在蜻蜓的鼻子底下，不停地转动着两根小触须。也许它是在说，夏天很短的，不能只想着唱歌、跳舞，应当为越冬做准备了！这时，蜻蜓好像不愿意听蚂蚁的唠叨了，一下子就飞走了，落在我的浮标上休息。

对此，我不禁笑了起来。这时，我看见远处下游的岸上好像有什么东西在闪光。我拿起望远镜（我钓鱼时习惯带着望远镜）看了一下。天哪！原来是一只白色的海鸥正停在树桩上休息！它可不是站着休息的，而是像狮子一样趴着休息的。

这可真有意思啊！

我拿着望远镜仔细观察了一下，那里站满了海鸥，它们为什么都挤在一个地方，难道脑袋都出了问题？

我越想越觉得不对劲，胸口还有些不舒服，心想“我是不是肚子饿了”。

从家里出来的时候，我带了点儿“维多利亚”麝香草莓果，准备饿的时候就吃一点儿。我赶紧把麝香草莓洗干净，美滋滋地吃了起来，味道和普通草莓差不多！

我坐在那里，看着平静的湖

① 克雷洛夫（1769—1844），俄国寓言作家，1809—1834年间共创作了200余篇寓言。他的作品多以蚂蚁、蜻蜓、狐狸等动物为主人公，内容充满民主精神，笔法辛辣讽刺，语言犀利，受读者喜爱。

面，好一会儿心情才算平复。湖边一片翠绿，这颜色看上去让人心旷神怡，它平复烦乱心情的作用，比吃美味的浆果还要好。湖边长着形态各异的芦苇：有些像顶着个玻璃灯泡似的；有些则像竹子般长着硬实的管状茎，叶子又尖又长。还有一种芦苇，茎秆很软，用手捏起来感觉就像海绵一样，这种芦苇是不长叶子的。水里的植物可真多啊！

欣赏完这片绿色，我的眼光又转向了浮标，它好像是动了一下。猛地一下又沉入水中，不见了。

“太棒了，看来鱼儿要上钩了！说不定还是条大鱼呢！”我心里想道。

我赶紧去扯鱼竿，却没扯动。鱼竿的梢儿都拉弯了，也没能把鱼拉出水面。这时，只能一边收线，一边往上拉了。很快，我看见一个黑乎乎的大家伙露出了水面，至于它是个什么东西，我还看不清楚。

我只能用力将它拉了出来！啊！原来是头小兽！只是模样有些怪！它的脑袋圆圆的，身子胖乎乎的，还有一条尾巴呢！那尾巴就像一把大铁锹！

我一看清它的真面目，心里就有些不爽。这个湖里有不少的珍稀动物，而我拉上来的就是其中一种。这个傻瓜居然为了口吃的，把做鱼饵的蠕虫给吞了下去，说不定还得请大夫给它做手术呢！

原来，这是一只小河狸。幸好它没将鱼钩吞到肚子里去，我也比较轻松地将鱼钩从它的嘴里取了出来，然后又将它放回到了湖里。它用尾巴在水面上拍打了几下才钻进水里，它这一拍，我的心头又是一紧！

人们常说，钓鱼得保持安静。可是，现在一点也不安静！这样一闹，湖里的鱼全都给吓跑了。一般情况下，鱼儿一旦脱钩之后，就会告诉自己的同类：“那里有个钓鱼的人，千万别去吃他的虫子，虫子里面藏着钩子呢！”当然了，鱼儿们是不会像人那样喊出声的，它们有着自己的“信息系统”，保证相互之间的信息传递。这时，河狸拍打着水面，其他的鱼儿也就明白了这里发生了什么，哪里还会有鱼过来上钩啊！

于是，我只好收起了鱼竿，即便再钓下去也很难有所收获。我沿着湖边往前走，来到了一个灌木丛前，我刚将鱼竿放下，就有一只小鸟唧唧叫着朝着我扑了过来。它的叫声与金丝雀很像。虽然它长得也像金丝雀，但却没有金丝雀漂亮。它的羽毛呈浅褐色，嘴与麻雀的比较像。

此时，我想，这附近肯定有它的孩子。我放好鱼竿后，走进了灌木丛。没多大会儿，还真让我找到一个鸟巢！巢里有一只浅褐色的小鸟，与刚才那只很像。只见它瞪着一只眼睛怯生生地打量着我，并没有要飞走的意思。

我用手轻轻地碰了碰它，它这才飞走。

我朝鸟巢里一看，哇！巢里躺着 5 只鸟卵。这些卵的大小一样，颜色却各不相同！第一枚是淡蓝色的，还夹杂有黑色的小斑点；第二枚布满了小红点；第三枚夹杂着灰色斑；第四枚呈蓝绿色；第五枚呈粉红色。简直就像个调色盘一样！大自然的造物能力实在太神奇了！

我得赶紧离开这里，倘若吓得这位鸟妈妈丢下这窝卵不要，那我可成了罪人了！

当我回到放鱼竿的地方时，那只机敏的小鸟又出现了，它好像是从另一个方向飞来的。我沿着它飞来的方向去找鸟巢，而它却跟我玩起了“捉迷藏”。它一会儿轻声叫，一会儿高声叫，越是离鸟巢近，叫声就越高，这样倒是让我很快地找到了它的巢。这只鸟巢与刚才那只搭在醋栗丛中的鸟巢一样，都是由干草搭成的。鸟巢建的都不高，距离地面约 1 米。在这个巢里，小鸟儿已经孵化出来了，它们身上都光溜溜的，眼睛也没有睁开。这时，它们的妈妈可担心坏了，径直飞到了我的手上，不停地啄着。

我心想，“还挺负责的！不过，千万别惹恼了我，只要我一使劲，一下子就把你捏死了。好了，小家伙，你就别啄了！”

我慢慢地向后退了几步，伸手在灌木枝上捉了几条小虫子放在手心里，然后走到鸟巢前，朝着鸟妈妈递了过去。真没想到，它居然明白我的意思，飞到了我的手里，叼起一条小虫，飞回去喂孩子们去了。它把小虫喂给一个孩子后，又飞回到我的手里。

难道这还不够奇妙吗？一只完全不熟悉的鸟儿，突然飞到你的跟前，朝着你叫嚷，还啄你的手。可是，当你喂它小虫时，它居然还能很平静地从你手中叼走食物，去喂自己的孩子！现在，小鸟儿也知道我对它们没有恶意，它也愿意让我安静地坐下来钓鱼了。但是，鱼儿还是没有上钩。

我就这样一直坐着，忽然间听到林子里的杜鹃鸟叫了起来。我听到它那哀怨的叫声时，我也跟着悲伤了起来。这时，我想起了奶奶教给我的那首儿歌：

在遥远的小河边，
杜鹃的叫声时断时续，
“咕咕！咕咕！”
可怜的鸟儿，
痛失了自己的孩儿。

是啊，失去了自己孩子，心里该有多么痛苦啊！

我也不想再钓下去了，就收起鱼竿，回家去了。

■基特·维里坎诺夫

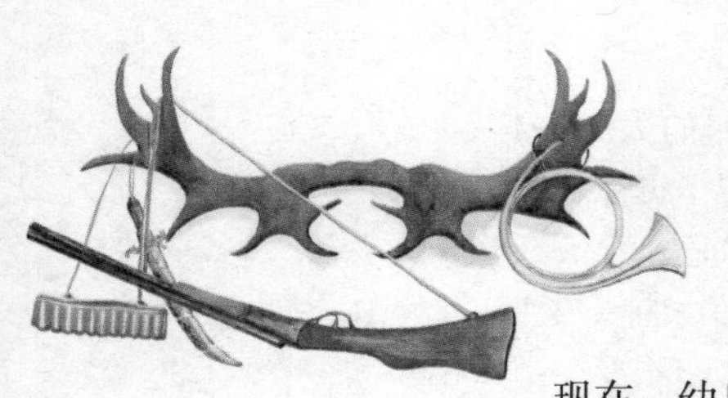

狩猎

现在，幼鸟还没有长大，也没有学会飞行，那该如何狩猎呢？更何况，在这个季节，法律上也是禁止猎取小鸟小兽的。

不过，在夏天里，那些专门猎食小动物的猛禽和危害人们安全的野兽，按照法律规定是可以打的。

夜半惊魂

夏季的夜晚，若是你在屋外，就能听到从林子中传来的怪声，时而“咕咕”大叫，时而“哈哈”大笑，直让人汗毛倒竖，止不住地害怕。

有时，在阁楼里或屋顶上，也会传出“咕咕”的大叫声，似乎有人躲在黑暗里瓮声瓮气地叫唤着，“走吧！走吧！大祸临头……”

接着，在黑漆漆的夜色里，有两个绿莹莹的光点亮了起来，那是一对邪恶而又歹毒的眼睛。然后就是一个黑影子，悄无声息地从你眼前闪过，几乎是贴着你的脸飞过去的。这怎能不叫人害怕呢？

正是由于这种恐惧，人们才不喜欢和猫头鹰打交道的。树林里的猫头鹰，一到夜里就会狂笑起来，声音异常尖锐刺耳。而栖息在人类屋顶的猫头鹰，还会用一种很不吉祥的声音，向人们发出召唤：“快走！快走！”

即便是在白天，一只长着巨大的黄眼睛的脑袋，忽然从黑漆漆的树洞里探出来，钩状的喙还发出吧嗒吧嗒的响声，也能吓人一大跳。

若是在夜半时分，家禽中出现了骚乱，像鸡啊、鸭啊、鹅啊等，在窝棚里不停地乱叫，到了第二天早晨，主人要是发现家禽不够数了，他一定会把这个罪名安到猫头鹰的头上。

白天的抢劫案

不光是晚上，就算在白天，猛禽们也把人们搅得难以安宁。

鸡妈妈一不留神，它的小鸡仔就被鸢鹰叼去了一只。

一只公鸡刚刚跳上篱笆，就被鹞一下子抓走了！鸽子们刚刚飞离屋顶，不知从哪儿飞来的游隼，猛地冲进鸽群，只一爪子，就弄得鸽毛乱飞。游隼抓住那只被它戕害致死的鸽子，一眨眼就逃得无影无踪了。

人们对这些猛禽恨得牙痒痒，一碰到它们，也不管它们是不是益鸟，只要是钩形嘴、长爪子，就一律格杀。但若是人们哪天真的来个大屠杀，把周围的猛禽全都消灭掉的话，到时候恐怕后悔都来不及了：田里的老鼠会大量地繁殖，金花鼠会啃光整片庄稼，兔子会跑到菜园里啃光所有的白菜。

这一来，没有远见的人们，遭受到的损失可就大了。

分清敌友

为了避免发生上面的情况，首先就得学会辨别哪些猛禽是有益的，哪些是有害的。那些伤害野鸟和家禽的猛禽，是有害的；而有益的猛禽，喜欢吃田鼠、老鼠、金花鼠和其他对我们有害的啮齿类动物和蚱蜢、蝗虫等害虫，不管它们的样子有多可怕，也都是益鸟。

只有那些个头特别大的大角鸮和圆脑袋的大鸮鹰是害鸟。不过，即便说它们是害鸟，它们也常常会捕食啮齿动物。

白天出动的猛禽中，危害最大的是老鹰。在我们这里，老鹰分为两种：大个头儿的游隼和小个头儿的鹞鹰（比鸽子稍大）。

老鹰和其他猛禽的区分比较容易。老鹰多是灰色的，胸脯上还有杂色的花纹；脑袋小小的，前额也很低，眼睛是淡黄色的；翅膀圆圆的，尾巴长长的。

老鹰是种非常凶猛的鸟类。即便是个头儿比它们大的猎物它们也敢猎杀。甚至是在自己吃饱的情况下，也会攻击其他的鸟儿。

鸢的尾巴末端是叉开的，根据这个特征，可以轻松地将它辨认出来。它没有老鹰那么强悍，不敢扑击大个儿的禽兽。它们只是四处张望，看看能从哪里叼来一只笨头笨脑的小鸡，或是可以从哪里找到一些腐烂的动物尸体啄食。

另外，大隼也是害鸟。

它们的翅膀又尖又弯，就像两把镰刀一般。它们是鸟类中飞得最快的，比较喜欢捕杀在高空中飞行的猎物。这样它们可以避免在捕杀落空时，猛地撞在地上，

伤及自己。

对于一些小型的隼鹰，最好能好好保护，因为它们之中很多都是益鸟。

如红隼，它还有个外号叫“疟子鬼”。

在田野的上空，常常可以看到红褐色的红隼。它悬在半空中，好像有根看不见的线把它挂在云端上似的。它抖动着翅膀（因此人们称它做“疟子鬼”），仔细地搜寻着草丛里的老鼠、蚱蜢和蝗虫等。

雕对我们来说，害处大于益处。

捕杀猛禽

对于有害的猛禽，全年都可以捕杀，捕杀的方法也有很多。

在窝边捕杀

这是最简单的一种捕杀方法，不过危险也很大。

大型的猛禽为了保护自己的孩子，会大叫着向捕猎者扑过去。此时就得在近距离内射杀目标，动作要快、要准，否则你的眼睛可就难保了。但是，它们的鸟巢很难找到。雕、老鹰、游隼喜欢把家安在难以攀登的山崖上，或是茂密的丛林中的高树上；大角鸮和林鸮喜欢把家安在山崖上，或是茂密丛林中的地面上。

偷袭

雕和老鹰喜欢落在干草垛上、白柳树上，或是孤零零地站在枯树上搜寻猎物。它可不愿意让人靠近自己。

这时，只能运用偷袭的方法了。可以从灌木丛或是石头的后面悄悄地潜过去，用射程远的步枪和小子弹射杀它们。

带个搭档

白天出去打猎时，猎人们常会带上一只大角鸮。

在前一天，猎人会将一根木杆插在小丘上，并在木杆上装上一根横木，在距离这根木杆几步远的地方栽上一株枯树，然后在旁边搭个小棚子。

到了第二天，猎人带着大角鸮来到这里，把它放在木杆的横木上，拴好，自己则躲在棚子内。

要不了多久，老鹰或是鸢只要一看见这个可怕的家伙，就会马上向它扑来。这是因为大角鸮喜欢在夜里打劫，与它有仇的比较多，都想借机报复它。

它们在空中盘旋着，然后落在枯树上，向大角鸮大喊大叫，蓄积着力量准备发动进攻。

拴在横木上的大角鸮，只能竖起浑身的羽毛，眨巴着眼睛，吧嗒着钩形嘴，但是一点办法也没有。

这个时候，被惹怒的猛禽哪里还顾得上有没有棚子。趁着这个机会，赶紧开枪打吧！

夜晚打猎

在晚上捕杀猛禽是最有趣的。老雕和其他大型猛禽飞去过夜的地方很容易找。例如，雕喜欢单独待在远离山崖的大树梢上睡觉。

猎人可以挑一个没有月光的黑夜，悄悄地摸到那棵大树下。

由于雕在熟睡，猎人摸到树下也不会被发觉。这时，再出其不意地亮起随身带来的强光灯（手电筒或电石灯），将强光对准雕。在这道突如其来的强光的刺激下，雕被惊醒了，但是强光刺得它睁不开眼睛，什么也看不见，也不知道出了什么事，只能呆呆地停在那儿。

此时，树下的猎人看清楚后，瞄准、开枪就行了。

打靶场

射箭要射中靶子！

答案要对准题目！

第五场竞赛

1. 鸟儿什么时候长牙齿？

2. 有尾巴的牛和没有尾巴的牛，哪个经常吃得饱饱的？

3. 人们为什么称下图中的这种蜘蛛为“割草蛛”呢？

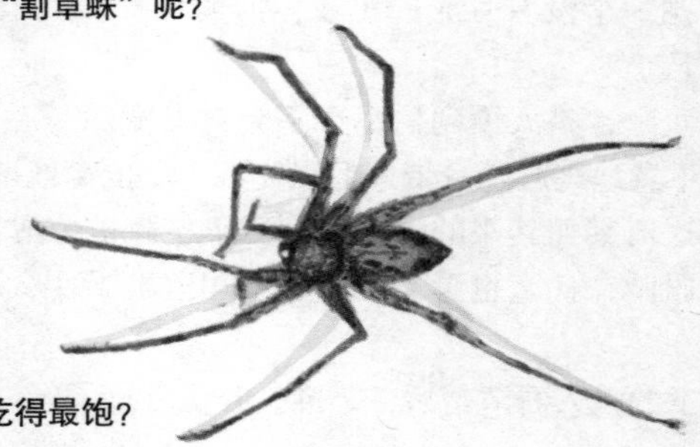

4. 猛兽和猛禽们在一年中的哪个季节吃得最饱？

5. 哪种动物能够出生两次，死亡一次？

6. 哪种动物要出生三次，才能成年？

7. 人们为什么用“像鹅背上的水”来形容那些不要紧的事？

8. 狗在热的时候，为什么要吐舌头，而马却不这么做？

9. 哪种小鸟不认识自己的妈妈？

10. 哪种小鸟，能够发出像蛇一样的咝咝声？

11. 根据喙的形状，如何区分出年长的和年幼的秃鼻乌鸦？

12. 哪种鱼会在它们的孩子长大前一直照顾它们？

13. 蜜蜂在蜇了人以后，会怎么样？

14. 蝙蝠刚出生时吃什么？

15. 中午，向日葵的花朝向哪里？

16. 公牛山上跑，母牛山缝跑；公牛高声叫，母牛直眨眼。（谜语）

17. 早晨时田野是天蓝色的；中午时为什么又变成翠绿色的了呢？

18. 几个小老头，头戴小红帽；要想看仔细，先得弯下腰。（谜语）

19. 身穿红衬衫，端坐细杆上；肚子亮晶晶，全是小石子。（谜语）

20. 灌木丛中咝咝叫，走起路来扭不停，张开嘴巴亮毒剑，看准脚腕就一口。（谜语）

21. 夜晚躺在地上睡，早晨一到无影踪。（谜语）

22. 住在林子里，造房不用斧，房子没有棱角和柱头？（谜语）

23. 眼睛长在角上，房子驮在背上。（谜语）

24. 花朵美似天仙，爪子无比尖锐。（谜语）

“火眼金睛”大比拼

第四次测试

大家猜猜看：谁是爸爸，谁是妈妈，谁是孩子

请帮下这些流浪的小鸟儿

这个月是雏鸟的出生月，经常有雏鸟从鸟巢里掉下来，或是失去了妈妈。它躺在地上，或者直往灌木丛和草丛里钻，它想避开你这个两条腿的大怪物。但是，它的小腿儿还很软弱，也不会飞，它根本就避无可避。你可以轻松地抓到它，把它放到手心里，仔细地打量一番，心里想：

“小家伙，你是哪种鸟啊？哪个科属的？你妈妈在哪儿呢？”

不过，这个小家伙只知道唧唧乱叫，叫声太凄凉了！很显然，它是在呼唤自己的妈妈。虽然你也想把它送回到它爸爸妈妈的身边，但问题是，谁才是它的爸爸妈妈呢？

这时，你可能要张大嘴巴犯难了：这该怎么办啊？现在你最好闭上嘴巴，睁大眼睛。事实上，你要是想弄清它是什么鸟，的确不是件容易的事。因为这些小东西，与它们的父母长得一点也不像。而且，有时候鸟爸爸和鸟妈妈长得也不像。但是，你不是有双“火眼金睛”吗？只要你仔细地瞧上一遍，看看它们的脚和喙长什么样，然后再在成年的鸟儿中找到相似的脚和喙——不论雌雄都行，这个方法正确的概率很大。成年的雌鸟和雄鸟羽毛不一样的可能性很大，而且，雏鸟身上也没有毛，要么是一身绒毛，要么是光溜溜的。只有凭着脚和喙才能准确找出它的爸妈来。

如此一来，你就能帮这些可怜的小鸟儿找到它们的爸爸妈妈了。

卷尾琴鸡

由于卷尾琴鸡爸爸尾部的羽毛向两边卷起，所以才得了个这样的名字。不过，你不能只看它们的尾巴，因为琴鸡妈妈的尾巴就不知这样的，而小琴鸡还没有长出尾羽呢！

野鸭

野鸭妈妈的嘴巴是扁平状的，小野鸭和野鸭爸爸也是这样的。在它们的脚趾间长着蹼。这个你可得看仔细了，看清楚蹼的样子，千万别把野鸭和䴙䴘弄混了。

燕雀妈妈

与其他鸣禽差不多，小燕雀刚出生的时候，也很小，身上光溜溜的没有羽毛，非常柔弱。燕雀爸爸和燕雀妈妈除了羽毛略有不同，其余地方都长得很像。只要仔细看下小燕雀的脚，就能认出它们来。

红脚隼妈妈

作为猛禽，它们的嘴有个特点，非常像钩子，脚上还长着锋利的爪子。雏鹰也是这样。

䴙䴘爸爸

䴙䴘的爸爸妈妈长得很像，小䴙䴘也比较容易辨认。你只需看看它的嘴和脚蹼就行了，跟野鸭的长得完全不一样。

下面是五种不同的雏鸟和它的爸爸或妈妈的图片，顺序已经被打乱了。请你拿出一张白纸，按照下面的要求重新画一遍：鸟爸爸在雏鸟的左边，鸟妈妈在雏鸟的右边。

图 1　图 2　图 3
图 4　图 5　图 6
图 7　图 8　图 9　图 10

以上有 5 种不按顺序排列的鸟的幼鸟和它们各自的爸爸或妈妈的图片。请拿一张纸，把它们全都按这样的顺序临摹下来：鸟爸爸画在幼鸟的左边，鸟妈妈画在幼鸟的右边。

森林报

No.6

结队飞行月

（夏季第三月）

Forest Newspapers

8 月 21 日到 9 月 20 日　　太阳进入处女宫

第六期导读

太阳诗章——8 月

森林中的新规矩

林中逸闻

林间大战（续前）

农场纪事

农场新闻

狩猎

打靶场：第六场竞赛

通告：“火眼金睛”大比拼

一年：太阳在12个月内谱写的乐章

8月——闪亮的一个月。夜间，远方的一道道闪光悄无声息地照亮了森林，却又稍纵即逝。

草地在夏季换了最后一次衣服，色彩变得异常绚烂，花儿的颜色也越来越深，有蓝色的，也有淡紫色的。阳光也没有前两个月那么毒辣了，草儿们都在争分夺秒地储藏现在的阳光。

蔬菜、水果中较大型的果实就要成熟了；晚熟的浆果，如树莓、越橘等，也快成熟了；沼泽地上的蔓越橘，树上的山梨等，就快熟透了。

蘑菇长出来了，它们不喜欢热辣辣的阳光，总是藏在阴凉的地方，就像一个个小老头儿似的。

树木也不再长高和长粗了。

树林中的新规矩

树林里的孩子们都已经长大了，从各自的家中跑了出来。

春天里，鸟儿们都是成双入对，结伴住在特定的地方。现在，它们却带着孩子，在树林里飞来蹿去的。

树林里的居民们都在忙着串门呢！

猛兽和猛禽也不再严守自己的那片地盘儿了，野味到处都有，无论如何都不会饿着。

貂、黄鼠狼和白鼬，在树林里乱窜，无论在哪儿，它们都能轻松地找到食物：有呆头呆脑的小鸟、缺少经验的小兔、粗心大意的小老鼠等。

鸣禽总是成群结队地在灌木和乔木间飞来飞去。

每一群体都有自己的一套规矩。

这些规矩主要有：

互惠互助

若是有谁先发现了敌情，必须尖叫一声或打一声呼哨，警告大家有敌人来了，以便大家及时逃跑或躲藏起来。要是有同伴落难，它们就会一起飞来，齐声发威，吓跑敌人。

成百双的眼睛和耳朵，一直都在小心警戒着来犯之敌，同时还有成百张利嘴，时刻准备着痛击敌人。加入鸟群的成员当然是越多越好。

新加入的雏鸟们必须遵守这样一个规矩：处处得以前辈们为模范。前辈们不慌不忙地啄食，雏鸟也得跟着慢慢地啄食；前辈们抬起头来一动不动，雏鸟也得纹丝不动；前辈们逃跑，雏鸟也得跟着逃跑。

训练场

鹤和琴鸡都有一块供孩子们学习的训练场。

琴鸡的训练场设在树林里。小琴鸡们正聚集在那里，看着琴鸡爸爸的一举一动。

琴鸡爸爸咕咕地叫唤起来，小琴鸡们也跟着咕咕地叫了起来。琴鸡爸爸啾啾地叫着，小琴鸡们也跟着尖里尖气地啾啾叫了起来。

不过，现在的琴鸡爸爸的叫声已经和春天时的不一样了。在春天的时候，它好像是叫嚷着："我要卖掉皮袄，买件单褂。"现在则像是在叫嚷着："我要卖掉单褂，买件皮袄！"

小鹤们则排列成队飞到了训练场。它们正在练习如何在飞行时保持"人"字形的队形。为了日后的远程飞行，它们必须学会这项本事，这样可以让它们节省很多体力。

飞在"人"字形队列最前面的，应当是最强壮的老鹤。它是全队的先锋官，它得率先冲破气浪，这就需要克服极大的空气阻力。因此，它要比其他的鹤付出更多的力气才行。

等它感到累的时候，就会退到队伍的末尾，由另外一只精力充沛的鹤取代它的位置。

小鹤们则跟在领队的后面，一只紧跟一只，首尾相连！按照一定的节奏扇动翅膀。身体强壮一点儿的就飞在前面，身体稍弱一些的就跟在后面。这种"人"字形的队伍，由最前面的鹤冲破气浪，这就像是小船用船头破浪前行一般。

咕儿，喽！咕儿，喽！

这是在发出命令呢，意思是说："注意啦，到地方了！"

鹤一只接一只地降落到地面上。这里是田野中的一小块空地，小

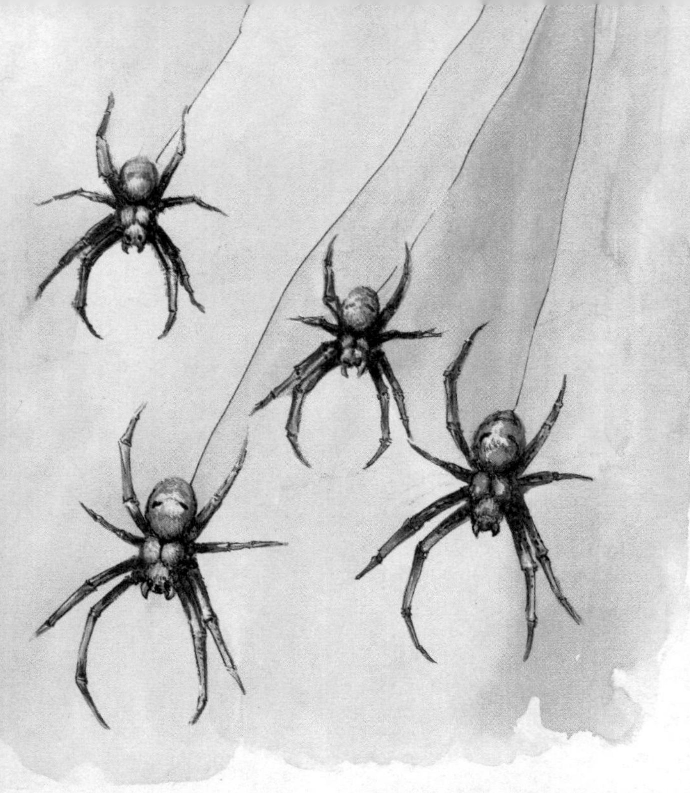

鹤们正在这里学习舞蹈和体操：跳、转，以及按节拍做出的各种复杂的动作。另外还有一项高难度的动作：先用嘴把一块小石子抛起来，然后再用嘴接住。

这是在为长途飞行做准备……

会飞的蜘蛛

没有翅膀，如何才能飞起来呢？

那就得想办法啊！快看那儿！那儿只小蜘蛛怎么都成了气球飞行员？

原来，小蜘蛛从肚子里抽出了一根细细的蛛丝，它们把蛛丝挂在灌木上。当微风吹过的时候，细细的蛛丝就会随风飘动。这些蛛丝很坚韧，很结实，和蚕丝差不多。

小蜘蛛站在地面上，蛛丝就在地面与树枝之间飘荡。小蜘蛛还在不停地抽着丝，并用蛛丝把自己裹得像蚕茧似的，但是蛛丝还在不断地被抽出来。

蛛丝越抽越长，风越刮越大。

小蜘蛛用八只脚牢牢地抓住地面。

一、二、三——小蜘蛛顶着风跑了过去，同时还咬断了挂在灌木上的蛛丝。

一阵风吹来，小蜘蛛就离开了地面。

飞了起来！

小蜘蛛赶紧解开缠在身上的蛛丝！

小蜘蛛就像个气球一样，越飞越高……飞过了草地，飞过了灌木丛。

小蜘蛛仔细观察着地面：在哪儿降落好呢？

下面有森林、小河。还是往前飞吧，再往前飞！

呀！这是谁家的小院子啊？有一群苍蝇正围着一个粪堆飞舞呢。就是这里！降落吧！

飞行员赶紧把蛛丝绕到自己的身下，再用小爪子把丝缠成团儿。这个小气球就越降越低……

预备！降落！

蛛丝的一头正好挂住了一株小草——成功着陆了！

可以在这里安家了。

在晴朗、干燥的秋天里，有许多小蜘蛛都会带着它们的蛛丝在空中飘舞。那时，农场里的人们都说：“夏天老了！”那些飘荡的蛛丝多像老奶奶的白发呀！

林中逸闻

一只羊啃光了一片树林

这可不是玩笑，确实有一只山羊啃光了一片树林。

那头山羊是护林员买的，他把它带回到了树林中，拴在草地中的树桩上。夜里，那只山羊挣断了绳子，逃跑了。

四周全是树，它能跑到哪儿里去呢？还好这附近没有狼。

护林员一连找了它三天都没找到。到了第四天，那只山羊竟然自己跑回来了，还“咩咩”地叫个不停，仿佛在向护林员说：“你好，我回来啦！”

晚上，邻近的一位护林员气急败坏地跑了过来，原来那只山羊把他守护的那个地方的树苗全啃光了——那可是整整一片树林啊！

幼小的树苗，基本上没有任何防御能力。随便来头牲口，就能肆意地蹂躏它，甚至是被连根拔起，吃掉。

山羊正是看中了那片树林里细嫩的松树苗。那些树苗看上去挺可爱的，与一些小棕榈树很像。下面露着纤细的树干，上面则是柔软的绿松针，活像一把张开的扇子。山羊肯定是觉得那东西很好吃！

至于大松树，山羊是不敢靠近的，因为大松树上的硬松针肯定会把它刺得头破血流的！

■驻森林记者 维利卡

抓强盗

黄色的篱莺在林子里成群结队地飞来飞去。它们从这棵树飞到那棵树，从这个灌木丛飞到另一个灌木丛。它们几乎飞遍了每一棵树，每一个灌木丛，还上上下下地搜了个遍。树叶下，树皮上，树洞里，只要有青虫、甲虫或蝴蝶飞蛾，它们都能将其揪出来吃掉。

“啾咿！啾咿！”一只小鸟惊慌地叫了起来，小鸟们听到叫声，都全神戒备起来。此时，一只凶恶的貂，正在树根间鬼鬼祟祟地向这边溜来。它那黝黑的脊背时而闪现，时而隐没在枯枝间。它不停地扭动着蛇一样纤细的身子，一双小眼睛在黑暗中时不时地闪着凶光。

“啾咿！啾咿”的尖叫声此起彼伏，篱莺们全都飞离了那棵大树。

在白天还好说，只要有一只小鸟发现了敌

人，大家都能得救。到了晚上，鸟儿们就蜷缩在树枝间睡觉了，但是，敌人可是不会睡的！猫头鹰正扇动着柔软的翅膀，悄无声息地飞来。只要它们发现了目标，就会毫不犹豫地用爪子抓下去！还在做美梦的小鸟们，只会被吓得四处乱窜。但是，总会有那么两三只会落在这个强盗的铁爪之中，拼命地挣扎着。天黑的时候，这种情况可真不妙啊！

这会儿，篱莺们已经穿过了一棵棵树，越过了一丛丛的灌木林，直到树林深处才停下来。这些身手敏捷的鸟儿，很轻松地就飞过了浓密的树林，找了个最为隐秘的角落。

在茂密的丛林中间，有一根粗壮的树桩立在那里，上面还长了一簇形状古怪的木耳。

一只篱莺飞到跟前，它想看看那里有没有蜗牛。

忽然，那簇木耳的灰茸茸的帽檐儿翻了上来，下面露出了一双圆溜溜的眼睛，还一闪一闪的。

到了这会儿，篱莺才看清楚那家伙长着一张和猫脸一样的圆脸，还有一张凶猛的钩形嘴。

篱莺吓得连连后退，同时还发出了“啾咿！啾咿”的尖叫声。鸟群骚动了起来，但却没有一只逃跑的，大家同时围住那截树桩。

“猫头鹰！猫头鹰！猫头鹰！救命！救命！”

猫头鹰非常生气地吧嗒着钩形嘴，好像在说：“哼！这可是你们自己找上门来的！竟然敢来打搅我的美梦！”

许多鸟儿都听到了篱莺的警报，纷纷从四面八方飞过来。

抓强盗啊！

身体娇小的黄头戴菊鸟，从高大的云杉上冲了下来。身法灵巧的山雀也从灌木丛里跳了出来，并勇敢地投入到战斗中。它们在猫头鹰的跟前飞来绕去，不停地盘旋着，嘴里还对它冷嘲热讽道：

“你来呀！来抓我们啊！你尽管过来追呀！你这个可恶的强盗，在夜里你倒是挺威风的，白天你敢动我们吗？”

猫头鹰很无奈，只能把钩形嘴咂得吧嗒吧嗒响，眼睛一眨一眨的——光天化日的，它还真没办法啊！

鸟儿越来越多了。篱莺和山雀的尖叫和喧嚣，还将树林中一群勇敢而强大的淡蓝色松鸦给招来了。

这下可把猫头鹰给吓坏了，它赶紧扇动着翅膀逃跑了。还是逃命要紧啊，不赶紧逃掉的话，肯定会被松鸦给啄死的。

松鸦可没那么轻易就放过它，一直把它赶出了森林才飞回来。

今天，篱莺们总算可以睡上一个安稳觉了。这么一闹，猫头鹰恐怕很久都不敢回到这里来了。

草莓

在树林边，草莓已经红了。鸟儿们找到红色的草莓后，叼着就走。它们将草莓的种子传播到了更远的地方。不过，还有一部分草莓的后代留了下来，和它的母亲并肩成长。

看啊！这株草莓的旁边，已经长出了匍匐的细茎——藤蔓。在藤蔓的梢儿上，还长着一簇丛生的小叶子和根的胚芽，那可是一棵新生命啊！这里还有两棵！在这同一根藤蔓上，长出了三簇丛生的小叶子。其中一簇叶子已经扎根了，而另外两簇还没有发育好，依然长在梢儿头上。藤蔓经由母株向四周爬去。若是想找到带有去年植株的母株，就得到这附近野草稀少的地方去找。就拿这株来说吧，母株就长在中间，在它周围的都是它的孩子，里外一共有 3 圈，每圈有 5 棵。

草莓就是这样一圈一圈地向四周扩展着，不断地侵占着周边的土地。

■尼·朱·帕甫洛娃

被吓死的狗熊

有一天晚上，都很晚了，猎人才从林子里回来。他路过燕麦地旁边时，看到燕麦地里有个黑乎乎的东西在打滚，那是什么东西啊？

难道是牲口闯到了这里？

他定睛一看，啊！原来是头大狗熊！只见它趴在那里，两只前爪正搂着一大束麦穗，压在身下吸吮呢！你看它那舒服的样儿，嘴里还“哼哼唧唧”地唱着小曲儿呢！看来，这些燕麦的汁液还是挺合它的胃口的嘛！

猎人这会儿没枪弹了，只有一颗小霰弹，只能用来打鸟。不过，他可是个很勇敢的年轻人。

他心想：咳！暂且不管打不打得死它，先开一枪再说。我总不能看着它糟蹋农场的庄稼不管吧！要是不打它的话，它是不会离开的。

他这样想着，就装上了霰弹，瞄准狗熊就是一枪，响声正好在狗熊的耳朵边。

这突如其来的枪声，直接就把狗熊给吓得跳了起来。麦田边上有个灌木丛，狗熊就像鸟儿一样快速地钻了进去。

狗熊刚钻进去，就摔了个大跟头，爬起来后，头也不敢回地继续向林子内逃去。

看到狗熊如此胆小，猎人也禁不住一阵好笑，然后就回家去了。

到了第二天，他心想：昨天也不知道被那狗熊糟蹋了多少庄稼，我得过去看看。等他赶到昨天那个地方，看到一路上都是熊的粪便，一直延伸到了树林里。原来，昨天的那头狗熊被吓得屁滚尿流地跑了。

猎人循着痕迹找了过去，最后他竟然发现那头狗熊倒在地上，死掉了。

狗熊可是号称森林中最强大、最可怕的野兽啊！但是，照这种情况来看，它竟然被昨晚那出其不意的枪响给吓死了！

可以食用的蘑菇

雨后，又有不少蘑菇钻了出来。

长在松林里的白蘑菇是最好的蘑菇。

白蘑菇长得又肥又厚，帽子是深咖啡色的，它们的香味儿闻起来特别舒服。

在林间道路两边的矮草丛里，生长着一种牛肝菌。有时，还会直接长在车辙里。它们的嫩芽比较好看，像小绒球一样，只是表面黏糊糊的，总有东西黏在上面，不是干树叶，就是细草茎。

在松林中的草地上，还有一种红棕色的蘑菇。这种蘑菇浑身火红火红的，隔老远就能看到。在松林里，这种蘑菇的数量不计其数！大一点儿的和小碟子的大小差不多，帽子被虫子咬得都是洞，上面还泛着绿褶。这种蘑菇最好的是不大不小的，也就是比硬币稍大一些的。这样的蘑菇，帽子的边缘往上卷，中间往下凹，果肉既肥硕又厚实。

在云杉林中也有不少蘑菇。在云杉树下虽然也有白蘑菇和红棕色的蘑菇，但是与松林里的却不一样。这里的白蘑菇，帽子的颜色有些重，还有点儿发黄，伞柄又细又高。红棕色蘑菇的颜色与松林中的完全不一样：帽子不再是红棕色的了，而是变成了蓝绿色，上面还有一圈圈的纹路，和树桩上的年轮很像。

在白桦树和白杨树下的蘑菇[1]，也都各有特点。在它们的名字中就有所体现：白桦蕈、白杨蕈。而事实上，白桦蕈生长的地方距白桦树很远；而白杨蕈却是紧紧地贴着白杨树生长的，因为它只能生长在白杨树的树根上。白杨蕈长得非常漂亮，周周正正的，无论是蕈帽还是蕈柄都像被精心雕琢过一样。

■尼·朱·帕甫洛娃

①这两种蘑菇的学名分别叫“鳞皮牛肝菌”和“变形牛肝菌”。

林间大战

（续前）

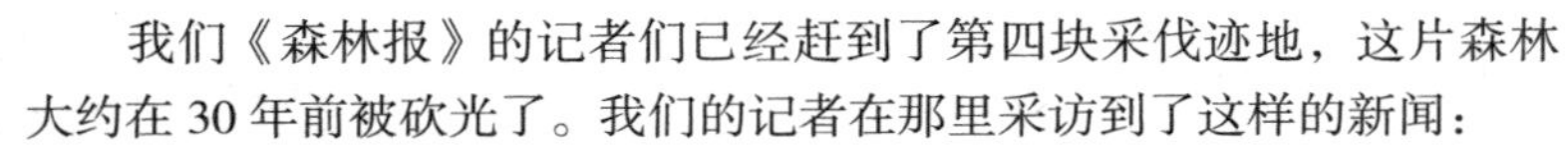

我们《森林报》的记者们已经赶到了第四块采伐迹地，这片森林大约在 30 年前被砍光了。我们的记者在那里采访到了这样的新闻：

孱弱的小白桦和小白杨，都死在了自己健壮的同类手下。此时，在层层密林之下，能够活下去的就只有云杉了。

高大而健壮的白桦和白杨在上边作威作福，时常还会发生吵嘴斗殴的现象，而小云杉只能躲在下面悄悄地生长着。历史又重演了：只要谁能长得比旁边的树高些，谁就能成为胜利者，同时还会残酷地将手下败将置于死地。

战败者在干枯以后，只能心有不甘地倒下去。这样一来，在那个严严实实的绿色帐篷上就会出现一个窟窿。阳光就会如潮般倾泻下来，直直地落到小云杉的头上。

被突如其来的阳光一吓，小云杉竟然害起了病。

它们需要过一段时间，才能适应有阳光的日子啊！

慢慢地，小云杉们恢复了健康，它们迅速地换掉了身上的针叶，抓住这个机会飞快地长高、长大，它们根本就不给敌人修补那个窟窿的时间。

这些运气好的云杉，最先长到与白桦和白杨一样的高度。接着，又有不少强壮、多刺的云杉跟了上来，并把自己长矛似的尖梢伸到了顶层。

此时，被胜利冲昏头脑的白桦和白杨才发现，它们竟然让这么多可怕的敌人住进了自己的地盘！

我们的林地记者，亲眼看见了这场仇敌间的你死我活的肉搏。

阵阵强劲的秋风呼啸而来，这让挤在一堆的树木们都兴奋了起来。阔叶树猛地扑到云杉的身上，用自己的长手臂——树枝，拼命地抽打着对方。

白杨的胆子很小，平时只会躲在旁边瑟瑟发抖，连话都不敢大声说。但这个时候，白杨也莫名其妙地挥舞起了自己枝干，想跑上去与黝黑的云杉打上一架，并亲手拧断它们那长着针叶的枝条。

只是，白杨并不是个合格的战士。它们的韧性太差，没

有一点弹力，手臂也很容易折断。健壮的云杉根本就不怕它。

但是，到了白桦这里情况就不一样了，它们是一群很棒的战士。白桦不但有着健壮的臂膀，身体的柔韧性也很好。即便风不大，它们那富有弹性的、弹簧似的手臂，也能随风挥舞起来。白桦若是动起手来，那它附近的树木们可得小心了，要是被它撞上，那就不妙了。

这次，白桦与云杉展开了肉搏。白桦用它那柔韧的枝条无情地抽打着云杉的枝叶，云杉身上大片大片的针叶被白桦剥了下来。

白桦只要抓住云杉的一根枝条，那根枝条的命运就只能是干枯了。云杉的树干要是被白桦剥掉一块树皮，那么这棵云杉的树冠就要枯萎了。

云杉可以击退白杨，但却打不过白桦。云杉作为一种坚硬的树木，虽然不容易折断，但也很难弯曲。也就是说，它那直挺挺的枝干，是无法当作武器用到战斗中去的。

这场林间大战的结局如何，我们的记者并没有看到。他若是想看到结果的话，得在那里住上好多年才行。因此，他们就找了一个已经结束大战的地方。

至于他们在哪儿找到了这样一个地方，我们将会在下期的《森林报》上揭晓。

帮助森林复兴

我们少先队员们参加了造林的活动。我们将采集到的各种树木的种子，交到了我们的农场和防护林的工作站。在我们的学校里面，也开辟出了一小块儿苗圃，里面种上了橡树、枫树、山楂树、白桦和榆树等。这些树木的种子，都是我们自己采来的。

■少先队员 嘉·斯米尔诺娃

尼·阿尔卡迪耶娃

园林周

我国各级政府都已决定，每年都要举办一次园林周。我国中部和北部各省，在10月初举行；南方各地区，则在11月初举行。

第一届园林周，是在筹备十月革命30周年纪念庆典期间举行的。当时，各地的农场里，有好几千个花园被新开辟了出来。有数百万棵果树被栽种在国营农场、农业机器站、学校、医院等单位的院子里，农民、工人、职员的私人住宅周围的空地上，以及公路和街道的两旁。看吧，这些少年造林家和园艺家，为了迎接祖国的伟大庆典，献上了一份多么好的礼物啊！

现在，每次在园林周活动开始之前，国营苗木场里都会准备好几千万株苹果树和梨树的树苗，还有无数棵浆果和观赏树木的树苗。现在，一些没有花园的地方，筹建的工作也已经展开了。

■塔斯社列宁格勒讯

农场纪事

我们这里各处农场的庄稼都快收完了。现在是农活最忙的时候。要把收割下来的第一批最好的粮食，上缴给国家，每一个农场都是这么做的。

场员们收完黑麦，收小麦；收完小麦，收大麦；收完大麦，收燕麦；收完燕麦，就要收荞麦了。

在通往火车站的路上，挤满了各个农场送粮食的车队，车水马龙的，好不热闹！

拖拉机还在田地上轰鸣着：秋播的作物已经播种完毕，他们现在正忙着翻耕土地，为明年的春播做准备呢。

夏季的浆果已经淡出了这个舞台，可是果园里的苹果、梨和李子已经熟了。而且，树林里还有许多蘑菇；在布满苔藓的沼泽地上，蔓越橘也长红了。看啊！农村的孩子们，正在那里用竿子打着那一串串沉甸甸的山梨呢！

山鹑一家的日子又不好过了。刚开始的时候，它们把家从秋播田里搬到了春播田里，现在又得从这一块春播田里搬到另一块春播田里，过起了居无定所的生活。

山鹑一家躲到了马铃薯地里。在那里，它们就不用担心会有人过来打扰它们了。

但是，人们现在又到这里开始挖马铃薯了，挖马铃薯的机器也出动了。孩子们在旁边点起了篝火，还在那里支起了简易的小灶，正在烤马铃薯吃呢！他们的脸上都抹得黑漆漆的，像个小黑鬼似的，看起来挺吓人的。

灰山鹑无奈之下，只能离开马铃薯田，飞走了。现在，它的孩子们已经长大了，禁猎期也结束了，猎人们已经可以捕杀它们了。

它们现在必须找个可以藏身觅食的地方，但是，哪儿才安全呢？田里的庄稼都被割完了。咦！这时候秋播的黑麦好像已经长高了，躲在那里既能觅食，还能避开猎人们敏锐的搜寻。

目光敏锐的人

8 月 26 日，当时我正驾着车运送干草。走着走着，我在一个干柴堆上看到一只很大的猫头鹰，两只眼睛一直盯着下面的干柴堆。我觉得有些奇怪，就停下了马车。那头猫头鹰离我这么近，它为什么不飞走呢？我跳下车，往前走了几步，从地上捡起一根树枝，朝它扔了过去。猫头鹰这才飞走。它刚一飞走，干柴堆里就钻出来几十只小鸟儿。原来，它们是为了躲避自己的天敌——猫头鹰，藏在那儿的。

农场新闻

略施小计

在收割得只剩下毛茬儿的麦田里，还有一股敌人潜藏在那里，它们就是杂草。这些杂草的种子落在地上，把自己细长的根茎藏到地下，它们就盼望着春天快点来呢！只要春天一到，人们刚翻过土地，种上土豆，这些杂草们就活动起来，开始破坏马铃薯的生长。

为了消灭这些杂草，农场的人们耍了一个小计谋。他们先将浅耕机开到田里，把杂草的种子翻到土里去，把它们的根茎切碎。

这时，杂草们还以为春天来了呢！外边的天气这么暖和，泥土又这么松软。杂草们便开始生长了，一段段的根茎也发出了嫩芽，大片的田野又变成了翠绿色。

农场的人们可高兴坏了，因为敌人们上当了。等到杂草长出来以后，深秋时再把田地翻耕一遍，把杂草们翻个底儿朝天。只要冬天一到，它们全部都会被冻死。杂草啊杂草！这样一来，你们可就没有办法再来祸害我们的马铃薯了！

虚惊一场

现在，树林中许多鸟兽都忧心忡忡的：树林边儿来了很多人，他们还将许多干燥的植物茎秆铺在地上。呀！这不会是新研究出来的捕鸟兽的工具吧？树林里的居民们这下可要大祸临头了！

不过，这只是一场虚惊，人们来到这里并没有恶意。这些人都是农场的人，他们往地上铺的是亚麻，只铺了薄薄的一层，一排排的非常整齐。把亚麻铺在这里，可以接受更多雨露的浸润。这样一来，再将亚麻茎中的纤维取出来就容易多了。

“猪”丁兴旺

在五一农场里，母猪杜什卡一窝产下了26头猪崽儿。2月里我们才刚刚向它道过喜呢，当时它产下了12头小猪。瞧这一大家子，孩子可真不少啊！

公愤

黄瓜地里有不少黄瓜都很气愤，它们议论纷纷：“农场里的这些人怎么能这样干啊？每两天就闯到我们这里来，把那些青色的小伙子们都摘了去！要是能让它们安安稳稳地长大该多好啊！”

不过，尽管它们抱怨，人们还是只留下少量的黄瓜培育种子，而其他的黄瓜，趁它们还是青绿色的时候都被摘走了。青绿色的黄瓜鲜嫩多汁，非常可口。若是让它们长熟了，可就不好吃啦！

帽子的造型

在树林里的空地上和道路两旁，长出了不少松乳菇和牛肝菌。松树林里的松乳菇最好看——浑身火红火红的，身子虽然有些矮胖，但却非常壮实，头上还戴着一顶布满一圈圈花纹的帽子。

孩子们说，这种帽子的造型，红棕色蘑菇还是从人类这里学去的呢。的确，它们戴的帽子真的很像人们的草帽。

不过，牛肝菌的帽子跟人们的草帽可一点儿也不像。它的帽子别说是男人了，就是赶时髦的年轻姑娘，也不愿意戴。因为，牛肝菌的帽子上总是黏糊糊的，看着就让人难受！

扑空了

一群蜻蜓飞到光明农场的养蜂场，准备抓蜜蜂吃。不过，它们却扑了个空。它们非常奇怪，养蜂场上怎么一只蜜蜂都没有呢？原来，没有人告诉蜻蜓，到了7月中旬以后，蜜蜂们就搬到林中盛开的帚石楠花丛中去了。

它们将会在帚石楠花丛中酿制出黄澄澄的蜂蜜，等到帚石南花谢了以后，再搬回来住。

■尼・朱・帕甫洛娃

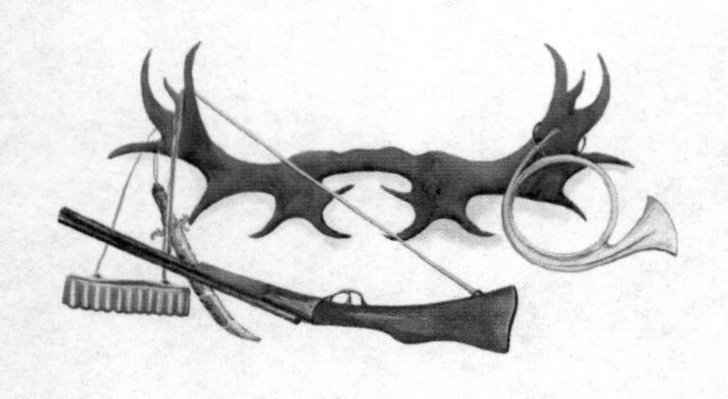

狩猎

带上猎狗去打猎

8月份，一个清新的早晨，我和塞索伊奇一同去打猎。我的两条短尾猎犬吉姆和鲍依，正在那里欢快地叫着、跳着，直往我身上扑。塞索伊奇的猎狗是拉达，那是一条硕大而漂亮的长毛大猎狗。只见它将两只前爪搭在矮小的主人身上，还在他脸上舔了一下。

“去去！你这个淘气鬼！”塞索伊奇一边用袖口擦着嘴唇，一边佯装生气地说。

可是，这三条猎狗还没等他说完就跑开了，飞奔着穿过割过草的草场。漂亮的拉达迈开矫健的大步子一路狂奔，只见它那黑白相间的花皮袄，在碧绿的灌木丛中时隐时现。我那两条腿儿短的猎狗好像很委屈似的，在后面拼命地追，可怎么也赶不上，气得汪汪直叫。

就让它们先去遛遛吧！

我们来到一座灌木林边。吉姆和鲍依听到我的口哨声后就跑了回来，只在附近溜达，把周围的灌木和草丛嗅了个遍。而拉达则在我们的前面跑来跑去，一会儿从左边闪出来，一会儿又从右边闪出来。它正跑的时候，忽然停了下来。

这时的拉达就像撞在了一道无形的铁丝网上，站在那里一动不动，身体还保持着刚才中止奔跑时的那个姿势：头微微偏向左边，脊背极富弹性地弓着，左前腿抬了起来，蓬松得像根羽毛的尾巴伸得直直的。

前面并没有铁丝网呀，它停下来是因为它嗅到了一股野禽的气味儿。

“您打吧！”塞索伊奇对着我说。

我摇摇头，并将我的两条猎狗叫了回来，让它们卧在我的脚旁，以免它们搞破坏，惊跑了拉达发现的猎物。

塞索伊奇慢慢地走向拉达，走到跟前才停下脚步。他从肩膀上取下猎枪，把子弹上了膛。他没有立刻命令拉达往前走，大概他和我一样，也很欣赏拉达的迷人造型：在它那优雅的姿势下，隐藏着蓄势待发的激情和紧张。

“前进！”塞索伊奇终于下了命令。

拉达却没有动。

我知道这里有一窝琴鸡。塞索伊奇又命令拉达前进，它刚往前跳出一步，就听灌木丛里传出一阵“扑扑”声，飞出了几只红棕色的大鸟。

“往前走，拉达！”塞索伊奇一边下着命令，一边举起了猎枪。

拉达快速地向前跑去。它兜了大半圈儿，又停下来站着不动了。这回，它的目标是另一丛灌木。

那里有什么呢？

塞索伊奇走到它跟前，吩咐道：

“往前走！”

拉达朝着灌木丛扑了过去，然后又绕着跑了一圈。

在灌木丛的后面，一只红棕色的鸟悄悄地飞到了空中。它的个儿头不太大，只见它懒洋洋地扇动着翅膀，动作还有些笨拙，两条腿好像是受伤了似的，晃晃荡荡地拖在身后。

塞索伊奇有些生气地放下猎枪，并召回了拉达。

原来这是一只秧鸡!

这种鸟生活在草丛中，春天来的时候，它们会发出刺耳的鸣叫声，那时候猎人还比较喜欢听。但是，到了狩猎的季节，就开始讨厌它了。它们在草丛里乱窜，猎狗根本就无法确定它们的方位。猎狗刚刚摆好指示的姿势，它们却又不知何时悄悄地溜掉了，净让猎狗白费劲儿。

过了一会儿，我就和塞索伊奇分开了，并约好在林中的小湖边会合。

我沿着一条狭窄的溪谷往前走，里面草木成荫。咖啡色的吉姆和它的儿子——黑、白、棕三色相间的鲍依，跑在我的前边。我得盯着它们俩，时刻保持着警惕，准备好开枪。因为，这种猎狗是不会指示猎物的，随时都有可能惊起附近的野禽。每看到一丛灌木，它们都会钻进去，在高高的草丛中，它们的身影时隐时现，短短的尾巴不停地摇动，像极了转个不停的螺旋桨。

看来，这种猎狗的尾巴还是短点儿好。要不然的话，它们将自己的长尾巴打在草丛或灌木上，将会弄出多么大的动静啊！而且，它们的尾巴还会被草木剐蹭破皮。因此，在这种狗只有三个星期大的时候，主人就会把它们的尾巴截掉，这样以后就不会再长了。只留下短短的一截，以防万一：比如倘若它们一不小心陷进了泥沼，就可以抓住这截短尾巴把它拖上来。我的两只眼睛一直都看着这两条猎狗，可是我怎么还能分心看清楚周围的一切，欣赏到那美妙的新奇事物呢?

我清楚地看到：已经升到树梢儿上的太阳，透过青草和绿叶，洒下了一缕缕、一束束的金色光影。草丛和树木间的蛛网，在阳光的照射下，就像是由一根根细细的银线编制而成的。一棵松树的树干非常神奇地弯了下来，好像一张巨大的椅子。这么大的椅子，恐怕只有童话中的树精灵才能坐吧！不过，哪儿去找树精灵呀？你瞧，在那个椅子上的小坑里，还有些许积水，旁边还有几只蝴蝶在翩翩起舞。

两条猎狗跑过去喝水了……我的嗓子也干得直冒烟儿。在我脚旁的一张卷边的阔叶上，有一颗露珠亮闪闪的，就像是一颗价值连城的钻石。

我很小心地弯下腰去——可不能把它碰掉了啊！我轻轻地采下了这片叶子，当然还有那滴世界上最纯净的露珠，它可是吸收了

朝阳的全部喜悦啊！

当毛茸茸、湿漉漉的叶子触到我的嘴唇时，那滴清凉的露珠儿马上就滚落到我那干燥的舌尖上了。

此时，吉姆忽然叫了起来：“汪！汪……”我赶紧丢开那片为我解渴的叶子，任它飘落到地上。

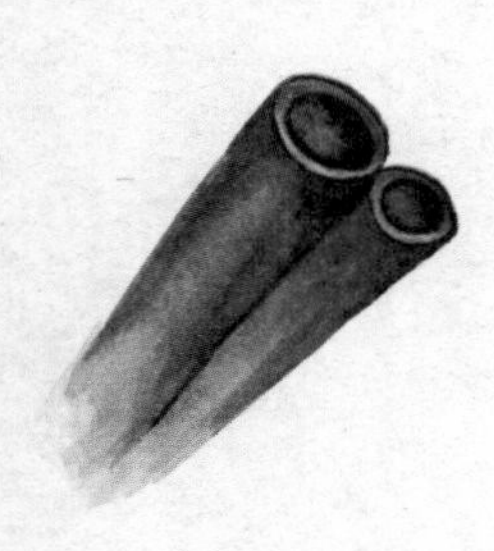

吉姆一边汪汪叫着，一边向溪岸跑去。它那螺旋桨似的尾巴，甩动得更加有力了。

我急忙往溪边赶去，想赶在吉姆之前到达。

不过，我还是来迟了。有一只鸟，一直躲在盘曲的赤杨树后面，我们都没有发觉，这会儿它已经轻拍着翅膀飞起来了。

看哪！它正在赤杨树后面直直地向上飞去——是一只野鸭。我有些慌，根本就没有时间瞄准，举起枪就放。霰弹穿过树叶后，没想到野鸭竟然应声掉到溪水中了。

这一切发生得太突然了，我甚至还在怀疑我到底开没开过枪——好像我是用魔法将它给打下来的一样。我刚动了个念头，它就掉下来了。

这时，吉姆已经游到了溪水中，将猎物衔到岸上来了。它嘴里叼着猎物（野鸭的脖子一直拖到了地上），交到了我的手上，根本顾不上抖落身上的水。

“谢谢你，我的老伙计！我的好宝贝！”我弯下身抚摸着吉姆。

但是，这家伙竟然抖了抖身子，溅了我一脸的水。

“呀！你这家伙真没礼貌！走开点儿！”

吉姆这才跑开了。

我用两根手指头捏住野鸭的尖嘴，拎起来估摸了下分量。哇！它可真重啊！它的鸭嘴也挺结实，竟可以承受它的体重而没有断掉。这么说来，它应该是只成年的野鸭，而不是今年刚出窝的野鸭。

我的两条猎狗又在前面叫了起来，我赶紧将野鸭挂到子弹袋的背带上，一边往前跑，一边装弹药。

这里，原本狭窄的溪谷渐渐开阔了起来。有一片沼泽一直延伸到了山坡前，布满了一簇簇的草丛和香蒲。

吉姆和鲍依在草丛里钻来钻去。它们在那儿发现了什么？

一时间，整个世界好像都压缩到这片小小的沼泽地里了。此时，我只想快点儿知道，那两条狗在那里发现了什么。会不会有什么野禽突然从中飞出来啊！可千万别失手啊！

我那两条短腿儿的猎狗，钻进高高的香蒲丛中，从外面很难看见它们的踪影。不过，它们的耳朵则像翅膀似的，在草丛里来回闪动。它们正在进行跳跃式的搜索——只有跳起身来，才能看清附近的猎物。

只听“噗”的一声——就像将靴子从泥水中拔出来的声音。只见一只长嘴沙锥从草丛中飞了起来。它飞得很低，飞行轨迹还呈曲线形。

我瞄了瞄才开枪，可它还是飞走了！

它飞了大半圈，然后又伸直两腿，落在离我不远的草丛里。它停在那儿，嘴巴像利剑一样插在泥水中。

离得这么近，而且还老老实实地待在那儿，我倒不好意思开枪打它了。

这时，吉姆和鲍依跑了过来，又把它赶得飞了起来。我用左边的枪筒开了一枪，又没命中！

唉！真丢人！我都打了30年的猎了，打到的沙锥少说也有几百只了。但是，我一看见它们飞，心里就有些慌，这次也不例外。

这也没有办法！现在只能去找几只琴鸡了。要不然，塞索伊奇见到我打的猎物，他会笑话我的：城里的猎人，都把沙锥当作是美味的猎物；可是在乡下，人们却不把它放在眼里。它们太小了，根本就微不足道。

在山冈后面，塞索伊奇已经开了三枪了，说不定他已经打到十来斤野禽了。

我蹚过了小溪，爬上一座陡坡，站在那里可以看得很远：那里有一块很大的采伐迹地，再往前是燕麦田。咦！那不是拉达吗？嗯？塞索伊奇也在那里！

啊，拉达站住了！

塞索伊奇走过去，只听“砰砰”两声，他可是双管齐发啊！

他忙着捡猎物去了。

我也不能光看啊！

两条猎狗早已跑进了树林。我有这么个习惯：

如果我的猎狗钻在密林，我就会跟着向林中的空地走去。

林中的空地很开阔，鸟儿飞过这里的时候，你可以看得很清楚，完全有时间开枪。只需猎狗们把猎物往这边赶就行了。

鲍依叫了起来，吉姆也跟着叫了起来。我赶紧跑了过去。

我快速来到两条猎狗跟前。它们在那儿磨叽什么呢？哦！那里肯定有只琴鸡。我知道它的这套把戏，它会飞到空中，引得猎狗团团转！

哒！哒！哒！还真是琴鸡。忽然，一只黑乎乎的琴鸡，像烧焦的黑炭一样，冲了出来，朝着空地飞了过去。

我端起枪，双管齐发。

只见它拐了个弯，就消失在高高的树木后了。

难道我又没打中？不可能吧？我瞄得挺准的……

我打了个呼哨，把两条猎狗都叫了过来，朝着琴鸡消失的树林走去。找了一阵儿没找到，两条猎狗也在找，同样没找到。

唉！太气人了……今天的运气可不怎么好啊！但是，这又能怨谁呢！猎枪自然没问题，弹药又是自己装的。

不行，我还得再试试，说

不定到了湖边，我就能交上好运了。

我又回到了空地上。离此约有500米的地方有个小湖。这会儿，我的心情坏透了，两条猎狗也不知跑到哪里去了，怎么叫都不见它们回来。

算了！我一个人去得了！

这时，鲍依不知从哪儿钻了出来。

“你刚才去哪儿了？你觉得你是猎人，我只是个帮忙开枪的吗？要不我把枪给你，你自己打吧！怎么？你不行吗？你干吗四脚朝天地躺在地上？你倒开始讨饶了？瞧你那傻里傻气的样儿！以后听话些就是了！长毛猎狗就是比你们强，它们还能指示出猎物的方位呢。

“要是有拉达帮忙，那就简单多了。那样我也能百发百中。在拉达面前，那些野禽就像是被钉住了一样，打起来太轻松了！”

在前方的树干间，银色的湖面已经闪现了出来，我心头的希望又重新涌现了出来。

湖边长满了芦苇。鲍依已经跳到了水中，向前游着，将高高的绿色芦苇搅得左摇右摆。

鲍依叫了一声，立刻就有一只野鸭叫着从芦苇丛中飞了出来。

当野鸭飞到湖心的时候，我开了枪。只见野鸭的长脖子往下一耷拉，啪的一声掉到了水里，肚皮朝天，两只红红的脚掌还踢腾了几下。

鲍依向野鸭游了过去。当它张开大嘴想要咬住野鸭的时候，那只野鸭忽然钻进水里，不见了踪影。

鲍依被搞晕了：野鸭跑哪儿去了？它在原地转了几圈，都没能找到野鸭。

忽然，鲍依也把头扎进了水里。这是怎么回事？难道它被什么东西缠住了？不会沉到湖底去了吧？这可如何是好？

野鸭又露了出来，正慢慢地向湖边游来。姿势很怪异：身子侧着，脑袋则浸在水下。

呀！原来是鲍依衔着它啊！鲍依的头被野鸭挡住了，所以看不见。好样儿的！它竟潜到水下把野鸭衔了回来。

“收获不小啊！”塞索伊奇的声音传了过来。他不知什么时候从我身后悄悄地走了过来。

鲍依游到草丛旁，爬上了岸，放下野鸭，抖了抖身上的水。

“鲍依！太不像话了！快把它给我衔过来！”

它竟然无视我的命令，太不像话了！

此时，吉姆不知从哪儿钻了出来。它游到草丛前，对着儿子生气地吼了一通，然后衔着野鸭给我送了过来。

然后，它抖了抖身子，又跑到灌木丛里去了。真没想到啊！它竟然衔回来一只死琴鸡！

难怪吉姆一直都没出现，原来它在树林里找琴鸡啊！说不定它找到琴鸡以后，又拖着它跑了500多米的路呢。

有了它们俩，让我在塞索伊奇面前很有面子！

真是一条忠诚的老狗！在这11年里，你勤勤恳恳地为我卖力，从没偷过懒。可是，今年夏天可能是你最后一次跟我出来打猎了，狗的寿命并不长啊！以后，我还能找到像你这样的好伙计吗？

我在篝火旁喝茶的时候，这些思绪涌进了脑海。个子矮小的塞索伊奇麻利地把野禽挂在白桦树上：两只小琴鸡和两只沉甸甸的小松鸡。

三条狗蹲在我的周围，六只狗眼一直注视着我的一举一动，它们可能在想：会不会分给它们一小块儿吃啊？看把它们给馋的！

当然少不了它们的，它们三个做得都很好，都是好样的！

已经中午了。天蓝蓝的，白杨树的树叶，在微风下发出了窸窸窣窣的声响。

真惬意啊！

塞索伊奇也坐了下来，漫不经心地卷着烟卷儿。他在想事情。

有好戏了！我马上就能听到他打猎时发生的另一件趣事儿了！

现在，正是猎人们猎捕新出巢的野禽的最佳时机。为了捕获这些机警的鸟儿，猎人们可以说是费尽了心机！不过，在这之前，应当了解这些野禽的生活习性，这比耍心计重要得多！

打野鸭

猎人们都知道，小野鸭学会飞行以后，就会成群结队地出入，从这里飞到别处去，一天要来回两次。白天，它们会钻进茂密的芦苇丛中睡觉、休息；太阳落山的时候，它们会从芦苇丛中出来，飞到别的地方去。

猎人已经在守着了。因为他知道这些野鸭会飞到田里去，所以就在那静静地等着。他站在岸边，躲在灌木丛里，对着水面，眺望着落日。

在夕阳沉没的地方，晚霞把天空映得一片通红。在晚霞的映照下，只见一群群野鸭的黑影，朝着猎人飞了过来。猎人轻松地举起枪，很容易就能瞄准。他躲在灌木丛后面放冷枪，可以打到不少野鸭。

他一直打到天黑才停手。

夜里，野鸭们就待在麦田里觅食。

早上，它们会再飞回芦苇丛中。

猎人们早已埋伏在它们的归途之中了。此时，他面朝东方，背对着水站着。

一群群的野鸭又撞到他的枪口上了。

不错的助手

有一窝小琴鸡正在树林中的空地上觅食。它们沿着林子边儿溜达，若是有情况的话，可以快速地逃到树林里去。

它们正在啄食浆果。

一只小琴鸡发现草丛里有异动，它抬起头，看见一张可怕的兽脸从草丛中探了出来。肥厚的嘴唇耷拉着、抖动着，一双眼睛死死地盯着伏在地上的小琴鸡。

小琴鸡蜷缩成极富弹性的一团，两只小眼睛瞪着兽脸上的那双大眼，揣摩着将要发生什么。那畜生只要一动，小琴鸡就会张开双翅，闪到一边。有本事的话，就到天上来抓我吧！

时间过得很慢。那张兽脸还悬在蜷缩着的小琴鸡上方。野兽没想动，小琴鸡也不敢起飞。

忽然，传来一道命令："前进！"

那野兽一下子就扑了过去。小琴鸡们全都扑腾着飞了起来，像离弦的箭一样逃向了树林。

砰！火光一闪，一阵硝烟冒了起来。小琴鸡一下栽到了地上。

猎人捡起小琴鸡，吩咐猎狗往前走。"轻一点！仔细找，拉达，仔细找……"

打靶场

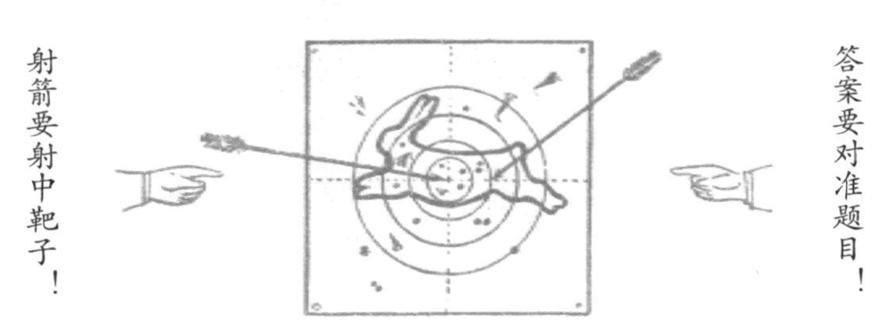

第六场竞赛

1. 在水里，你知道鱼有多重吗？
2. 蜘蛛埋伏在旁边，它是如何知道有猎物落网的？

3. 哪种野兽会飞？
4. 小鸟儿在白天发现猫头鹰时，会采取什么样的行动？
5. 剪刀不离手，却不是裁缝；猪鬃不离手，也不是鞋匠。（谜语）
6. 蜘蛛在什么情况下会飞？如何飞？
7. 什么昆虫在成年后没有嘴巴？

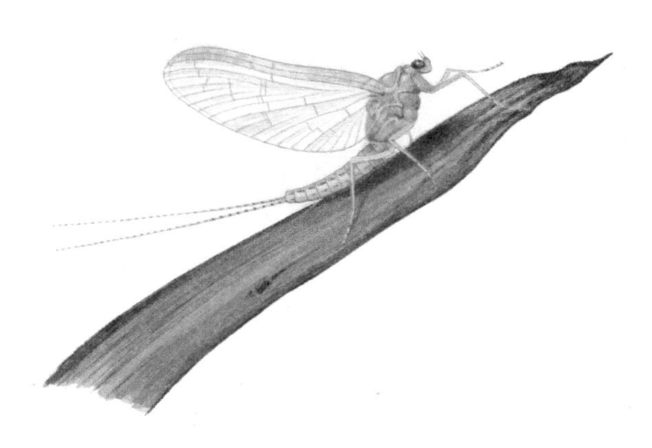

8. 家燕和雨燕为什么会在天气晴朗的时候飞得很高，天气潮湿的时候却又贴着地面飞行？

9. 家鸡为什么要在下雨之前用嘴梳理羽毛？

10. 如何通过蚁穴的变化判断天是否要下雨了？

11. 蜻蜓吃什么？

12. 哪种猛兽喜欢吃树莓？

13. 夏天最好在什么地方观察鸟类的脚印？

14. 我们这里最大的啄木鸟是什么颜色的？

15. 什么是“鬼喷烟”？

16. 小小身体，分成三份：脑袋放在桌子上，躯干躺在院子里，腿脚留在田地里。（谜语）

17. 穿着它的皮，吃掉他的头，丢掉它的肉。（谜语）

18. 穿上黑衣服，脾气暴又躁，惹它它敢咬；换上红衣服，立刻变老实，咬它也不叫。（谜语）

19. 一个庄稼汉，身着黄蓑衣，腰系黄丝带，躺在地上不肯起，只等别人把它抬。（谜语）

20. 一真一假，隔得老远，却能谈话，假的是喇叭，却能学说话。（谜语）

21. 没有人吓它，它却直哆嗦。（谜语）

22. 盲人也能认出来的草叫什么？

23. 什么东西长得像庄稼，却不能吃？

24. 瞪着眼睛，蹲在地上，嘴里说的，不是人话；生在水里，住在地上。（谜语）

寻鸟启示

棕鸟跑到哪里去了？白天的时候，偶尔还能在田间和草地上看见它们。可是，晚上它们都躲到哪里去了呢？自从小棕鸟学会飞行以后，就离开了家门，再也没有回来过。

■《森林报》编辑部

代向读者问好

我们来自北冰洋沿岸及其中岛屿，海狮、海象、格陵兰海豹、北极熊和鲸托我们向读者朋友们问好。我们还接受了读者朋友们的委托，向非洲的狮子、鳄鱼、河马、斑马、鸵鸟、长颈鹿和鲨鱼问好。

■来自北方的过客：沙锥、野鸭、海鸥

“火眼金睛”大比拼

第五次测试

这是谁的影子

在下列 4 幅图中，哪只是雨燕，哪只是家燕？

图 1

图 2

图 3

图 4

当你坐在一片开阔的地面上——田野里、高岗上或是河水边。太阳高悬在空中。时不时地还有猛禽在你的头顶翱翔，它们的影子在地面上或水面上急掠而过。

若是你的眼神够犀利、够老练，根本就不用抬头看，只需看看地上的影子，无论是侧影还是全影，就能判断出是哪种猛禽飞过。

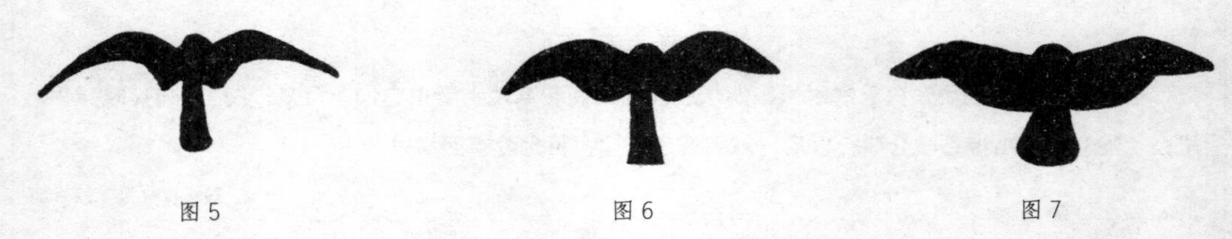

图 5　　图 6　　图 7

这只猛禽快速地掠过，只留下了淡淡的影子。窄窄的翅膀像镰刀似的，尾巴长长的，尾巴尖圆圆的（图 5）。这种鸟叫什么？

这只鸟与图 5 中的鸟大小差不多，只是身子宽些，翅膀很厚，尾巴直挺挺的（图 6）。这种鸟叫什么？

这只鸟的影子更大了，翅膀也更厚了，尾巴像把扇子，尾巴尖圆圆的（图 7）。这种鸟叫什么？

图 8　　图 9　　图 10

这只鸟的影子也很大，翅膀弯曲得非常厉害，尾巴尖上有个三角形的凹口（图 8）。这种鸟叫什么？

这只鸟的影子更大，翅膀呈三角形，翅膀尖上好像被谁剪掉了一小段，尾巴尖与两边几乎呈直角（图 9）。这种鸟叫什么？

这只鸟的影子非常大，一对翅膀巨大无比，翅膀的尖端就像张开的手指。它的头显得很小，尾巴也很短（图 10）。这种鸟叫什么？

森林报

秋

森林报

9 月 21 日到 10 月 20 日　　太阳进入天秤宫

No.7

候鸟辞乡月

（秋季第一月）

Forest Newspapers

第七期导读

太阳诗章——9 月

来自森林的第四封电报

林中逸闻

来自森林的第五封电报

城市要闻

来自森林的第六封电报

候鸟飞往越冬地

林间大战（续完）

农场纪事

农场新闻

基特的故事

狩猎

开禁了，猎野去

祖国各地无线电大串联！

打靶场：第七场竞赛

通告：“火眼金睛”大比拼

一年：太阳在12个月内谱写的乐章

9月——大地上草木枯黄，鸟兽哀号，一片萧条之色。天空里的云朵也因忧伤变得昏沉沉的，秋风向大地母亲低声诉说着什么。就这样，秋季的第一个月降临了。

跟春天一样，秋天也拥有一份属于它自己的工作时间表，不过，和春天不同的是，秋天的工作是从天空中开始的。秋天的树叶在枝头上由黄变红，再由红变褐。因为照射在它们身上的阳光不能满足它们的需要，所以它们开始枯萎了，很快，它们就丧失了原本属于它们的碧绿的色彩。在叶柄连接树叶的地方，出现了一个衰老的环状带。即便是没有一丝微风的日子里，树叶也会自然飘落：忽而这边飘下一片黄色的桦树叶子，忽而那边落下一片红色的白杨叶子，它们在空中轻轻地飞舞，悄悄地从地面滑过。

清晨，当你从睡梦中醒来的时候，第一次看见青草上铺了一层白霜，于是，你在日记中记下："秋天降临了！"从这一天开始，更准确地讲，是从这一夜起，秋天降临了。越来越多的树叶开始与大树母亲告别，从枝头飘落，直到最后，刮起了横扫残留秋叶的西风，把森林整套华丽漂亮的夏装完全脱下。

雨燕从我们的视野中消失了。家燕以及其他一些在我们这一带过夏的候鸟，都开始呼朋引伴，在漆黑的夜晚，悄悄地开始了它们遥远而又漫长的旅程。天空越来越空旷，河水也越来越凉，人们已经不愿意再下到河里去游泳了……

可是，突然之间，好像是为了纪念那个火热的夏季，天气又变得温暖晴朗起来。一根根细长的蛛丝在宁静的半空中轻轻地晃悠着，泛着银色的光芒……田野里出现了一抹抹清新可人的心率，迎着风，在阳光下闪耀。

"夏婆婆仿佛又回来了！"村里的人们兴奋地奔走相告，开开心心地观望着田地里一片片充满生机的秋播作物。

森林里的居民们开始为漫长的冬季做准备了。正在孕育中的小生命也都安全地躲藏了起来，把自己包裹得严严实实。大自然对这些生命的关怀和照顾，都即将告一段落，一直要等到来年的春天。

只有兔妈妈们还在不停地忙活，它们似乎不愿意承认夏天已经过去了，于是又生下了一窝兔宝宝！这一批小兔子被人们称为"落叶兔"。这个时候，一些细柄的可以吃的蘑菇也长出来了。夏季就这样结束了。

候鸟离家的日子到来了。

来自森林的第四封电报

那些身穿五颜六色的华丽衣服的鸣禽都消失了踪影，我们没有看见它们启程时的情况，因为它们都是在半夜的时候离开的。

许多鸟儿更愿意选择在夜里飞行，因为夜里比白天更安全。游隼、老鹰以及其他猛禽，早就从森林里飞了出来，正在半路上等着这些迁徙的鸟儿呢。在黑夜里，这些猛禽是不会去攻击它们的，候鸟却能认清飞往南方的路线。

野鸭、潜鸭、大雁和鹬这类水禽也开始在海上长途航线上出现了。它们飞累了就在春天曾落脚歇息过的地方休息。

森林里的树叶渐渐枯黄。兔妈妈又生下了六只小兔子。这是今年最后一窝儿了，所以人们管它们叫“落叶兔”。

在海湾内的淤泥岸上，每天夜里不知道是谁在上面留下了许多小十字形的印记。这些小十字和小点子，遍布整块淤泥岸。我们在海湾的岸上搭建了个小棚子，想偷偷看个究竟——是谁如此的淘气。

跟春天一样，这个时候，我们的记者们又从森林里给我们发来了一封封电报：每一刻都有新的消息，每一天都有大的事件。就像春天从南方返回一样，鸟群又开始大迁徙了，不同的是，这一回它们要从北往南飞。

秋天就这样拉开了帷幕！

离歌

白桦树上的叶子，已经凋零得所剩无几了。只剩下一个被主人丢弃了很久的小房子——椋鸟巢，在光秃秃的树枝上随风左右摇晃。

不知道什么原因，突然有两只椋鸟飞了过来。雌鸟一巢门口就钻了进去，紧张得忙活起来。雄鸟则停靠在枝头，不停地向四周环顾，然后唱起动听的歌来！歌声不是很大，好像是唱给自个儿听的。

雄鸟一曲唱毕，雌鸟就从鸟巢里钻了出来，然后迅速地向鸟群飞去。雄鸟也紧随其后，飞了过去。是该离开的时候了，不是今天，就是明天，它们就要踏上遥远的征程了。

它们是来和它们的家告别的。今年夏天，它们就是在这所小房子里孵出了幼鸟。

它们不会忘记这个安乐舒适的家，来年的春天它们还会回到这里居住。

选自少年自然科学爱好者的日记：

玻璃一样的早晨

9月15日

这天秋高气爽。我和平常一样，一清早就跑到花园里溜达。

我走到屋外，一仰头就看见了那高远纯净的天空。户外的空气使人感觉到丝丝凉意，银白色的蜘蛛网，像一块块乳白的绸纱，挂满了乔木、灌木和青草之间。在每一张晶莹剔透的蛛网上，都有一只纤细的蜘蛛。

在两棵小云杉的树枝之间，一只小蜘蛛结起了一张银白色的网。早晨的露水落在这张网上，把蛛网衬托得好像是玻璃做的似的，只要轻轻一碰，它仿佛就要叮当一声碎掉。小蜘蛛缩成一个团儿，纹丝不动，好像是僵硬了一样。苍蝇还没飞出来，它干脆就躺在那里睡觉。不过，也有可能它早就被冻僵了，冻死了吧？

我用小指头轻轻地碰了一下小蜘蛛。

小蜘蛛没有丝毫反应，就像是一粒黏在蛛网上的小石子一般滚落到地上。然而一落到草地上，它就立马张开爪子，爬到一边儿躲了起来。

好一个伪装高手！

我不知道它还会不会再次回到这张它曾经待过的网上？它还能找到这个它曾经的家吗？或者是它将放弃这儿的一切，另外在织一张新的蛛网？为了织一张新网，它得付出多少艰辛的劳动啊——来回奔走，转圈打结，这得耗费它多少心血和汗水啊！

晶莹剔透的露珠在纤细的小草尖儿上微微抖动，好像挂在细细的睫毛上的泪珠。它们闪烁着、跳跃着，释放出喜悦的光辉。

路边幸存的最后几朵小野菊，耷拉着它们暗黄色的花裙，等待着清晨的第一缕阳光来温暖它们。

清晨的空气有丝丝的凉意，但很纯净，就好像一大块儿透明而易碎的玻璃。无论是那些绚丽夺目的树叶，还是被清晨的露水和蛛网衬托成莹白色的小草，或是那条比夏天时显得更为湛蓝的小溪，它们都是如此的漂亮华丽，让人深深地陶醉其中。我看见的最丑陋的东西，莫过于那棵湿漉漉、显得破败不堪的蒲公英和一只毛茸茸的灰蛾了。蒲公英那白色的绒毛都粘在了一起，成了模糊的一团，而那只灰蛾的脑袋则不知道被哪只鸟琢烂了。想象一下在刚过去的夏天，蒲公英头上顶着千万把小伞，微风一吹，漂亮极了！而灰蛾呢，也曾经是毛茸茸的，脑袋既光滑又干净，那时候它们多么神气啊！

真是一些薄命的家伙，我从内心深处怜惜它们，于是便小心地拔下蒲公英，拾起灰蛾，把它们捧在手心儿里，让已经升到半空中的太阳晒着它们，温暖着它们。蒲公英和灰蛾浑身都是湿漉漉的，没有一丝儿热气，它们身上仅残存着最后一丝生机。它们终于慢慢地苏醒过来，恢复了一丝活力。蒲公英头上那些粘在一起的绒毛都干了，变成白色的小降落伞，一个个都轻盈地飞了起来；而灰蛾的翅膀也恢复了往日的活力，变回了毛茸茸的样子，泛着鲜亮的光泽。原本两个残缺不全、丑陋不堪的家伙重新恢复了昔日的风采。

森林附近，一只黑琴鸡在低声地咕噜着。我轻手轻脚地朝着灌木丛走了过去，想从灌木丛后面悄悄地走近它身边，看看它是如何在玩那些在春天里曾经玩过的游戏，看看它如何自言自语，啾啾地叫唤。

我刚刚走到灌木丛前，只听见黑琴鸡扑噜一声，挨着我的脚就飞了起来，它振翅的声音吓了我一跳。

原来，它就藏在我的脚边，我还以为它离我很远呢！

这个时候，一阵喇叭似的鹤鸣声从远处传来，原来是一群鹤从森林上方飞过。

它们正要离开我们……

■驻森林记者 维利卡

林中逸闻

水中之旅

路边的野草都失去了往日的活力，一个个无精打采地耷拉着脑袋。

以行走著称的秧鸡，已经开始了它漫长的旅途。

矶凫和潜鸭[1]现身于海上的长途航线上。平常很少见它们使用双翅飞行，它们经常潜到水里去捕鱼。它们就这么快乐地游啊游，游过了众多的湖泊和港湾。

它们不像野鸭那样笨拙，还得先在水面上抬起身子，然后再猛地扎到水里。它们的身子极为灵巧，只需稍微低头，再用船桨一样的脚蹼用力一蹬，就能钻进深水。矶凫和潜鸭在水里，跟鱼儿一样，自由自在、来去自如，没有哪一种猛禽能够在水底追得到它们。它们游泳的速度甚至能赶上水里的鱼儿。

但是，它们的飞行速度比起那些动作快如闪电的猛禽可就差远了。因此，它们犯不着冒着危险飞到空中去，只要是有水的地方，它们就可以利用游泳来进行长途旅行。

林中的决战

大约傍晚时分，森林里面传来了一阵阵短暂的、低沉的吼叫声。那是森林中的勇士——长着长长的犄角，身材高大威猛的公驼鹿走过来的信息。它们用低沉的怒号声向对手发出挑战，那发自胸腔的声音带着无比的怒意。

勇士们在森林的空旷地带相遇了。它们奋力地用蹄子刨着脚下的泥土，威风无比地用力摇晃着那令人生畏的沉重犄角。它们的双眼布满了血丝，低下长着大犄角的头，弓起身子，凶猛地朝对方扑过去。它们的

①潜鸭属鸭科，有15个品种。潜鸟也是水禽，但身体要大得多，长达1米，有红喉、黑喉、白嘴三个品种。

犄角时而发出噼里啪啦的撞击声，时而钩在一起。它们用巨大身躯发出的全部力量猛烈地撞击对手，想扭断对方的脖子，置对方于死地。

它们时而分开，时而冲锋陷阵，一会儿把身子弯到着地，一会儿又用后腿支撑起来，以便使犄角具有更大的杀伤力。

巨大的犄角迅猛地撞在一起，发出沉闷的咚咚声，传到很远的地方。人们往往称公驼鹿为犁角兽，因为它们的犄角又宽又大，就跟耕田的犁似的。

战败了的公驼鹿有两种命运，要么慌慌张张地逃离这块儿耻辱之地；要么受到大犄角致命的袭击后，被对手折断脖子，鲜血淋淋地倒在地下。获胜的一方绝不会善罢甘休，它会用锋利的蹄子践踏对手，直到对手死去为止。

这时，巨大而雄壮的吼声会再一次在森林里响起——这是犁角兽吹起的意味着胜利的号角。

森林深处，有一只没有犄角的母驼鹿正在静静地等候胜利者的凯旋。获胜的公驼鹿从此将成为这一地带的主人。它再也不允许其他驼鹿侵犯它的领地。甚至连刚出生的年轻的小驼鹿，它也会无情地把它赶出自己的领地。

公驼鹿那如同响雷般的嘶哑吼叫声再一次响起，传到森林里很远很远的地方。

候鸟启程

每天夜里，都会有一批长着翅膀的旅客整装出发。跟春天返回时急匆匆的样子大不相同，它们南下的时候都是不慌不忙，从容不迫地慢慢飞着，休息的时间很充足。就像一个即将离家的游子，可以看得出它们恋恋不舍、不愿离开的心情。

候鸟飞走时的次序与来年春天返回时正好相反：那些外表绚丽，羽毛色彩斑斓的鸟儿通常都是最先离开；而春天一到第一批飞回来的燕雀、百灵和鸥鸟往往是坚持到最后一刻才走。有很多鸟是年青的先走，而燕雀却是雌鸟先走。相比而言，那些体格强壮、吃苦耐劳的鸟儿，逗留的时间则会长久一些。

大多数鸟儿会直接取道南下：飞往法国、意大利和西班牙，或者是地中海和非洲。有些鸟儿则是向东飞行，经过乌拉尔和西伯利亚，前往印度。有的鸟儿甚至直接飞往美国。几千千米的漫漫旅途，在它们的眼皮下一掠而过。

等待帮手

乔木、灌木和野草，都在为妥善地安排后代的未来生活而忙碌着。

槭树枝上倒挂着一对对翅果。翅果已经裂开了，它们只是在等待那一阵阵吹起的秋风，让风儿把它们吹散，传播到远方。

草儿同样也在等待秋风：细长的茎干紧紧地挨着，干燥的头状花序里露出一朵朵松软的、真丝般的灰色绒毛；香蒲的茎，看起来长得似乎比沼泽地带的草还要高，它的顶端呈现出褐色，看起来就像是披上了一件褐色的外套；挂在山柳菊上的毛茸茸的小球，打算选择一个晴朗的好天气，让微风帮它脱去外套。

还有许多其他的草儿，可爱的小果子上都布满了或长或短，或普通或特别的像羽毛似的细毛。

那些生长在已经收割完庄稼的田地里和路旁以及沟边的植物，它们等待的不是秋风了，而是途经身边的四条腿的动物或者两条腿的人。在这些植物当中，有牛蒡，在它那个带刺的干燥的花盘里，布满了带有棱角的种子；有金盏花，它那黑色的三角形的果实经常会挂在路过的行人的袜子上；有猪殃殃，它浑身布满了钩刺，它那小小的球形果实特别喜欢牢牢地钩住行人的衣服，必须使用毛绒才能将它们擦干净。

秋季的蘑菇

森林里现在真是一片荒凉！空荡荡的，湿漉漉的，到处散发着腐烂的树叶的味道。唯一让人感到欣慰的，是一种蜜环菌，叫人看了之后不觉得高兴了几分。它们有的成堆地长在树墩上，有的蔓延在树干上，还有的零星散布在地上，好像一人独自在外散步一样。

看着它们让人觉得心情很愉快，采摘起来也让人觉得很痛快。即便是仅仅采摘菇帽，而且只挑最好的采，几分钟也可以采满一满蓝。

小蜜环菌长得确实好看：蘑菇帽在刚开始时还显得紧绷绷的，就像小孩子头上戴的无边儿小帽，脖子里还围着一条银白色的小围巾。过了几天，帽边儿就会开始向上翘起，原来的小圆帽现在就成为一顶小礼帽了；围巾也随之变成了一条领结。

蜜环菌的整个菇帽上都布满了烟丝般的细小鳞片。是什么颜色的呢？没有人能够准确地说出来，总之那是一种让人感觉很舒服的宁静的浅褐色。小蜜环菌菇帽下的褶儿呈现出银白色，而老蜜环菌则是淡淡的浅黄色。

不知道你是否留意过：当老菇帽把小菇帽包住的时候，

小菇帽上好像被扑了一层粉似的。你禁不住猜测："难道它们发霉了？"不过，你很快就会恍然大悟："原来这就是孢子啊！"是的，这就是老菇帽上撒下来的孢子。

如果你想吃蜜环菌，你就必须熟悉它们所有的特点。在生活中，经常会发生把毒蘑菇错当成蜜环菌的事情。有些毒蘑菇长得确实很像蜜环菌，它们也长在树墩上。不过，那些毒蘑菇的菇帽下没有领子，菇帽上也没有鳞片，毒蘑菇菇帽的颜色很艳丽，有黄色的，有粉红的，而菇帽下的褶儿则呈黄色或者浅绿色；毒蘑菇的孢子是乌黑色的。

■尼·朱·帕甫洛娃

来自森林的第五封电报

我们埋伏在那里，终于揭开了谜底，那些印在海湾泥岸上的十字形脚印和小点点原来是滨鹬留下的。

布满淤泥的小海湾是滨鹬的驿站，它们在这儿歇歇脚，休息休息，吃点儿东西。它们尽情地迈开自己的长腿，在柔软的淤泥上悠闲地踱着步子，留下一串串三趾岔开的脚印。它们把长长的嘴巴伸进淤泥，从里面拖出肥肥的小虫子当早饭，于是在它们嘴巴啄过的地方，就留下了一个个小圆点儿。

我们抓到一只鹳。整个夏天一直让它待在我们家的房顶上。我们在它脚上套了一个很轻的铝质金属环，环上刻有一行字：Moskwa，Ornitolog.Komitet A.NO.195（莫斯科，鸟类研究协会，A组第195号）。然后，我们就把这只鹳放飞了，让它戴着铝环飞向远方。要是有人能够在它过冬的地方抓住它，我们就可以从报上得知，我们放飞的这只鹳鸟冬天究竟住在什么地方。

森林里的树叶全部都变了颜色，开始一片一片地飘落下来。

■本报特约记者

城市要闻

“强盗”的袭击

列宁格勒的伊萨基耶夫斯基广场上，光天化日之下，在人们的眼皮底下，竟然发生了一出强盗式的袭击事件。

一群鸽子刚从广场上飞起来。这时，突然一只大隼从伊萨基耶夫斯基大教堂的圆顶上俯冲下来，迅猛地扑向鸽群中最靠边儿的一只鸽子。刹那间，一堆凌乱的羽毛从空中飘然而下。

在行人的注视下，受到巨大惊吓的鸽群四散到附近的一幢大房子的屋檐下躲了起来。大隼用爪子紧紧地抓住那只被啄死的鸽子，吃力地朝教堂圆顶飞去。

我们城市的上空，是大隼迁徙时的必经之地。这些凶猛的“强盗”，喜欢在教堂那圆圆的屋顶上或高大的钟楼上落脚，因为在这些位置方便它们侦察猎物。

午夜惊魂

居住在郊区的人们，几乎每夜都会听见骚扰声。

一到了晚上，人们就会听见院子里闹哄哄的。他们从床上爬起来，打开窗户把头伸出窗外，想看看究竟发生了什么事情。

在楼下的院子里，家禽们都在扑腾着翅膀，鹅在不停地叫，鸭子在嘎嘎地吵，声音此起彼伏。难道是黄鼠狼来咬它们了吗？要不就是狐狸钻进院子里了？

可是，在石头砌成的围墙里，在铁门紧锁的院子里，哪会有黄鼠狼和狐狸呢？主人在院子里仔细地巡查了一遍，又彻底地检查了一遍家禽栏。什么也没有，一切都很正常。谁也不可能偷偷地闯进这有着坚固门锁和门闩的院子。也许刚才家禽们做了一场噩梦吧！你看，它们现在不是已经安静下来了吗？

主人回到房间，安心地躺下了。

可是，仅仅过了一个小时，家禽们又开始嘎嘎地吵叫起来，乱作一团，惊恐万分的样子。这到

底是怎么回事啊？又出了什么乱子？

你悄悄地打开窗户，躲在一旁屏气凝神地静听！外面的夜空黑乎乎的一片，只有星星闪着微弱的金光。秋天的夜，寂静无声。

可是，过了一小会儿，似乎有一道黑色的影子从院子的上方一闪而过，接着，一道又一道，都快把天上金色的星星给遮住了。还不时地传来一阵阵轻微的、断断续续的啸叫声。辽阔的夜空里，回荡着这种不甚清晰的声音。

家鹅和家鸭似乎猛然间醒悟过来。这些早已经忘却了自由的动物，此刻却开始莫名地冲动，它们使劲地扇动着翅膀，踮起脚，伸长脖子，发出一声声悲哀而凄凉的叫声。

它们那些自由自在、无拘无束的生活在野外的姐妹们，在黑暗的夜空中回应着它们。一群又一群长着翅膀的旅行者，正在从石头围墙和铁门顶上飞过。野鸭扇动翅膀发出“噗噗”的声音，大雁[①]和雪雁的呼叫声也此起彼伏：

“嘎、嘎、嘎，咱们一起走吧，这里冬天太冷了，又没有食物，走吧，走吧！”

候鸟们清脆的“咯咯”声消失在黑暗的夜空里；而那些早已经忘记如何飞行的家鸭和家鹅，在石头砌成的院子里方寸大乱。

山鼠

在挑选马铃薯的时候，我们突然听见有东西从牲畜栏的地下沙沙地向外钻。一只狗闻讯而来，在附近蹲下，开始用鼻子进行搜查。那小东西还在沙沙地往外钻动。狗开始刨起地来，一边刨，一边“汪汪”地叫，因为那小东西正朝着狗所在的方向钻来。狗刨了一个小坑，可以看见那小东西的头顶了。狗接着把坑越刨越大，直到把那小东西拖出来。那小东西还想咬狗呢，结果被狗甩了出去，然后冲着它大声地叫了起来。那小东西跟小猫大小差不多，灰蓝色的毛中夹杂着黄、黑、白三色。人们把这种小动物称为山鼠。

忘记了采蘑菇

9 月的一天，我和几个小伙伴一起去森林里采蘑菇。一进森林，我们就吓跑了 4 只榛鸡，它们长着灰色的羽毛，脖子短短的。

接着，我看见了一条死蛇。它挂在树墩上，已经风干了。树墩上的一个小洞里，好像有什么东西在发出“咝咝”的声音，我想，这一定是个蛇洞，就急匆匆地逃离了这个恐怖的地方。

后来，在走近沼泽的时候，我看见了一种从未见过的动物：七只像绵羊似的鹤在沼泽地上翩翩起舞。以前我只是在学校的图画书上见过鹤的模样。

①大雁，有多个品种。俄罗斯家养的鹅，大部分是由灰雁驯养培育出来的，中国的家鹅则由鸿雁驯养培育而成。

来自森林的第六封电报

寒冷的早霜袭来。

有些灌木的叶子好像是被刀削过一般，像雨点一样纷纷飘落。

蝴蝶、苍蝇、甲虫都躲进了自己安乐的小窝。

候鸟中的鸣禽急匆匆地飞过一片片树林，它们已经感觉到了饥饿。

只有鸫鸟不必担心没有食物吃。它们成群结队地飞向那一片挂满了熟透山梨的果林。

寒冷的秋风在光秃秃的树林里游荡。树木都在酣睡之中，森林里再也听不见鸟儿那欢快的歌声了。

■本报特约记者

同伴们的篮子里都已经装满了蘑菇，可我却一直好奇地在林子里跑来跑去，林中到处都有小鸟在悠闲地飞着，唱着婉转动听的歌儿。

我们回家的时候，一只浑身灰色的小兔从我们面前跑过，然而它的脖子却是白色的，后腿也是白色的。

临近那棵有蛇洞的树墩时，我选择了绕道而行。我们还看见了一群大雁：它们正从村庄的上空飞过，大声地咯咯叫着。

■驻森林记者 别兹苗内依

喜鹊

春天的时候，村里面几个顽皮的孩子在外面捣毁了一个喜鹊窝，我从他们手中买下了一只小喜鹊。仅仅一天的时间，它就被我驯服了。第二天，它已经敢落在我手上吃东西和喝水了。我给这只喜鹊取了一个名字叫“魔法师”。后来它熟悉了这个称呼，我一叫，它就会回应。

小喜鹊羽翼丰满之后，总喜欢飞到门上面去，站在那儿。在门对面的厨房里，摆放着一张带抽屉的桌子，抽屉里面总有一些好吃的东西。有时候，我们刚刚拉开抽屉，小喜鹊就从门上一飞而下，钻到抽屉里面去，急急忙忙地抢着去啄那里面的东西。当我们把它从抽屉里拖出来的时候，它还叽叽喳喳地抗议着不肯出来。

我去打水的时候，只要冲着它叫一声：

“魔法师，跟我走！”

它就会立马飞到我的肩头，一路陪伴着我。

吃早餐的时候，喜鹊总是最积极的：不是抓糖，就是抓面包，有时甚至会把它的小爪子伸进滚烫的牛奶里。

最让人感到可笑的，是我到菜园里给胡萝

卜除草的时候。

“魔法师”先站在那儿观察了我一番，过了一会儿，它就学着我的样子把一根根绿茎拔起，放到一堆，它竟然在帮我除草呢！

只不过它好像弄不清到底该拔什么，总是把杂草和胡萝卜苗一起拔出来，这真是一个淘气的小帮手啊！

■驻森林记者 维拉·米海耶娃

寻找栖身之地

天气越来越寒冷。

美丽的夏天已经走远了……

血液冻得都快要凝结住了，浑身乏力，懒得动弹，总想打瞌睡。

拖着长尾巴的蝾螈，在池塘里住了一个夏天，一次也没出来过。现在它却上了岸，慢悠悠地爬进树林里。它找到一个腐烂的树墩，然后往树皮底下一钻，缩成一团。

青蛙恰恰相反：它们从陆地上跳回到池塘，然后潜入水底，钻进了厚厚的淤泥里。蛇和蜥蜴都躲到了树根底下，身子蜷缩在厚厚的暖和的青苔里。鱼儿在溪水的深处或者水底的深坑里，紧紧地依偎在一起。

蝴蝶、苍蝇、蚊虫和甲虫，全部都钻进树皮和墙缝的空隙中躲起来了。蚂蚁也开始行动起来——堵住了蚁城里面所有的出入口。它们爬进了蚁城的最深处，密密地挤作一团，彼此紧紧地依靠在一起，静静地进入了梦乡。

忍饥挨饿的时候还是来到了！

属于热血动物的飞禽走兽们倒是不怎么觉得冷，只是需要有食物为它们提供能量：每当它们吃下东西，就好像在身体里生起了火炉一样暖和。然而，饥饿总是会随着寒冷一道降临。

因为苍蝇、蝴蝶、蚊虫都躲起来了，蝙蝠就没有什么东西可吃了，只好无可奈何地睡觉去了——它们藏在树洞、石穴、岩缝以及阁楼的屋顶下面，用后脚抓住一些牢固的东西，然后头朝下倒挂起来，用巨大的翅膀紧紧地裹住自己的身体，好像披了一件黑色的风衣——它们就这样睡着了。

青蛙、癞蛤蟆、蜥蜴、蛇，以及蜗牛，全部都藏了起来。刺猬躲进了树根下温暖的草窝里。就连獾也很少出来活动了。

候鸟飞往越冬地

空中俯瞰秋景

要是能够从辽阔的天空中俯瞰我们这无边无际的祖国，那该多么美妙啊！秋天，乘坐着热气球徐徐上升到空中，升得比巍然屹立的森林还要高，升得比飘浮的白云还要高——离地面大概 30 千米吧！即便

是这样的高度，依然无法看清楚我们辽阔国土的清晰轮廓。当然了，如果天气晴朗，没有云层的遮蔽，视野还是相当开阔的。

从空中俯瞰，会让人产生一种错觉，好像我们的整片大地都在移动，实际上是有什么东西在森林、草原、山丘和海洋上面移动……

原来是鸟儿，成群结队的鸟儿。

家乡的鸟儿，正在飞离故土，飞到一个遥远而又温暖的地方去过冬。

当然，也有一部分鸟儿选择了留下——麻雀、鸽子、寒鸦、灰雀、黄雀、山雀、啄木鸟，还有许多其他小鸟儿，都不飞走。除了鹌鹑以外的其他野雉，还有老鹰和大猫头鹰也选择了留下。但即便是这些猛禽，在冬日里也没有什么可干的，毕竟大多数鸟儿都离开了这里。候鸟的迁徙从夏末就拉开了序幕，春天最后飞回的那一批鸟儿总是最先离开。这样的飞离将会持续整整一个秋天，直到河水封冻为止。最后飞离的，是春天里最先返回的那一批：秃鼻乌鸦、云雀、椋鸟、野鸭以及鸥等。

什么种类的鸟儿往什么地方飞

你们一直认为所有迁徙的鸟儿都是从北往南飞，是吧？其实才不是这样呢！

不同种类的鸟儿，会选择在不同的时间飞走，而且大多数鸟儿会选择在夜里飞行，因为这样比较安全。并不是所有的鸟儿都是从北方飞到南方去过冬的。有些鸟，秋天的时候会从东方飞到西方去；而另外一些却恰恰相反，它们会从西方飞往东方。我们这儿还有一些鸟，竟然会一直飞到遥远的北方去过冬！

我们的特约记者们，有的给我们发来了无线电报，有的直接通过无线广播传回消息：什么样的鸟儿飞往什么样的地方，这些长着翅膀的旅行家们在路上的身体状况如何。

从西往东飞

“喊，夷！喊，夷！”红色的朱雀正在谈论着什么。一到8月份，它们就从波罗的海的海边、从列宁格勒地区和诺夫戈拉德地区开始了它们的旅行。它们悠闲自在地飞着：到处都是充足的食物，足够它们吃的，急什么呢？又不像是春天，需要急着赶回故乡去筑巢和养育后代！

我们能够亲眼看到它们飞过乌拉尔河，飞过乌拉尔那不高的山脉。现在，它们已经到了西伯利亚西部的巴拉巴草原。它们不停地向东飞去，朝着太阳升起的地方飞去。它们途经一片又一片的森林——巴拉巴草原上的桦树林比比皆是。

它们尽量选择在夜间飞行，利用白天的时间休息和进食。它们成群结队，群里的每一只小鸟都在留意四周的情况，生怕遭到不测。然而，不幸的事情还是会发生——一不小心，总有一两只会被老鹰捉去。在西伯利亚，雀鹰、燕隼、灰背隼这类猛禽到处都是。它们飞起来特别快，速度惊人！当小鸟越过整片丛林的时候，不知道有多少要被猛禽捉走！夜里则相对安全得多——相对于那些猛禽，猫头鹰的数量则要少很多。

朱雀在西伯利亚改变了航向——它们要穿越阿尔泰山和蒙古沙漠，飞到炎热的印度去过冬。在这段充满艰辛和危险的旅途中，不知道还要有多少可怜的小家伙要丢掉性命呢！

铝环 Φ-197357 号的简史

我们这儿的一位俄罗斯青年科学家，在一只腰身纤细的北极燕鸥的脚上套上了一个轻巧的金属圆环。环上的编号为 Φ-197357。这件事发生在北极圈外白海边的干达拉克沙禁猎区，时间是 1955 年 7 月 5 日。

这一年的 7 月底，幼鸟刚刚开始学会飞行，北极燕鸥就开始了它们的冬季之旅。起初，它们往北飞，飞到白海海域；接着，它们转头向西，沿着科拉半岛北岸飞行；之后，又折而向南，沿着挪威、英国、葡萄牙和整个非洲的海岸线飞行。它们绕过好望角，向东朝着印度洋飞去。

1956 年 5 月 16 日，在澳大利亚西岸的弗里曼特尔港口附近，一位澳大利亚科学家抓住了这只脚戴 Φ-197357 号金属环的北极燕鸥。从干达拉克沙到福利曼特尔，直线距离是 24000 千米。

从东往西飞

每年的夏季，在奥涅加湖上，都会出生一批乌云般黑压压的野鸭和白云般的海鸥。等到秋天来临时，这一片片乌云和白云就要向西，朝日落的方向飞去。一群针尾鸭和一群鸥向着越冬的地方出发了。让我们乘飞机尾随其后吧！

你们听见一阵刺耳的呼啸声了吗？紧接着，是翅膀的拍打声，野鸭惶恐不安地嘎嘎声和鸥的阵阵嘶叫声……

这些针尾鸭和鸥，原本打算在丛林中的湖泊里休息一会儿，谁知却碰到了一只迁徙的游隼。仿佛牧人的长鞭带着啸声划破空气似的，游隼在鸭群的上方流星般地滑过。它那最后一个脚趾上的爪子，锋利地如同一柄小弯刀，它伸出利爪，冲向了鸭群。一只野鸭顿时惨遭重创，长长的脖子像鞭子似的垂了下来。还没等它掉入湖中，那快如闪电的游隼，蓦地一个转身，抓住了野鸭，用那硬如钢铁般的喙朝它的后脑使劲啄去，可怜的鸭子就这样毙命了。

这只游隼就像一个幽灵一样，紧跟着鸭群。它从奥涅加湖和野鸭们一同启程，和它们一起飞过列宁格勒、芬兰湾、拉脱维亚……它吃饱的时候，就蹲在岩石上或树枝上，漠不关心地看着鸥在湖面展翅飞翔，看着野鸭在水里嬉戏，看着它们从水面上集合出发，成群结队，继续向西，朝着慢慢沉入波罗的海灰色海水中的夕阳前进。但是，只要游隼感觉到了饥饿，它就会立刻追上野鸭群，抓一只野鸭来填饱肚子。

它就这样跟着野鸭群，沿着波罗的海海岸、北海海岸飞行，一直飞到了不列颠群岛。到了那儿，这只长着翅膀的恶狼才会放弃纠缠鸭群。我们的野鸭和鸥要留在这儿过冬了。要是游隼有兴趣的话，它可以跟随别的鸭群继续向南飞，飞向法国、意大利，然后越过地中海，前往炎热的非洲。

向北，越过长夜漫漫的地区

给我们提供填充冬衣的轻暖鸭绒的多毛绒鸭，在白海的干达拉克沙禁猎区，顺利地孵出了它们的幼鸟。那个禁猎区已经开展了多年的保护绒鸭的活动。为了弄清楚绒鸭从白海前往什么地方，有多少只绒鸭返回了禁猎区，回到自己的老家，也为了搞清楚这种神奇的鸟儿的其他生活细节，大学生和科学家们把那种带着编码的轻质金属环套在了绒鸭的脚上。

现在，我们已经知道了，绒鸭从禁猎区出发，几乎是一路北上，飞往长夜漫漫的北方，飞向北冰洋——那里有格陵兰海豹，还有拖着长音大声叹息的白鲸。

白海很快就会被厚厚的冰层覆盖，绒鸭留在这儿将无食可觅。而在北方，水面一年四季都不结冰，海豹和巨大的白鲸可以很轻松地抓到鱼儿吃。

绒鸭从岩石和水草上啄食——它们专吃黏附在上面的软体小动物。这些北方的鸟儿，只要能填饱肚子就满足了。尽管寒气逼人，尽管身处无边的汪洋和无尽的黑暗之中，它们也一点儿都不害怕。它们的鸭绒冬衣密不透风，是世界上最保暖的“衣服”。何况空中不时还会出现绚丽的北极光，还有巨大的月亮和闪亮的星星。那儿的太阳有时一连几个月都不露面，可这有什么关系呢？反正野鸭们觉得挺舒服，它们享受着这种吃饱喝足、悠闲自在的日子。

候鸟迁徙之谜

有的鸟儿向南飞，有的鸟儿向北飞，有的鸟儿向西飞，有的鸟儿向东飞，这究竟是什么原因呢？

为什么许多鸟儿要等到结冰、下雪，没有东西可吃的时候才开始迁徙；而有的鸟儿，比如说雨燕，每年都在一个固定的日子启程，即便它周围的食物很充足？

而更关键的问题是：它们怎么知道，秋天应该往哪儿飞，过冬的场所在什么地方，沿着什么样的路线前往目的地呢？

这事的确让人琢磨不透。比方说，一只小鸟在莫斯科或者列宁格勒附近破壳而出，它却知道要飞到南非或者印度去过冬。我们这儿有一种速度特快的小游隼，它能从西伯利亚一直飞到遥远的澳大利亚去。在澳大利亚住一段时间，然后又回到西伯利亚，在我们这儿度过春天。

林间大战

（续完）

我们《森林报》的记者们在林间发现了这么一块儿地方，在那儿，不同树木间的大战已经结束了。

而那个地方，就是我们的记者在旅行最开始时去过的云杉王国。

以下是他们了解到的关于这场残酷战争的相关情况。

大批的云杉在和白桦、白杨的激烈战斗中死去，不过最终的胜利者依然是云杉。

云杉要比白桦和白杨年轻，并且它的寿命也要比敌人长。白桦和白杨年老体衰，已经不可能再像它们的敌人那样迅速地生长了。云杉长得高过了它们，用它那毛茸茸的大手掌紧紧地遮盖住敌人，于是喜爱阳光的阔叶树逐渐开始枯萎。

云杉却不停地长高、长大，它们下面的树荫也越来越浓，绿色帐篷里也越来越暗。在那帐篷里，贪婪的苔藓、地衣、蠹虫、蠹蛾之类的东西正在等待着战败者，弥漫着浓郁的死亡气息。

时光一年一年地流逝。

距离当初那片阴森恐怖的云杉林被砍光已经有100多年了，争夺那块采伐迹地的战斗也持续了100年。如今，在原来的地方又耸立起一片阴森森的云杉林。

云杉林里，既没有鸟儿欢乐的歌声，也没有其他的小动物在里面安家落户。即便是偶然长出的绿色小植物，没过多久也会相继枯死在这阴森森的树林里。

冬天到来了。每年冬天，林木们都会休战

一段时间。它们要入睡了，有时甚至比洞里的狗熊睡得还要沉，就像死去了一样。它们身体里的汁液停止了流动，它们不吃不喝，也不再生长，仅仅发出低沉的呼吸声。

侧耳倾听，一片寂静。

放眼望去，这是一个尸横遍野的战场。

我们的记者们采访得知：今年冬天，按照木材采伐计划，这片阴沉的云杉林将会被砍掉。

明年，这里将会变成一片新的“荒漠”——采伐迹地。不同树木的战斗又将在这里重新上演。

但是这一次，我们不会再让云杉获胜了。我们将会干预这场持续不断的战争，把这里以前没有过的新的树种，移植到采伐迹地上来。我们还会时刻关注它们的生长，有必要的话，我们将会在树顶上砍出几扇“天窗”，让明媚的阳光照射进来。

那个时候，我们就一年四季都能在这儿聆听鸟儿那欢快的歌声了。

和平树

最近，我们学校的全体同学向莫斯科拉缅斯基区的低年级同学发出号召，倡导大家在植树周中每人种植一棵象征和平的树，并坚持把它们培养长大。小朋友们在学习、在成长，它们的和平树将会和他们一起成长。

■莫斯科 朱可夫斯基第四中学全体学生

农场纪事

庄稼已经收割完毕，田野里空荡荡的一片。农场里的人们和市民都已经吃上了新粮做的馅饼和面包。

田边的宽谷和斜坡上，铺满了亚麻。经受过风吹、日晒和雨淋，现在是该把它们收起来的时候了。把它们搬到打谷场，使劲地揉搓，就能把麻剥下来。

孩子们开学已经一个月了，所以田地里看不见他们的身影。场员们已经快挖完了马铃薯，他们打算把这些丰收的果实运到车站去，或者直接在干燥的沙丘上挖个坑，把它们储藏起来。

菜园也变得空荡荡的。人们用车子从菜垄上拉走了最后一批卷得严严实实的包心菜。

田野里，那些秋天才种下的庄稼已经长出了绿油油的叶子。这是人们为国家准备的新收成。田野里到处都是灰山鹑，它们已经不是一家家分散开来，而是一群群聚在一起，每群都有 100 多只呢！

猎捕灰山鹑的季节将要结束了。

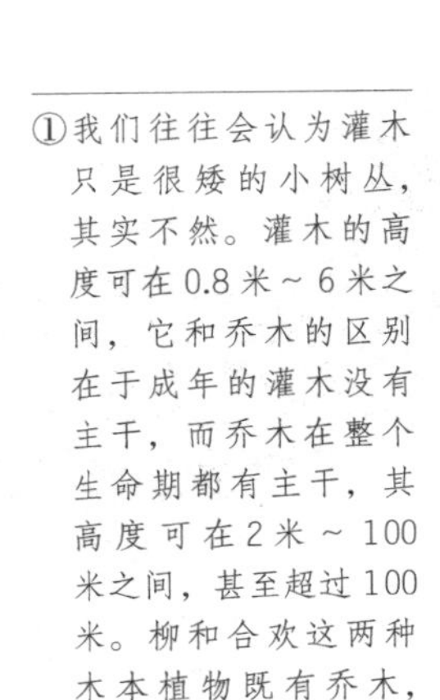

沟壑的征服者

在我们的田野里出现了一些沟壑，并且它们在不断地扩大。农场的田地都快被它们侵吞掉了。场员们为此很着急，我们这些少先队员也跟着大人们急了起来。有一次开队会，我们专门讨论了如何更好地治理沟壑，阻止沟壑继续扩大这个问题。我们一致认为，必须种些树把沟壑围起来。让往地下伸展的树根牢牢地抓住土壤，这样沟壑的边缘和斜坡就会稳固下来。队会是在春天开的，现在已经是秋天了。我们专门开辟了一块苗圃地，培育起了大批的树苗——白杨、藤蔓灌木①以及槐树，加在一起有 1000 多棵。现在我们已经开始移栽这些树苗了。

要不了几年，这些乔木和灌木就能稳固住沟壑和斜坡，沟壑最终必将被我们征服。

■少先队大队委员会主席 科里亚·阿加丰诺夫

采集树种

9 月里，很多乔木和灌木都结出了种子和果实。这一时期最要紧的事就是尽可能多地采集种子，把它们种在苗圃里，长大以后用来绿化河岸和池塘。

大多数乔木和灌木的种子，最好在它们完全成熟以前或者刚刚成熟这一很短的时间里采摘完。特别是尖叶槭树、橡树和西伯利亚落叶

①我们往往会认为灌木只是很矮的小树丛，其实不然。灌木的高度可在 0.8 米～6 米之间，它和乔木的区别在于成年的灌木没有主干，而乔木在整个生命期都有主干，其高度可在 2 米～100 米之间，甚至超过 100 米。柳和合欢这两种木本植物既有乔木，又有灌木。

松的种子，采摘更是一刻也不能耽搁。

9月份可以开始采摘的树种有：苹果树、野梨树、西伯利亚苹果树、红接骨木、皂荚树、雪球花树、马栗树和欧洲板栗树、榛树、夹叶胡秃子树、沙棘树、丁香、乌荆子树和野蔷薇。另外，克里米亚和高加索地区常见的山茱萸种子也可以采集了。

我们的想法

现在，全国各地的人们都掀起了轰轰烈烈的造林运动。

春日里，我们庆祝“植树节”，这一天成了名副其实的造林日。我们在农场池塘的周围栽上了树苗，以防止太阳晒干池塘；我们在高高的河岸边栽上了树苗，以巩固那陡峭的河岸；我们还把学校的运动场也绿化了。这些树苗都成活了，仅仅一个夏天就长高了许多。

现在，我们有了一个新想法。

每到冬天，大雪就会掩埋田里所有的道路。人们不得不砍下大片的云杉林，用它们做成护栏，以避免道路被雪覆盖；有些地方还得树立路标，以免人们在风雪中迷路，掉进雪坑里。

我们想，与其每年都要砍掉那么多云杉，还不如一劳永逸地解决掉这个问题——在道路两旁栽上小云杉。这样一来，小云杉长成之后既可以保护道路不被大雪掩埋，又可以当作路标呢！

我们立刻行动起来。在林子里，我们挖了很多小云杉，然后用筐子把它们运到道路两旁，栽种下来。我们细心地照看它们，时不时地给它们浇水，这些小树苗在新的家园里快乐地成长！

■驻森林记者 瓦涅·扎尼亚京

农场新闻

挑选母鸡

昨天，在农场的养禽场里，人们开始挑选母鸡。饲养员用一块木板把母鸡们小心地赶到一个角落，然后一只只抓了起来，交给专家进行鉴别。

看，专家手里正抓着一只长嘴、细长身材的母鸡，它小小的鸡冠颜色暗淡，眼神中流露出一副无精打采的样子，显得傻乎乎的，仿佛是在询问：“干吗要打扰我呀？”

专家把它放了回去，说道：“这不是我们想要的母鸡。”

他们又接过一只短嘴大眼睛的小母鸡。它的脑袋特别宽，鲜艳的鸡冠歪在一边，两只眼睛炯炯有神。母鸡一边拼命地挣扎，一边大声乱叫：“讨厌，赶快放开我，你自己不挖蚯蚓吃，难道还不让别人挖吗？”

“这只不错！”专家说，“是一只能产蛋的鸡。”

原来只有活泼乐观、精力充沛的鸡，才能下更多的蛋。

乔迁新居

春天，鲤鱼妈妈在一个小池塘里产下许多卵，这批卵孵出了70多万条小鱼苗。这个池塘里没有其他的鱼，就住着这么一家：70多万个兄弟姐妹。可是过了十多天，它们就开始觉得拥挤了，于是它们搬到了夏季的大池塘里去住。鱼苗们在池塘里快乐地成长，秋天来临以前，人们开始称呼它们为鲤鱼了。

现在，小鲤鱼们再一次准备搬家了——它们要到冬季的池塘去住。过完这个冬天，它们就一周岁了。

星期日

星期天，小学生们来到朝霞农场，帮助场员采收甜菜、冬油菜、芜菁、胡萝卜和香芹菜。孩子们发现，芜菁的块根竟然比脑袋瓜最大的瓦吉克的头还要大。然而，最让他们惊奇的，还是作饲料用的胡萝卜。

坎娜把一个胡萝卜竖在自己的脚旁，发现它竟然跟自己的膝盖一般高！胡萝卜的上半截，有一个巴掌那么宽。

“在古代，人们一定会用这种根去打仗，”坎娜说，“用芜菁代替手榴弹，投过去准能砸晕敌人；肉搏战的话——嘭，就用这种大胡萝卜敲敌人的脑袋！”

“古时候，人们根本就培育不出这么硕大的根！”瓦吉克反驳道。

把小偷关起来

“把小偷关在瓶子里。”农场的养蜂员说。

那天，天气十分寒冷，蜜蜂都待在蜂房里。一群强盗——黄蜂们正在等待时机。它们溜到养蜂场，想偷蜂房里的蜂蜜。可是，还没等到它们接近蜂房，就闻到了香甜的蜂蜜味。原来养蜂场上摆放着不少装着蜂蜜水的瓶子。这时，黄蜂们改变了主意，不在去蜂房里偷窃了。也许它们觉得去吃瓶子里的蜂蜜比偷窃要文明一些，而且没有什么风险吧。

它们刚钻进瓶子里，就发觉中了圈套，掉在瓶中的蜂蜜水里一命呜呼了。

■尼·朱·帕甫洛娃

基特的故事

在篝火边

我曾跟着老人们一起去森林里和湖边打猎。

趁着夕阳的余晖，我们乒乒乓乓地开了一阵枪，幸运的是打到了几只野禽。于是我们燃起了一堆篝火，大口大口地喝起野鸭汤来。我们坐在篝火旁，一边喝着茶一边欣赏着缭绕的烟雾，感觉惬意极了！

形形色色的狩猎故事自然而然地讲开了：总得用一个法子来消磨夜晚寂寞的时光吧。第二天天一亮就又得跟着老人们去打猎了。

叶夫赛伊爷爷率先打开了话匣子，讲起了自己的故事：

“你们这儿都是些稀松平常的鸟兽，没有我们克里米亚那边常见的那些动物。我曾经在克里米亚当过兵，不敢说在那儿多长见识，但那儿的鸟却真是太神奇了！”

“开始了！”我心里暗暗想。我宁可不吃饭，也要听他们口中的狩猎趣闻。这类故事太精彩了！有人会说：“这都是一些瞎编乱造的东西。”我却不这么认为，猎人在打猎时怀着一种激动的心情，所以浮现在他眼前的景象在他看来自然和别人不一样。当然，猎人在讲故事的时候难免会添油加醋，夸大事实。但他们的故事里常常隐藏着令人惊异的、罕见的真情实事。就算是故事吧，其中也常常会有某些真实的成分，为何要充耳不闻呢？

于是我就发问了：“叶夫赛伊爷爷，你在克里米亚见过很多罕见的鸟儿吗？”

“是的，见过很多稀奇古怪的鸟儿。比如说，其中有一种叫野鸭——虽然叫作鸭，但它的个头却有大雁那么大，异常凶猛。要是在草原上看见狐狸，它就会立刻抓住它的后脖颈，使劲往地上摁，然后把它吃掉。找到狐狸的洞穴后，野鸭就会搬进去住，在那里面产卵，抚育后代。”

“那它究竟长什么样啊？”我很好奇。

伊万爷爷抚摸着长胡须，冷笑道：“尽是胡说八道，谁信啊！”

“我说过，它的个头跟大雁差不多。嘴巴是红色的，像公鸭一样，头上还顶着花斑。等它吃完，地上就只剩下一根狐狸尾巴和一堆狐狸毛了——我亲眼看见的！”

伊万爷爷说：“我们这儿可没有这种凶悍的鸟儿。但是，有一种鸟也很神奇！有个名叫维嘉的城里小男孩，向那只鸟儿开了一枪——他没注意到霰弹从枪筒里漏出来了，然而让人吃惊的是小鸟还是从云杉树枝上掉落下来了。我亲眼看见的！那只鸟儿个头很小，跟蜻蜓差不多，没想到却是那么弱不禁风。尽管枪里并没有子弹，可怜的小家伙还是被枪声给吓晕了。维嘉捉住了它，把它带回了家——他们一家人住在我们那儿的小别墅里。维嘉把小鸟仰躺着放在桌上，它的小腿一动不动，你看，它被吓成什么样子了！好半天它才苏醒过来，然后一骨碌翻了个身，就往窗台上飞，仿佛什么事也没发生过似的！它在小男孩家的鸟笼里住了整整一个月。那小鸟通体呈灰色，可脑门儿却红得像一团火！”

“有什么大惊小怪的！”听完伊万爷爷的讲述，叶夫赛伊爷爷嘟哝道，“不过是一只吓晕了的小鸟嘛！它的心脏大概比一颗豌豆还小吧？要是能够把森林的主人——黑熊给吓晕，那还差不多！”

伊万爷爷哼了一声，不接话了。叶夫赛伊爷爷继续说道：

“我当兵的时候，曾发生过这么一件事。有一天，正在森林里狩猎的耶罗什金少校看见一只从山上走下来的熊。那只熊正在忙活着把石头推开，寻找隐藏在石头下面的小动物填肚皮。少校用双筒猎枪朝熊开了一枪——他居然忘了他枪里装的是小霰弹，少校原本是要打花尾榛鸡的。”

“熊就在山下，离得非常近。即便这一枪击中了它，霰弹也伤不了它的皮，只会被缠在毛发里。”

“可是少校刚对它开了一枪，就听熊大吼一声，从陡坡上翻了个筋斗，一头钻进了旁边的树林里，从林里传来树枝折断的咔嚓声。我们和少校相视大笑。最后决定去看一眼，熊到底留下了什么足迹……”

“坦白地说，熊的足迹没什么好看的：它被吓得屁滚尿流。这倒还没什么，我们走近一看才真的吃了一惊：熊躺在灌木丛中，直挺挺的，像一段木头——它被吓死了……瞧这一枪打的！”

大家谈论着这事。接着老人们开始回忆各自神奇的枪法。

伊万爷爷说，有一次他在林边瞄准了灌木丛中的一只白鸟，枪声响后，他便走上前去，一看树丛里竟然有七只已死的白山鹑，只等着他去捡了。瞧，一枪射中七鸟！

伊万爷爷又谈起在一次打猎返回途中的经历。一只健壮的苍鹰在他面前起飞，伊万爷爷瞄准它的背扣响了扳机——他总是竭尽所能地去射杀苍鹰这类家禽的天敌。

老鹰掉了下来，在地上扑棱着翅膀。伊凡爷爷走到它跟前，看到它身子下面有一只被摘了脑袋的花母鸡。他把猎物带回村子里，一位老太太对他说：“这是我家的母鸡，刚被那强盗抓走。你真有本事，一举两得。你把盗贼消灭了，全村人都会感谢你呢，明天我炖鸡汤给你喝。”

叶夫赛伊也不甘落后，又说起了

耶罗什金少校的奇遇。

“说实话，少校的枪法可真不怎么样，就像人们常说的：朝乌鸦开枪却打在了牛的身上。但是，打猎时各人有各人的运气，而少校的运气真是没得说。”

“少校在高加索曾遇到过这么一件事。有一次，他带着猎犬去狩猎。猎犬跑到一堆草丛旁突然停了下来，缩起了一条腿，这说明它发现猎物了。少校走近它，命令它走开。它刚一迈步，一只野鸡就从它脚下扑棱着翅膀飞了起来。砰！少校赶紧开枪。野鸡毫发无损地飞走了，可草丛中却有什么东西在扑腾号叫。少校走近一看，发现一只大猫躺在地上，浑身颤抖，不停挣扎。原来草丛中还有一群野猫，它们体形健壮，有家猫两个大。你看——少校这枪法，没伤着野鸡，却打了只野猫。幸亏他打中的不是猎犬。”

说起了猎犬，大家又有了兴趣。

伊万爷爷说起了自己的那条猎犬，尽管年龄越来越大，眼神也越来越不好使，可它的嗅觉越来越灵敏，比以前更擅长撵兔子了。

“那它怎么能避免在林子里不撞到树上呢？依我看，你又在吹牛了！”叶夫赛伊摇着头说道。

“它跑得不快，兔子也不慌不忙地避着它。即便这样，它还是把兔子朝我这边赶了过来。”

“竟然有这种事啊！”叶夫赛伊爷爷既不表示赞同，也不表示反对，只是自言自语地说，“我听说有条猎犬跟少校的狗一样，会对着纸做伺伏的动作。”

“对着纸伺伏？到底是怎么回事？”伊万爷爷纳闷了。

“很简单，只要主人在纸张上写下诸如‘黑琴鸡’或者‘沙雉’之类的动物名字，猎犬就会按照指示去寻找猎物。而对那些空白纸张它连看也不看一眼。”

“哎嘿！咳！咳！”伊万爷爷忽然剧烈地咳嗽起来，“该死的蚊子，吸的血还不够多吗，居然想钻进我的喉咙里去。在林子里，蚊子让人不得安宁；在家里，苍蝇搞得人烦恼不堪。苍蝇知道自己时日不多了，所以变得这么烦人，比蚊子咬人还厉害。

“篝火已经快要熄灭了，所以蚊子开始攻击咱们了！朝霞已经升起，咱们该去干活了。”

■基特·维里坎诺夫

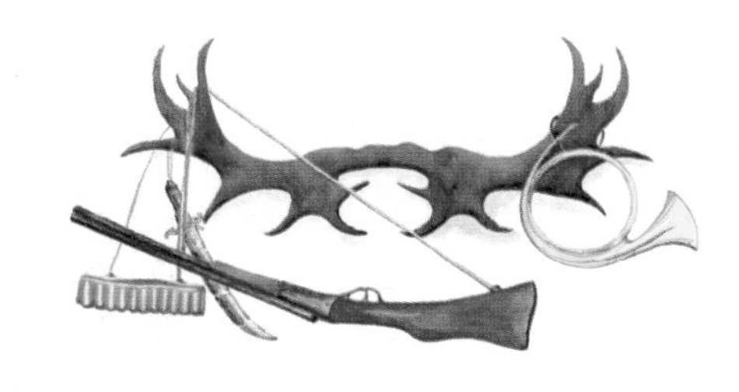

狩猎

上当的琴鸡

秋天将要来临的时候，琴鸡会很快地集合起来，一群一群的。里面有翅膀紧绷的黑色雄琴鸡，有夹杂着斑点的棕黄色雌琴鸡，也有年幼的小琴鸡。

它们一群群闹哄哄地往浆果林里面飞去。

它们在地上四散开来。有的在品尝坚硬的红越橘；有的用爪子刨开草，啄食下面的细沙和碎石——细沙和碎石能够磨碎胃里面坚硬的食物，有利于消化。

突然，不知道是谁步履匆匆地行走在干枯的落叶上，发出沙沙的响声。

听见动静，琴鸡们停止了啄食，高抬起头，警觉起来。

响声越来越近！一只莱卡犬的脑袋在丛林间一闪而过，它的两只耳朵直直地竖立着。

琴鸡极不情愿地飞上了树枝，有的干脆就躲在草里。

莱卡犬在浆果林里到处乱闯了一阵，把琴鸡吓得都跑开了。

后来，它就蹲坐在一棵浆果树底下，眼睛紧盯着枝头的那只琴鸡，汪汪乱叫。

琴鸡也用眼睛瞪着它，丝毫没有惧意。不一会儿，琴鸡就觉得无聊了，在枝头上来回走动，不时地回头看看莱卡犬。

真烦人，干吗老在那儿待着不走！肚子也饿了……赶快走吧，它走了之后，我就又可以下去啄果子吃了……

砰！突然一声枪响，一只琴鸡从树上掉了下来。原来它在看莱卡犬的时候，猎人悄悄地走了过去，出其不意地一枪把它从枝头打了下来。这群琴鸡受到惊吓，拍打着翅膀冲向空中，向远离猎人的地方飞去了。林中的小树和成块儿的空地在下面一一闪过。应该在哪儿歇脚呢？那儿是否隐藏着猎人呢？

它们突然看见几只黑琴鸡蹲在白桦林边那光秃秃的树顶上，没错，一共三只。落在那儿应该没有什么危险。假如白桦林里有人的话，那三个家伙绝对不会一动不动地安静地待在那儿。

琴鸡群越飞越低，闹哄哄地停满了树梢。原来的那三只黑琴鸡，像木头一样待在那儿一动不动，连看都没看它们一眼。刚落下来的琴鸡好奇地端详着它们。这是三只地地道道的琴鸡：浑身漆黑，眉毛鲜艳，翅膀上布满白色的斑点，尾巴岔开，眼睛乌黑发亮。

一切都很正常。

砰！砰！随着两声枪响，有两只新来的琴鸡一头从树上栽了下去！

这是怎么回事啊？哪儿来的枪声？

树顶的上空飘起一阵薄薄的烟雾，转眼间就消散了。原来的那三只琴鸡，还是保持着同一个姿势，在枝头待着不动。新来的琴鸡们看着它们，也选择了留下——下面一个人也没有，为什么要飞走呢？它们仔细地观察了一下四周，又安下心来。

砰！砰！

一只雄琴鸡“啪”的一声从枝头掉到地上；另外一只突然全力蹿向树顶，可惜刚飞起来就跌了下来。琴鸡群这才惊慌失措地从树上飞起，在那只受了致命枪伤的伙伴摔倒地上之前，逃得无影无踪了。只有原来那三只琴鸡，依然岿然不动，静静地待在那儿。

树底下一个隐蔽的棚子里，走出一个持枪的人，他捡起了那几只死琴鸡，然后把枪靠在旁边，爬上了白桦树。

树顶上三只琴鸡的黑色眼睛，仿佛若有所思地凝视着远方的森林，原来那只不过是几对黑色的玻璃珠子。这三只琴鸡都是用黑色的绒布做成的，只有嘴巴才是真正的琴鸡嘴，还有分叉的尾巴，也是用真正的羽毛做的。

猎人取下了这只假琴鸡，然后又爬上了另外一棵树，取下另外两只假琴鸡。

远处，那些惊魂未定的鸟儿正在飞过一座丛林。它们疑惑地审视着丛林里的每一棵树——究竟什么地方还会有新的危险？到哪儿去躲避那个诡计多端的持枪人呢？你永远也不会知道，他会对你设下什么样的圈套……

好奇的雁

每个猎人都清楚，雁的好奇心很强。他们也十分清楚，雁比其他鸟儿都要谨慎。

一大群雁停落在一个距离河岸足足有1千米远的浅沙滩上。那里人是走不过去的，也爬不过去，即便坐车也难以到达。雁把头深深地埋在翅膀里，缩起一只脚，安心地酣睡。

怕什么呢，它们可是有专门放哨的士兵的！在这群雁的四周，各站着一只老雁。它们既不睡觉，也不打瞌睡，而是全神贯注地注视着四周。在这种滴水不漏的防卫下，你倒试试看，如何打它们个措手不及？

岸上突然出现了一条小狗，那几只放哨的老雁，立即机警地伸长了脖子，密切监视着这条狗的一举一动。

狗在岸上来回跑动，一会儿在这边，一会儿又跑向那边，不知道在沙滩上捡些什么东西。对于这些沙滩上的雁，它连瞅都不瞅一眼。

一切看似都很正常。不过，雁很好奇：这条狗干吗在那儿不停地跑来跑去呢？最好上前去看个明白……

一只哨兵摇摇摆摆地走进水里，向前游去。轻微的溅水声惊醒了另外几只雁，它们也看见了小狗，于是跟着哨兵一起游了过去。

雁游近以后才看清楚，原来，从岸上的一块大石头后面，不断地飞出许多面包团，一会儿飞向这儿，一会儿飞向那儿，面包团都落在沙滩上。小狗摇晃着尾巴，扑上去捡个不停。

哪儿来的面包团呢？

到底是谁待在石头后面？

好奇心驱使着几只雁越游越近，游到了岸边。它们伸长了脖子，想一窥究竟。突然，几声枪响！藏在石头后的猎人跳了出来，用他那百发百中的枪法，把这些好奇的脑袋全部打到了水里。

六条腿的马

大雁们成群结队地落在田里觅食。它们吃得津津有味，哨兵们则站在四周，拒绝任何人或动物靠近。

远处的田野里，几匹马在悠闲地晃来晃去。雁可不怕它们！谁都知道，马是一种性情温和的食草动物，它们是不会侵犯飞禽的。有一匹马一边捡着田里散落的残穗吃，一边渐渐地靠近雁群。不要紧，即便是它走到跟前，雁也来得及飞走。

可这匹马也真够怪的：它居然有六条腿……其中四条是它自己的腿，另外两条却穿着长裤。

放哨的老雁警觉地叫了起来，发出了警报。雁群都抬起头来。

那匹怪马慢腾腾地走了过来。

哨兵展开翅膀，飞过去进行侦察。

它从空中看见：马后面居然躲着一个人，那人手中还握着一把让人胆战心惊的猎枪呢！

“咯咯咯，快逃啊，快逃啊！”哨兵发出逃离的警报。雁群赶忙鼓起翅膀，惶恐地飞离地面。

懊恼的猎人连忙在它们身后开了两枪。可是雁群早已经飞远了，霰弹没有击中它们。

雁群躲过一场灾难。

应战

每到晚上这个时候，森林里都会传来驼鹿一阵阵嘹亮的战斗号角。

“凡是不要命的，都出来决一死战吧！”

一只老驼鹿从它那长满青苔的兽穴里站了起来。它的犄角非常宽阔，有 13 个叉，身高估计有 2 米，体重达 400 多千克。

有谁胆敢向这森林中的第一壮士发起挑战呢？

老驼鹿那笨重的蹄子，深深地陷在湿漉漉的苔藓里，横扫挡在路上的树枝落叶，气势汹汹地赶去迎战。

对手的号角声再一次响起。

老驼鹿发出巨吼作为应答。这吼声真是太可怕了——琴鸡被吓得噗噗地逃离了树林，胆小的兔子更是被吓得从窝里一蹿老高，惊慌失措地逃向远处。

"看谁敢如此嚣张！"

驼鹿的双眼因愤怒而充满血丝。它完全不顾道路在哪儿，径直向对手狂奔过去。森林逐渐稀疏，它冲进了一片空地……原来对手就躲在这儿啊！

它从树后冲出来，使劲向前冲去——想用坚硬的犄角撞翻对手，用笨重的身体压垮对手，然后再用它的铁蹄把对手踩个稀巴烂。

"砰"的一声枪响，老驼鹿这才看见，树后躲着一个拿枪的人，他的腰间还挂着一个大喇叭。

老驼鹿拔腿就往密林里逃去。它的伤口血流不止，逃跑的步伐踉踉跄跄，显得虚弱不堪。

开禁了，猎兔去

出发

跟往年一样，10 月 15 日，报纸上宣布，可以开始猎兔了。

好似 8 月初那会儿，车站里又挤满了大批的猎人。他们依然带着猎犬，有的用皮带牵着两条甚至更多。但是，这些狗已经不再是夏天时他们带去狩猎的那些长着卷曲长毛的猎犬了。

这批猎犬高大壮实，腿显得又长又直，脑袋大大的，有着一张长得像狼似的大嘴，身上的毛五颜六色：有黑的，有灰的，有褐色的，有黄色的，还有火红的；每条狗身上的斑纹也不尽相同：有黑斑，有红斑，有黄斑，有褐色的斑纹，还有火红夹杂着暗黑色的斑纹。

这是一群特殊的或雄或雌的猎犬。它们的任务是追踪兽迹，进而把野兽从洞中撵出来，一边追赶一边汪汪大叫，以便让主人知道野兽逃向何方。这样，猎人们就可以在野兽的必经之地做好准备，迎面射击了！

在城市要想养活这些庞大的猎犬可不是一件容易的事，因此许多人无狗可带。我们这群人就没有带狗。

我们准备到塞索伊奇那儿去，一起围猎野兔。

我们一行总共有 12 个人，占了车厢里的三个单间。不少旅客一边惊讶地注视着我们的一个同伴，一边低声地谈论着。

这个同伴确实引人注目：他是一个大胖子，胖得几乎连门都进不来，体重足足有 150 千克。

他不是猎人，但却是一个射击的好手。医生建议他多走走。为了使平时无聊的散步变得更有趣一些，他决定跟着我们一起去打猎。

围猎

火车在夜晚到达。塞索伊奇在林区的小车站里迎接我们，我们去他家里住了一个晚上。第二天天一亮，我们这伙人就吵吵嚷嚷地出发了。塞索伊奇找来了 12 位农场的场员，让他们做围猎的呐喊人。

走到森林边儿上，我们停了下来。我把写有编号的纸片团成小球，丢进帽子里，我们 12 个猎手按照顺序抽签，抽到第几号就站到第几号的位置上。

呐喊的人都到森林的外围去了。在宽阔的林间道路上，塞索伊奇按照各人抽到的号码安排其站到相应的位置上。

我抽到了 6 号，而我们的胖兄抽到 7 号。塞索伊奇指定我站的位置之后，就去叮嘱这位新猎手，告诉他围猎的规矩：不要沿着狙击线开枪，否则可能会不小心伤到他人；当外围呐喊的人声音靠近时，要停止射击；禁止伤害雌鹿，要等待信号指示。

胖兄离我约有 60 步远。猎兔跟猎熊还不一样，猎熊时，两个猎手之间的距离可达 150 步远呢。塞索伊奇在狙击线上也不忘开玩笑，他耸耸肩向胖兄笑道：

“你怎么喜欢往灌木丛里钻啊？这样子开起抢来可不方便，你跟灌木并排站着吧，对，就这儿。兔子习惯朝下看。两腿分开一点吧，你的腿看起来好像两根大木桩，没准儿兔子会一头撞在上面呢。”

塞索伊奇安排好所有的狙击手以后，就跳上了马，去安排森林外那一群呐喊的人们了。

还要等很长一段时间，围猎才能

正式开始。我无聊地打量着四周。

在我前方约40步的地方，矗立着一大片树林，里面有光秃秃的赤杨和白杨，也有叶子已经落了一半的白桦，还夹杂着一些看起来毛茸茸的云杉，它们就像一堵厚厚的墙一样挡在那儿。过了一会儿，藏在密林深处的兔子或者琴鸡可能就会穿过这片由笔直的树干混合而成的林子朝我这儿跑来。如果运气好的话，可能还会有长着翅膀的林中巨禽——大松鸡的光顾。我能打中它们吗？

时间过得太慢了，就跟蜗牛爬行似的。不知道胖兄感觉如何？

他轮换着双腿站立，或许他是想把腿岔开得更像树桩一些吧……

突然，外面两阵响亮的号角声传到了寂静的森林里：这是塞索伊奇催促围猎呐喊队员向前——朝我们前进的信号。

胖兄抬起他那火腿般的胳膊。双筒猎枪在他的手里，看起来就跟细细的手杖似的。他稳稳地站在那儿，一动不动。

真是一个傻瓜！准备得也太早了吧——胳膊不酸才怪呢。

还是听不见呐喊人的声音。

可是，我们已经听见枪声了。沿着狙击线，右边先传来一声枪响，接着左边也响了两声。别人都开始开枪了，可我们这边还没动静呢！

胖兄也开火了，砰！砰！他在打琴鸡！遗憾的是他没击中，琴鸡远远地飞走了。

树林里终于传来了围猎呐喊人低沉的呼应声和木棒敲击树干的声音。两侧也响起了赶鸟器的声音……然而，让人颇觉遗憾的是没有任何飞禽走兽奔向这边。

终于来了一个！一只灰白相间的东西，从树干后一闪而过，原来是一只还没换完毛的白兔。

哈，这猎物我要定了！咦？好小子，竟然拐弯了！朝着胖子蹿了过去……哎呀，胖兄，你怎么这么慢吞吞的，快开枪啊！快！

砰！砰！兔子径直向他冲了过去——没打中！

砰！砰！

一团灰白色的东西从兔子身上落了下来。兔子慌不择路，竟然从胖子那树墩般的两条腿中间蹿了过去。胖兄赶紧把两条腿一夹……

难道用腿也可以捉兔子吗？

白兔溜走了，留下了胖子那扑倒在地的庞大身躯。

我笑得眼泪都快流出来了。朦胧中看见两只白兔一溜烟似的从树林里蹿到我的跟前，可是我不能开枪，因为兔子始终是沿着狙击线逃跑的。

胖兄艰难地用双膝着地，慢慢爬了起来。他把手中紧握的一团白绒毛递举给我看。

我冲他喊道："没事吧？"

"不要紧，我好歹把它的尾巴给夹了下来。看，兔子的尾巴尖！"

真是一个怪人。

枪声停止了。呐喊的人从森林中出来了，朝胖子走去。

"叔叔，你是神父吧？"

"他准是，你看他那个肚子！"

"胖得有点叫人不相信啊？不会是衣服里塞满了野味吧？"

可怜的神枪手啊！在城市里，在我们的练习场上，谁能相信会发生这样的事儿呢？

就在这时，塞索伊奇开始催促我们去田野里，准备进行新一轮的围猎。

我们这一大群人，又闹哄哄地沿着林中的道路返回了。一辆大马车载着猎物，跟在我们后面慢悠悠地晃荡着。胖兄也爬上了马车——他累了，一个劲儿地喘粗气。

猎人们对胖兄丝毫不留情面，不住地对他冷嘲热讽。

突然，在道路拐弯处的丛林上空，出现了一只大黑鸟，足足有两只琴鸡那么大。它沿着道路，从我们头顶上方飞过。

大家都急忙端起猎枪，一连串的枪声响彻森林。每个人都急欲打下这难得一见的猎物。

黑鸟依然飞着。已经飞到了马车的上空。

胖兄依然坐着，却端起了猎枪，端起了那条在他粗壮胳膊的对比下显得细如手杖的双筒猎枪。他开枪了。

在大家的注视中，那黑鸟身子一歪，终止了飞行，像块木头似的从半空中直直地坠到路旁。

"好身手，干净利落！"一个场员说道。猎人们都不好意思再吭声了：我们大家不是都开枪了吗，只是……

胖兄走过去拾起那只长有胡子的老松鸡[①]，它比兔子还要沉呢！我们每个人都愿意用自己今天的全部猎物去交换胖兄手中的野禽。

没有人敢再讥笑胖兄了。至于他如何用腿去夹兔子，大家好像也都忘了。

■本报特约记者

①松鸡属于松鸡科，体长可达110厘米；属于松鸡科的鸟类有18种，山鹑、榛鸡和琴鸡都在其中，松鸡科的鸟体长从30～110厘米不等，如琴鸡的长度一般在53～57厘米。故本文作者说大黑鸟的个头儿抵得上两只黑琴鸡。

祖国各地无线电大串联！

呼叫！呼叫！

这里是列宁格勒《森林报》编辑部。

今天是9月22日，秋分。我们继续通过无线电广播播报全国各地新闻。

苔原、原始森林、草原和海洋，请注意！

现在，请汇报你们那儿秋天的情形怎么样。

请回复！请回复！

雅马尔半岛苔原回电！

我们这儿的一切都已经结束了。夏天，岩石曾是群鸟汇聚的集市，现在却再也听不见岩石上鸟儿那婉转的歌声了。小巧玲珑的鸟儿都已经离开这里，雁、野鸭、鸥和乌鸦也都飞向了远方。整个荒原一片寂静。只是偶尔会传来一阵令人心悸的骨头撞击的声音，那是雄鹿在用犄角进行决斗。

从8月份开始，清晨的气温就比较低了。现在，所有的水面都已经封冻了。捕鱼的帆船和汽船已经早早地离开。那些晚走了几天的轮船，已经被牢牢地冻在河里。现在，笨重的破冰船正在坚固的冰原上，艰难地为它们开辟一条航道。

白昼越来越短，长夜漫漫，漆黑而寒冷。只剩下白色的苍蝇在空中飞舞着。

乌拉尔原始森林回电！

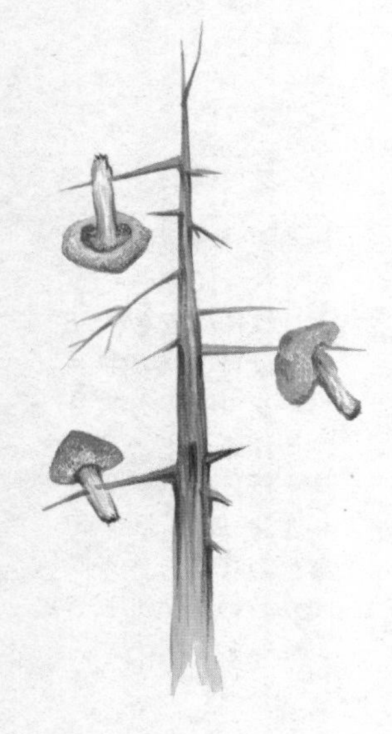

现在，我们正忙着迎送一批又一批的客人。我们在迎接从北方、从苔原来到我们这的鸣禽，诸如野鸭和大雁之类的。它们只是一群过客，停留的时间很短暂：今儿个飞来一群，休息一会儿，吃点儿东西，明天你再去看，它们已经不在了——半夜里，它们就从容不迫地飞向了远方。

我们也在欢送在这片土地上度夏的鸟儿。这些候鸟，绝大多数都已经踏上了漫长的旅途，去追寻那正在远离我们而去的阳光，到一个明媚的地方去享受温暖的冬日。

寒风从白桦、白杨和花楸树上卷下了那些枯黄发红的叶子。落叶松闪现着金黄色的光辉，原本柔滑的针叶变得干硬粗糙；每到晚上，都会有一些笨重的，长着胡子的雄松鸡落到落叶松的枝头。这些浑身乌黑发亮的松鸡，蹲在色彩柔和的金黄色针叶林间啄食松果。榛鸡在黑黝黝的云杉林间尖叫着蹿来蹿去。这里出现了很多红色胸脯的雄灰雀、浅灰色的松雀、红脑袋的朱顶雀和角百灵。这些鸟儿都来自遥远的北方，它们不准备再继续南飞了——它们觉得我们这儿挺好的。

田野里一片荒芜。在晴朗的天气里，细长的蛛网在丝丝微风的吹动下，在田野的上空飞舞。这儿，还盛开着最后一季三色堇。生长着桃叶卫矛的灌木丛中，悬挂着许多颜色鲜红的，如同中国小灯笼似的球形果实。

我们快要挖完马铃薯了，菜园里正在收割最后一批蔬菜——卷心菜。菜窖被我们塞得满满的，足够过冬了。我们还在森林采集了很多杉松的坚果。

小兽们也不甘落后。尾巴细长，背上有五道刺眼的黑条纹的金花鼠，正在匆匆忙忙地把杉松的坚果拖到树墩下，它们还从菜园里偷了不少葵花籽，把仓库填得满满的。棕红色的松鼠已经开始换上淡蓝色的皮袄了，正忙着在树上晾晒着蘑菇呢。林中的长尾鼠、短尾野鼠和水老鼠，都在搬运各种各样的谷粒，装满它们的地窖。林中那长着花斑的乌鸦也在忙着搬运坚果，藏到树洞里、树根底下，以备不时之需。

熊给自己找好了新家，正忙着用爪子撕扯云杉树皮当作自己的褥子呢！

大家都在辛勤地忙碌着，准备迎接冬天的到来。

沙漠回电！

我们这里完全是一派欣欣向荣的景象，到处都是生机勃勃的。

难以忍受的酷热渐渐退去，雨开始下个不停。空气清澈透明，远方的景物清晰可见。绿油油的小草又开始抛头露面；以前那些躲避夏日强光的动物，重新又蹿了出来。

甲虫、蚂蚁、蜘蛛都从地下爬了出来。细爪子的金花鼠也从洞里探出了脑袋；跳鼠拖着一条细长的尾巴，像小袋鼠一样蹦来蹦去。从毒辣的夏日阳光中苏醒过来的巨蟒，又开始捕食这些小动物

们了。猫头鹰、草原狐、沙漠猫也突然之间现身了。黑尾羚羊、弯鼻羚羊这类快腿的家伙在沙漠上飞奔着。鸟儿的身影也出现在空中。

这里又是一派春天的景象了，完全不像沙漠：满目的绿色，盎然的生机。

我们继续在沙漠里前行。

成百上千公顷的土地都即将铺上防护林带。防护林将保护农田免遭来自沙漠热风的侵袭。而此举的最终目的，是要将沙漠变为绿洲。

世界屋脊回电！

这里是帕米尔高原，山脉巍峨高大，人们都把它叫作世界屋脊。其中有些山峰海拔达7000多米，直入云霄。

在我们这里，夏天和冬天同时出现：山下是夏天，山顶是冬天。

现在，秋天来临了，冬天的气息开始从云端往下降，从山顶往下降，于是各种生命都开始往山下转移。

有一种居住在山里的野山羊，它们夏天居住在凉爽的悬崖峭壁上。现在，它们开始下山了——峭壁顶上所有的植物都被大雪埋了起来，它们没有东西可吃了。

山上的绵羊也撤离了牧场，开始往山下转移。

夏天的高山草场上，经常可以见到很多硕大的土拨鼠，现在，它们也消失了踪迹。都钻到地下的洞里面去了。它们在那儿储藏了足够过冬的口粮，然后用干草堵住洞口，舒舒服服地躺在洞里，一个个养得肥肥胖胖的。

公鹿和母鹿都沿着山坡走了下来。野猪躲在胡桃树、阿月浑子树和野杏树林中，无聊地等待着冬天的降临。

在山下面的溪谷和山涧中，突然出现了一些夏天从未见过的鸟儿，它们中有角百灵，有烟灰色的草地鸦，有红背鸲以及神秘的蓝鸟——山鸫。

另外，还有很多鸟儿正从遥远的北方成群结队地飞到我们这儿来，因为这儿有各种各样的食物供它们享用。

现在，山下面经常是秋雨连绵，冬天一步步临近。而山上，此刻已经大雪纷飞了。

人们还在不停地忙碌着，有人在田里采棉花，有人在果园里采摘各种水果，还有人在山坡上采胡桃。

此刻，通往山上的道路早已被皑皑白雪盖住了，无法通行。

田间正在采摘棉花，果园里正在采摘各种水果；山坡上正在收采胡桃。

一条条山路上已盖满了深厚的积雪，无法通行了。

打靶场

射箭要射中靶子！

答案要对准题目！

第七场竞赛

1. 从日历上看，秋天是从那一天开始的？
2. 秋叶飘落时，哪种动物还在生育幼崽？
3. 秋天，哪些树木的叶子会变成红色？
4. 秋天来临时，我们这儿的所有候鸟是不是都会向南飞？
5. 人们为什么把老驼鹿称为“犁角兽”？
6. 在森林里和草场上，人们把干草垛围起来，是为了防备哪些野兽？
7. 春天里咕噜咕噜叫着，仿佛在说“我要买件单褂”的是哪种鸟儿？

8. 下图是两种不同的鸟儿留在泥地上的脚印，其中一种住在树上，另一种住在地上。根据脚印如何分辨究竟哪一种住在地上，哪一种住在树上呢？

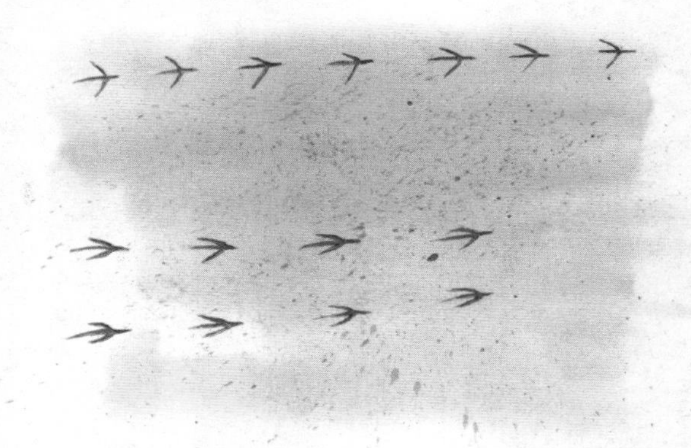

9. 什么时候射击更有把握，是鸟儿飞向射手的时候，还是鸟儿飞离射手的时候？

10. 假如乌鸦在森林上空盘旋鸣叫，这意味着什么？

11. 为什么优秀的猎人从不射杀雌琴鸡和雌松鸡？

12. 下图是一种野兽的前脚骨，请问这是哪一种野兽？

13. 秋天，蝴蝶都躲到哪儿去了？

14. 太阳下山后，猎人侦察野鸭时脸会朝向哪个方向？

15. 在什么情况下，人们会骂鸟儿“飞到国外去找死啊”？

16. 今年把它土里埋，明年无数钻出来。（谜语）

17. 马儿马儿跑得快，离开大陆去海外，身披黑貂皮，系着白肚袋。（谜语）

18. 平常是绿色，飞起来是黄色，掉下来是黑色。（谜语）

19. 身材长又细，摔在草里爬不起。（谜语）

20. 一身灰色牙齿尖，奔来跑去在荒原，稍微有点饥饿感，牛犊、孩子作美餐。（谜语）

21. 小偷小偷穿灰衣，活蹦乱跳在田里，五谷杂粮填肚皮。（谜语）

22. 一位小老头，头戴棕色帽；站在森林中，立在显眼处。（谜语）

23. 带皮的时候没人要，脱皮之后人人抢。（谜语）

24. 自己放着不要，野鸭飞来不给。（谜语）

快来收养流浪兔吧

现在，在田野里和森林中你可以赤手空拳地抓住小兔子。小兔子的腿还很短，所以跑得很慢。得喂它们奶吃，另外最好加点新鲜的卷心菜和其他蔬菜。

收养准备：

你收养的长耳朵小家伙，是不会让你感到寂寞的：兔子可是有名的鼓手。白天，它们安安静静地待在木箱里面；一到了晚上，它们就会像击鼓似的用爪子挠箱子，扰乱你的好梦。要知道，兔子夜里可是不睡觉的啊！

请搭个小棚

赶快在河岸上、湖岸上或者海岸边搭建一个小棚子吧。这样，在清晨或者傍晚，你就可以到小棚子里去，安安静静地坐在那儿。在候鸟迁移的季节，你可以看见许多有趣的景象：野鸭从水里钻出来，蹲在岸边，离你那么近，你甚至可以看清它身上的每一根羽毛；滨鹬转着圈子；潜鸟潜入水中，悠闲地游来游去；鹭鸶飞了过来，落在窝棚旁边。运气好的话，你或许还可以看见一些夏天你在这里原本看不见的鸟儿。

喜欢捕鸟的人，到森林果园里去吧

现在正是捕鸟的最佳季节！把准备好的捕鸟器挂在树上，或者把场地扫干净，在那里安上捕鸟套或者是捕鸟网，肯定会大有收获的！

“火眼金睛”大比拼

第六次测试

谁来过这儿

下图是一个农家池塘，里面不曾养过家鸭。那么，在漆黑的夜里，如何才能知道有没有野鸭来过这儿呢？

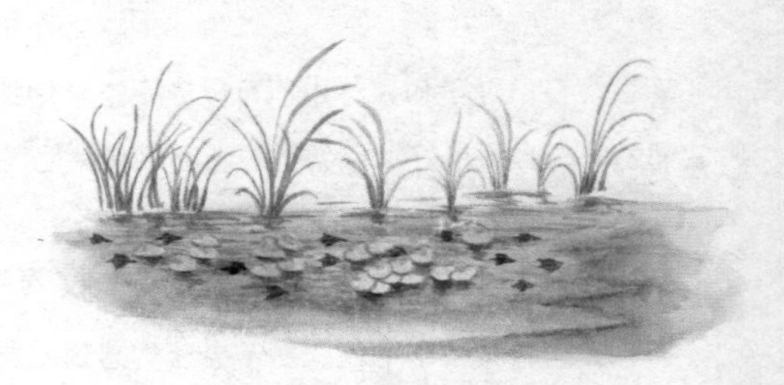

图 1

图 2

林中的水洼边，有一些小十字和小斑点的印记，是什么动物来过这儿呢？

树林中有两棵白杨，都被什么动物啃过，但啃得痕迹不一样。是什么动物啃的？什么动物来过这儿呢？

图 3

图 4

有一只动物杀死了一只刺猬，从腹部吃起，把整只刺猬都掏空了，只剩下一张皮。这是谁干的呢？

森林报

No.8

粮食储备月

（秋季第二月）

Forest Newspapers

10月21日到11月20日　　太阳进入天蝎宫

第八期导读

太阳诗章——10月

林中逸闻

候鸟飞往越冬地（续完）

农场纪事

农场新闻

城市要闻

狩猎

打靶场：第八场竞赛

通告："火眼金睛"大比拼

一年：太阳在12个月内谱写的乐章

10月——落叶缤纷，满地泥泞，这是一个向冬季过渡的季节。

阵阵西风紧吹，最后一批坚守阵地的树叶也纷纷脱离了大树妈妈的怀抱，连绵的阴雨下个不停。一只浑身湿漉漉的乌鸦，寂寞而无聊地待在篱笆上。它也快要出发了。在我们这度夏的灰色乌鸦，早已悄悄地离开，飞往温暖而阳光明媚的南方去了；同时，这儿又悄悄地飞来了一批生活在北方的灰色乌鸦。原来乌鸦也是一种候鸟啊！生活在遥远北方的乌鸦跟我们这儿的秃鼻乌鸦一样，春天第一批飞来，秋天最后一批飞走。

秋天，已经忙完了第一件事儿——为森林脱下华美的外套；现在，开始忙第二件事了——给水降温，让它越变越凉。清晨，林中的池塘经常被松脆的薄冰覆盖。和天空中一样，水里的生命活动也越来越少。夏天，在水中争奇斗艳的花儿，早已经把种子丢进水底，把细长的花梗缩回水中。热天里在水面活蹦乱跳的鱼儿现在都游到了深坑里——那儿的水不结冰。拖着根长尾巴、身躯绵软的蝾螈，已经在池塘里泡了一个夏天，现在也从水中钻了出来，爬上陆地，找了个长满厚厚青苔的树根过冬去了。只要是不流动的水都已经冻结了。

陆地上的那些冷血动物，现在都快冻僵了。昆虫、老鼠、蜘蛛，还有蜈蚣，都消失了踪影。蛇爬进干燥的洞里，盘成一团，一动也不动。蛤蟆钻进了烂泥堆，蜥蜴藏进脱落的树皮里，大家都开始冬眠了……野兽们，有的穿好了厚厚的暖和的皮袄，有的储存好了充足的冬粮，还有的在建造自己温暖的小窝，大家都在为过冬做准备呢……

在这个萧条的季节，户外的天气常常可以分为7种：播种天、落叶天、破坏天、泥泞天、怒吼天、大雨天，还有扫叶天。

准备过冬

天气还不是特别冷，但是丝毫疏忽不得。这个季节寒潮说来就来，一眨眼的工夫，整个大地就会冰封起来。到时候，到哪儿去找食物呢？到哪儿去藏身呢？

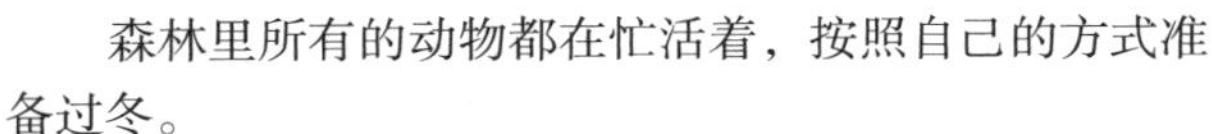

森林里所有的动物都在忙活着，按照自己的方式准备过冬。

该走的，早就已经展翅离开了，去遥远而温暖的地方躲避寒冷与饥饿；留下来的，都在忙着填充自己的仓库，储备足够的冬粮。

看，短尾野鼠正在起劲儿地搬运粮食。绝大多数野鼠直接在干草垛里或者粮食垛下安家，这样比较方便它们每天夜里往洞里偷运粮食。

每一个洞里，都有五六条小道，每一条小道，都通往一个洞口。洞的最下面，还有一间卧室和几间仓库。

只有到了冬天最冷的时候，这些野鼠才会去睡觉。因此，它们有足够的时间来储藏大量的冬粮。有些野鼠洞里，已经堆积了差不多有四五千克重的精选的谷粒。

这些小啮齿动物们最喜欢在庄稼地里偷粮食了。我们对它们可要多加防备啊！

雪下过冬

森林中的树木和多年生的草本植物，都已经为过冬做好了准备。一年生的草本植物已经撒下了它的种子，但并不是所有一年生的草本植物都以种子的形态过冬，有的现在就已经发芽了。在深翻过的菜园里，很多一年生的杂草都已经生长了起来。在那光秃秃的黑色土地上，有一簇簇锯齿状扁叶的荠菜；有和荨麻相似的、毛茸茸的紫红色野芝麻；还有娇小可爱的洋甘菊、三色堇和犁头菜；当然，还有那些让人讨厌的繁缕。

这些幼苗都已经做好了充分的准备，它们要在雪下睡上整整一个冬天，顽强地活到来年的春天。

■尼·朱·帕甫洛娃

准备过冬的植物

一棵枝丫繁多、夹杂着红褐色斑点的椴树矗立在雪地里，看起来格外显眼。那可不是树叶发红，而是坚果上那长得像小舌头似的翅膀变红了。椴树的枝丫上，挂满了这种翅膀状的坚果。

打扮得如此漂亮的不仅仅是椴树。旁边这棵高大的梣树，你看，它上面结了多少干果啊！这些细长的果子就跟豆荚似的，一簇簇地攀在一起。

最漂亮的要数山梨树了！它们身上一直到现在都还保留着一串串鲜艳夺目的浆果，连小蘖枝上都挂满了。

桃叶卫矛那奇异的果实，还在枝头炫耀着它的美丽——远远看去，

简直就像是带着黄色花蕊的玫瑰花。

还有一些乔木，动作太慢了，没来得及在入冬前把后代安顿妥当。

不时可以看见白桦树枝丫上挂着快要干枯的葇荑花序，花心里藏着还没有成熟的翅果。

赤杨的黑色小球果也还没有落完。不过赤杨和白桦都不用担心，它们已经准备好了葇荑花序——一到春天，这些花序就会伸直身子，张开鳞片，绽放开来！

榛子树也有葇荑花序——粗糙的暗红色花序，每根树枝上有两对。然而，现在榛子树上已经找不到榛子了。榛子树准备得很充分：早就已经安顿好了后代，自己也做好了入冬前的最后准备。

■尼·朱·帕甫洛娃

储藏蔬菜

夏天的时候，短耳朵的水鼩通常住在河边的小别墅里。它的别墅设计精巧，从居室的过道斜着向下前行，可以一直通到水里。

现在，冬天快来临了，水鼩在离水面较远的一个多草墩的草场上，重新为自己建造了一套既舒适又暖和的越冬住房。有好几条 100 多步长甚至是更长的甬道，直通这个房间。

卧室建在一个巨大的草墩下面，里面铺着柔软暖和的干草。

有好几条专门的通道，连接着仓库和卧室。

仓库里收拾得干干净净。它从田野里偷来的五谷、豌豆、蚕豆、葱头以及马铃薯等，都分门别类地整齐摆放着。

松鼠的阳台

松鼠们在树枝上搭建了好几个圆圆的窝。它们把其中的一个当作储藏室，里面存放着它们从林中收集来的小坚果和一些球果。

另外，松鼠还采摘了一些蘑菇，像油蕈和白桦蕈之类的。趁着好天气，它们把蘑菇挂在树枝上晒干。到了冬天，它们在枝头闲逛时，就可以把蘑菇当作可口的点心了。

活体储藏室

姬蜂为它的幼虫找到了一间非常奇妙的储藏室。姬蜂有着一双能够快速扇动的翅膀，有着一对朝上卷曲的触角，触角下生着一双敏锐的眼睛。身体中间的纤腰，把它的胸部和腹部分为两截。腹部末端的尾巴尖上，有一根像绣花针一样细长挺直的尾刺。

夏天的时候，姬蜂找到了一条又肥又胖的蝴蝶幼虫。它飞到幼虫身上，把细长的尾刺戳进幼虫的皮肤里，使劲地钻了一个小洞儿，然后在小洞儿里产下一个卵。

姬蜂满意地拍拍翅膀，离开了。蝴蝶幼虫很快从惊吓中恢复了过来，继续啃起树叶。秋天来临的时候，蝴蝶的幼虫开始结茧，变成了蛹。

此时，在蛹的体内，姬蜂的幼虫正在破壳而出。这个坚固的茧即暖和又安全。而蝴蝶幼虫的蛹，则成了它们丰盛的美食，足够它们吃上一年呢。

第二年的夏天一到，茧就裂开了，但是从里面飞出来的不是蝴蝶，而是一只身材细长、身着黑红黄三色艳装的姬蜂。姬蜂算得上是我们的好朋友，因为它杀死了害虫的幼虫。

自备式储藏室

还有不少动物，它们并不用特意为自己建造什么储藏室。原因是它们的身体就是最好的储藏室。

在食物丰盛的秋季，它们一连几个月放开肚皮，大吃大喝，吃得肥肥胖胖的，长出了一身厚厚的脂肪，这样，自备式储藏室就建成了。

要知道，皮下生成的厚厚的脂肪层，就是它们储藏的食物。等到冬天没有什么东西可吃的时候，这些脂肪就像食物的养分一样透过肠壁，渗透到血液里，血液再把养料输送到动物的全身。

整个冬天都在睡懒觉的熊呀，獾呀，蝙蝠呀，以及其他各种各样的野兽，都具有这种自备式储藏室。它们提前把肚子吃得饱饱的，然后就倒头呼呼大睡。

脂肪还能够起到保暖御寒的作用，它能够让动物们在寒冷的冬季免受寒气的侵袭。

林中逸闻

小偷反被偷

长耳鸮是森林里相当狡猾的一种动物，并且喜欢偷东西。可是让人没想到的是，小偷居然也有被偷的时候。

从长相上看，长耳鸮酷似雕鸮，只不过它个头儿比雕鸮要小一点儿。它的嘴巴像个钩子，头上的羽毛直直地竖立着，一双明亮的眼睛又大又圆。无论在多么漆黑的夜里，它的双眼都能看清物体，双耳都能听清声音。

老鼠刚刚在枯草堆里发出一阵窸窣声，长耳鸮就已经精确无误地飞落到它的身边。只听见“笃”的一声，老鼠就被它抓到半空里去了。兔儿刚从林中空地跑过，这个黑夜大盗就已经悄无声息地飞到它的头顶。又是“笃”的一声，兔儿无力地在它的利爪下挣扎了几下就不动了。

长耳鸮把它的猎物拖回到树洞里。它自己不吃，当然也不会给别人吃——它要把猎物储藏起来，留到冬天找不到食物的时候再慢慢享用！

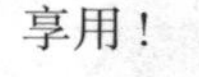

白天，它就待在树洞里，守护着储藏物，夜晚才飞出去继续狩猎。它还会时不时地回去查看一番，看食物是否还在那儿。

一天，长耳鸮突然发现，树洞里的储藏物好像变少了。这位主人的眼睛是很厉害的，虽然它不会数数，但是它能够用眼睛估算。

天黑了，长耳鸮肚子也饿了，它又飞出去捕食了。等它回来一看，储藏的老鼠一只也没有了，只见一只和老鼠一样大小的灰色小野兽，正在树洞底下爬动。

它想抓住那只野兽，可是那只小东西敏捷地蹿进了一条裂缝，溜掉了。它的嘴里还叼着一只小老鼠呢！

长耳鸮不甘心地追了过去，差不多就快要追上了，可是定睛一看，瞅清了小偷的身份，就不敢上前去抢夺被偷走的老鼠了。原来这小偷就是在动物界以凶狠残暴闻名的伶鼬。

伶鼬专靠打劫为生。它块头儿虽不大，却凶猛而机灵，敢于和长耳鸮一争胜负。如果长耳鸮被它一口咬住胸部，那就只有等死啦。

夏天又到了吗

天气忽冷忽热。冷的时候，寒风刺骨；可是出了太阳，天气又变得风和日丽，温暖而宁静。这个时候，你会觉得夏天好像又突然回来了似的。

金灿灿的蒲公英和樱草花，从草丛里面探出了可爱的小脑袋。蝴蝶在宁静的空气中翩翩起舞；蚊子成群结队，熙熙攘攘，像一阵扬起的烟雾，在空中不断地回旋。不知从哪儿飞来了一只小巧玲珑的鹪鹩，它翘起尾巴，满怀热情地唱起了歌，歌声婉转而嘹亮！

高大的云杉上，传来了尚未南飞的柳莺那轻柔而忧郁的歌声，如怨如慕，如泣如诉，就像雨点轻击水面，荡起人们心中的阵阵哀伤。

此时此刻的景象，让你完全忘记了冬天就要来临。

受惊的青蛙

整个池塘，连同池塘里的居民，都被冰封了起来。在一个暖和的日子里，冰融化了。于是人们决定趁机清理一下池底。他们从池底清理出一堆淤泥，然后就离开了。

太阳热乎乎地晒着，泥堆散发出阵阵蒸汽。突然间，一个小泥团离开了淤泥堆，满地滚动起来。这是怎么回事呢？

一个小泥团里伸出来一条尾巴，用力地在地上扭动着。扭着，扭着，突然“扑通”一声，就跳回池塘里去了！第二个，第三个……小泥团们陆陆续续地跳进了水里。

然而，另外的一些小泥团里却伸出一些小腿儿，从池塘边跳开了。简直是奇怪极了！

不，这不是小泥团，而是浑身沾满淤泥的小鲫鱼和青蛙。

它们原本是钻到池底的淤泥里过冬的，场员们把它们连同淤泥一起掏了出来。太阳烤热了淤泥堆，于是这些小家伙都苏醒了过来。它们刚一醒，就立即活动起来：小鲫鱼回到了池塘里；青蛙想找一个清净的地方继续冬眠，免得再一次在酣睡中被人稀里糊涂地挖出来。

现在，几十只小青蛙不约而同地朝着同一个方向跳去——靠近打麦场和道路旁的那个池塘。比起这儿，那个池塘更深也更大。青蛙们已经跳到大路上了。

可是，在这个寒冷的季节，太阳带给它们的温暖是靠不住的。

乌云瞬间遮住了太阳，天空中刮起了刺骨的北风。这些赤身裸体的小家伙们实在是太冷了，全力挣扎也无济于事，它们使劲跳了几下，便一头栽倒在地上。它们的脚失去了知觉，血液也凝固了，它们直直地僵硬在原地，不能动弹了。

青蛙再也跳不动了。

所有的青蛙都冻死了。

它们的头朝着同一个方向——大路那边的池塘。那个池塘里有它们想要的暖和的淤泥。

红胸脯的小鸟

夏日的一天，我正走在树林里，突然听见茂密的草丛中好像有什么东西在跑动。刚开始把我吓了一跳。后来我仔细一看，原来是一只鸟儿被青草给绊住了。这是一只体形很小的鸟，浑身上下全是灰色，只有胸脯一小片是红色的，显得娇小可爱。我满心欢喜地把它带回了家。

一到家里，我就掰了点面包屑喂它。它吃了点东西以后便活跃了许多。我特地给它做了一个鸟笼，又捉了一些小虫子供它享用。就这样，它在我家里住了整整一个秋天。

有一次，我出去玩，忘了关紧鸟笼，结果我家的猫钻了进去，把那只可爱的小鸟给吃掉了。

我太喜欢这只小鸟了，它的死亡让我大哭了一场。然而，一切都于事无补了！

■驻森林记者 格·奥斯塔宁

捉松鼠

松鼠每年都在操心一件事，那就是必须要在夏季采集好余粮，留到冬天吃。我亲眼看见一只松鼠，从云杉上摘下一个球果，费力地往洞里拖去。我在这棵树上做了一个记号。过了一段时间，我们砍倒了这棵树，把松鼠从窝里掏了出来，发现它的窝里有好多球果。我们把松鼠带回家，把它安置在一个笼子里。一个小男孩儿把手指伸到笼子里去逗它，结果小松鼠一口就把他的指头咬穿了——你瞧，它多么厉害啊！我们喂了它很多云杉球果，它挺喜欢吃的。然而，它最爱吃的还是榛子和胡桃。

■驻森林记者 斯米尔诺夫

我的小鸭

妈妈在我们家的一只母吐绶鸡身下悄悄地放了三个鸭蛋。

三个星期后，吐绶鸡孵出了一群小鸡和三只小鸭。它们刚出生，现在还很虚弱，所以我一直让它们待在暖和的地方。不久后，我们决定让鸡妈妈带着孩子们到外面去转转。

我们家附近，有一条水渠。小鸭见状立马摇摇摆摆地走进渠里，欢快地游了起来。鸡妈妈跑了过来，焦急地在岸上转来转去，还不停地发出“喔！喔”的叫声。小鸭子们只管尽情地玩着，理也不理鸡妈妈。鸡妈妈见它们没什么事，这才放心地带着小鸡们离开了。

小鸭子们游了一会儿，发现水温太低，便爬上了岸。它们冻得浑身发抖，“嘎，嘎”地叫着，然而却没有什么地方可以取暖。我把它们放到手中，用手帕盖了起来，带进了屋里，它们才安静了下来。

一大清早，我刚把三个小家伙从家里放出去，它们就立刻跳进水里。

它们一感觉到有点冷，就马上往家里跑。由于羽毛还没长齐，它们飞不上台阶，便一个劲儿地不停叫唤。不知道是谁把它们捉上台阶，它们一进屋就朝着我的床跑来，站在床边，伸长脖子拼命叫。这时，我还在睡觉。妈妈干脆把它们捉到床上，它们迅速地钻进了我的被窝，睡起大觉来。

秋天来了，小鸭子们已经长大了，我也进城上学了。我的小鸭子非常想念我，一直叫个不停。听到这个消息后，我伤心地哭了。

■驻森林记者 维拉·米海耶娃

星鸦之谜

我们这儿的森林里有这么一种乌鸦，它比普通的灰色乌鸦小一点儿，浑身都是斑点。我们管它叫星鸦，在西伯利亚，人们称其为星乌。

星鸦通常把采集来的松子储藏在树洞里或者树根下，作为过冬的食物。

一到冬天，星鸦就经常从一个地方游荡到另一个地方，从这片森林飞到那片森林，享用那些早已经储存好的干粮。

它们享用的是自己储藏的食物吗？不是的。每一只星鸦所享用的都不是它自己贮藏的松子，而是它们同族的干粮。它们飞到一片森林后，第一件事就是马上开始寻找其他星鸦储藏在这片树林中的食物。它们仔细地查看所有的树洞，在树洞里搜寻坚果。

那些藏在树洞里的坚果当然比较好找。可是，在冬天里，如何找到那些藏在树根下和灌木丛中的坚果呢？要知道，整个大地都被大雪盖得严严实实的啊！然而，星鸦飞到灌木丛边，刨开积雪，总能精确地找到同类藏在其中的食物。周围有上千棵乔木和灌木，它怎么会知道是这一棵下面藏着食物呢？难道它有什么记号吗？

我们不得而知。

我们得想一个巧妙的实验来探索探索，看看星鸦究竟是用什么法子，在皑皑的白雪底下找到同类储藏的食物的。

害怕

树上的叶子落完了，整个森林变得稀疏疏的。

一只小白兔趴在灌木丛中，身子紧贴在地下，两只眼睛不停地四处张望。它心中很害怕。周围全是窸窸窣窣的声音……是老鹰在扑腾翅膀吗？是狐狸踩着落叶的声响吗？这只小兔子已经换上了白毛，浑身雪白。它多么希望下一场雪啊！那时周围一片雪白，那些凶猛的野兽就难以发现它了。而现在，森林里五彩斑斓，到处都是黄色、红色和棕色的落叶。

万一来个猎人怎么办？

起身就逃吗？该往哪儿逃呢？脚下的枯叶一踩上去就沙沙作响，就是自己的脚步声也能把自己吓晕啊！

小白兔依旧趴在灌木丛下，把身子藏在青苔里，紧贴着树墩，它甚至不敢大声出气，只有两只小眼睛东瞅瞅、西看看。

好可怕啊……

女巫的扫帚

现在，树木都是光秃秃的。抬头一看，你可以发现许多夏天见不到的东西。看，远处那棵白桦树，上面好像布满了鸟巢。走近一看才知道根本不是那么回事，那是一簇簇向四面八方生长的黑细树枝，人们称它为“女巫的扫帚”。

你回想一下，那些你听过的关于女巫的童话故事吧！巫婆骑着扫帚在空中飞行，并用扫帚一路扫掉自己留下来的痕迹；女妖乘着扫帚从烟囱中飞出。无论是女巫还是女妖，她们都离不开扫帚。于是她们便在树上涂了一种怪药，让树上长出一簇簇像扫帚的怪枝。那些有趣的童话讲述者，就是这么说的。

当然了，这种解释只有童话里才有。那么，科学又是怎么解释的呢？实际上，树干上这一簇簇怪异的树枝是由一种病引起的。这种病是由一种特别的扁虱引起的，或者是说由一种特别的细菌引起的。榛子树上的扁虱非常小，也很轻，一阵微风就可以带着它们满森林乱飞。扁虱落到树枝上，钻进一个嫩芽住了下来。生长芽是带着叶胚的茎，扁虱不打扰芽的生长，只是喝它的汁液。不过，由于它们啃咬造成的创口和分泌物，叶芽就得病了。等到病芽出芽的时候，它会以神奇的速度开始生长，它的生长速度往往达到普通叶芽的六倍。

病芽刚刚长成一根短短的嫩枝，嫩枝就立刻生出侧枝，侧枝又生出侧枝……就这样，原来只有一个芽的地方，生长出一团形状怪异的“扫帚”。

同样，白桦树的嫩芽里钻进一个寄生菌的孢子，也会出现类似的现象。

“女巫的扫帚”是一种常见的树木病。白桦、赤杨、山毛榉、千金榆、槭树、松树、云杉、冷杉及其他各种乔木和灌木上，都可能有“女巫的扫帚”。

绿色纪念碑

现在也是一个植树的大好时节。

在这件充满快乐而又有意义的事情中，孩子们的热情绝不落在成年人的后面。他们小心翼翼地把冬眠中的小树挖了起来，尽量不损坏树根，然后把它们移植到一个新的家园。来年的春天，小树从冬眠中一醒过来，就开始茁壮成长，给人们带来欢乐和喜悦。每一位孩子，只要他栽种和照料过小树——哪怕只有一棵，他都是在为自己建造一座奇妙的、有生命的纪念碑，一座永久的绿色丰碑。

孩子们还有更妙的主意呢！他们在花园、菜园和学校边缘，栽下一排排小树作为活篱笆。活篱笆密密实实，它们不仅可以阻挡沙尘和大雪，还会吸引很多鸟儿来这里定居。夏天的时候，我们的好朋友，诸如鹡鸰、知更鸟和黄莺之类的鸣禽，会在这些篱笆上筑巢，孵出幼鸟，它们会热心地替我们保护好花园和菜园，不让害虫来侵犯。说不定哪天来了兴致，它们还会为我们高歌一曲呢。

有些少先队员在夏天去过克里木，他们从那儿带回一种有趣的东西：列娃树种。春天里，可以撒下这些种子，生根发芽后就让它们充当活篱笆。不过，我们需要在它上面挂一个牌子——“请勿触摸”。这种活篱笆浑身布满了尖刺，像刺猬一样戳人，像猫爪一样抓人，想荨麻一样灼人。我们倒是想看看，将来什么鸟儿会选中这个严厉的哨兵作为自己的保护者呢！

候鸟飞往越冬地

（续完）

复杂的迁徙原因

这个道理似乎很简单：既然长有翅膀，那么想飞到哪儿就可以飞到哪儿！这里的天冷了，找不到食物，那么就展开翅膀，向南飞去，飞到一个暖和一点儿的地方住一段时间。要是那里的天气也渐渐变冷了，干脆就再飞远一点，飞到一个阳光明媚、食物充足的地方，在那儿过一个温暖的冬天。

然而，实际情况并非如此。不知道出于什么原因，我们这儿的朱雀一直要飞到遥远的印度去；而西伯利亚的游隼更是厉害，它们要飞越印度和几十个适合过冬的热带国家，最终抵达澳大利亚。

这样看来的话，促使我们这些候鸟飞过崇山峻岭、越过茫茫海洋，不远千万里赶到那遥远的异国去的原因，绝对不是饥饿或者寒冷这么简单，而是源于它们与生俱来的、复杂的，以至于自己都无法摆脱、无法控制的本能。可是……

大家都知道，在远古的时候，我国的大部分地区都曾遭受过冰河的袭击，沉重的、毫无生气的冰川以排山倒海之势，淹没了我们这儿的大片地区，之后过了几百年的时间又退了回去；后来又涌来。如此反复，地面上的所有生物都因此丧失了性命。

鸟类是幸运的，它们依靠翅膀保住了性命。最先飞离的鸟，占据了离冰河最近的地区，下一批鸟儿必须得飞得更远一些，再下一批飞得还要再远一些，这就像是在玩“跳山羊”的游戏一样。等到冰河退却的时候，那些被迫离家的鸟儿，又开始匆匆飞回故乡。只是这一次，它们启程的顺序倒过来了——近一些的最先回来，远一些的稍后回来，最远的最后回来。这种跳山羊游戏的时间太长了——几千年才能跳完一次！我们推测，鸟类就是在这一漫长的时间里，渐渐养成了迁徙的习惯：秋天，当气温开始下降的时候，它们离开自己的家；春天来临的时候，它们再跟着太阳一起飞回来。这种习惯就像是“渗透在血与肉中”，被永久性地保留了下来。这一推测也得到了下面这一事实的佐证：地球上，凡是没有冰河的地方，就没有候鸟迁徙的行为。

其他原因

然而，在秋天，并不是所有的鸟儿都会飞往南方。有些鸟儿会飞往别的地方，甚至是一路向北，往寒冷的北边飞去。

有些鸟儿只是暂时离开。因为大地被厚厚的积雪所覆盖，水也冻成了坚冰，它们找不到食物可吃，于是就离开一段时间。只要天气开始转暖，大地解冻，这里的秃鼻乌鸦、椋鸟和云雀等，马上就会回来！只要江河湖泊里的坚冰开始融化，鸥鸟和野鸭也会立马飞回来。

绒鸭是无论如何也不会留在干达拉克沙禁猎区过冬的，因为在冬天，那里的白海将会被厚厚的冰层所覆盖。它们必须飞往那些更加靠北的地区，飞到那些有墨西哥湾暖流经过的地方，只有那里的海水整个冬天都不会结冰。

假如冬天你从莫斯科往南走，要不了多久，到达乌克兰后，你就会看见秃鼻乌鸦、椋鸟、云雀、山雀、灰雀和黄雀，这些鸟儿飞到比留鸟稍远一些的地方过冬来了。虽然它们中的山雀、灰雀和黄雀等被人们认为是留鸟，但是并不见得它们总是定居在同一个地方，它们有时也会搬迁的。只有城市里的那些麻雀、寒鸦和鸽子以及森林中的野鸡，才会一年四季居住在同一个地方；其余的鸟儿，要么飞到近一些的地方，要么飞到远一些的地方。那么，我们该如何去判断，哪种鸟儿是真正的候鸟，哪种鸟儿只是换一个居所而已呢？

就比如说朱雀吧！这种红色的金丝雀，我们很难说它是定居的留鸟。就算都是雀类也不一样，比如灰雀会飞到印度，而黄雀会飞到非洲。它们成为候鸟的原因，似乎跟大多数鸟儿不一样。它们并不是由于冰河的侵袭和退却迁徙的，而是其他的什么原因。

还有雌灰雀，它们看起来就像一只普通的麻雀，只是它们的头部和胸部特别红。更令人惊讶的是黄鸟，它浑身上下全是纯金色的，而两只翅膀却是黑乎乎的。你会禁不住感慨：这些小鸟的外衣竟然如此华丽，看起来不像是本地的鸟啊，它们是从遥远的热带飞过来的小客人吗?

好像是这样的。其实就是这样！黄雀是典型的非洲鸟，而灰雀则来自印度。情况可能如此：有些鸟类因为无序的繁殖而出现了数量过多的现象，这迫使那些年轻的鸟儿不得不去寻找新的栖息地以养育后代。于是，它们慢慢地开始向鸟类比较稀少的北方转移。夏天的时候，北方并不是很冷，即便是那些刚出生的光溜溜的小鸟，也不会被冻感冒。等天气转冷，没有什么东西可吃的时候，它们会飞回去，回到故乡。故乡的雏鸟这时候也出生了，大家和和睦睦地住在一起，它们是不会驱逐同类的！到了春天，它们又要飞到北方去了。它们就这样飞来飞去，飞了几千年几万年……

它们便这样养成了迁徙的习惯：黄雀向北飞，绕道地中海飞往欧洲；灰雀则从印度启程，飞越阿尔泰山到达西伯利亚，然后折向西，穿越乌拉尔山。

还有一种观点认为，迁徙习惯的形成，是由于某些鸟类逐渐适应了新的居住环境。比如说灰雀，近几十年以来，我们发现这种鸟不断地向西迁移，一直到了波罗的海沿岸。可是一到冬天，它们依然会回到印度的故乡。

这些关于迁徙习惯的假设，看起来都有一定的道理。不过，关于鸟类迁移的问题，依然还存在着诸多未解之谜。

一只小杜鹃的简史

这只小杜鹃诞生在一个红胸鸲的家庭里。红胸鸲一家就住在列宁格勒附近的泽列诺高尔斯克的一座花园[①]里。

你不必好奇，它怎么会孤零零地一人待在老云杉树根旁这个舒舒服服的窝里；也不必好奇，这只小杜鹃给它的养父母——红胸鸲带来了多少麻烦、牵挂和不安。每天，红胸鸲得费好大一番劲儿才能把这只足足有自己三倍大的馋鬼喂饱。有一天，花园的管理员走到它们巢边，掏出那只已经开始长出羽毛的小家伙，仔细地看了看，然后又放了回去。这可把红胸鸲夫妇吓了个半死。现在，在小杜鹃的左翅上，已经可以清晰地看见一个由白色羽毛构成的斑点了。

小小的红胸鸲夫妇好不容易把小杜鹃养大，可这小家伙飞出窝后，每次一看见它的养父母，依然会张开它那张红黄色的大嘴，嘶哑地叫嚷着，向它们讨要东西吃。

10月初，花园里的大多数树木都只剩下光秃秃的树枝了，只有一棵

①位于今彼得堡西北50千米处，原名泰里约基，临芬兰湾，为海滨气候疗养地。

橡树和两棵老槭树，还没有完全脱下华丽的外衣。这时，小杜鹃突然消失了。而那些成年的杜鹃鸟，早在一个月以前，就已经离开了这片森林。

这只小杜鹃和我们这儿其他的杜鹃一样，在南非度过了一个温暖的冬天。然后，在夏天的时候重新飞回到我们这里来。

今年夏天，也就是前不久，花园的管理员看见一只杜鹃落在老云杉的树枝上。他担心杜鹃会毁坏红胸鸲的巢，就用气枪把它打死了。

这只死去的杜鹃的左翅上，有一块清晰的白斑。

无法破解之谜

我们关于候鸟迁徙问题所做的推测，也许都不错。但是下面的问题，又该如何解释呢？

候鸟迁徙的路程，通常都长达几千千米。它们是如何识别这条路线的呢？

以前，人们总是认为，在一个迁徙的鸟群里面，至少有一只老鸟，率领着全体成员，沿着它所熟悉的路线，从居住地飞往越冬地。而现在，人们已经证实：今年夏天刚在我们这儿孵出的一群幼鸟，在迁徙的过程中，没有一只老鸟带领。有些鸟，年轻的比年老的还先飞走；而另一些鸟，则是年老的比年轻的先飞走。然而，不管怎样，年轻的鸟都能在固定的日期抵达越冬地。

这可真是太奇怪了！老鸟的脑袋只有那么一丁点儿大。就算这个脑袋瓜子能记住几千几万千米长的路程，可是那些才刚刚出生两三个月的幼鸟，根本就没出过远门儿，它怎么会认识这条迁徙的路线呢？真叫人百思不得其解呀。

比方说我们上面提到的泽列诺高尔斯克花园里的那只小杜鹃吧！它是如何找到同类们在南非的越冬地的呢？所有的老杜鹃，几乎早在一个月前就飞走了，没有什么老鸟来给它指引道路。况且，杜鹃是一种性格孤僻的鸟儿，喜欢单独飞行，从来不成群结队。哪怕是在迁徙的时候，它们也是单独上路。小杜鹃是红胸鸲养育大的，而红胸鸲是一种要飞到高加索去过冬的鸟儿。那么，我们的小杜鹃是怎么飞去它祖辈们都会前往的过冬地——南非的呢？而且，飞去以后，它又是怎么回到红胸鸲把它孵出来、养育大的鸟巢来的呢？

年轻的鸟儿怎么会知道它们究竟该飞往哪儿去过冬呢？

亲爱的《森林报》读者们，希望你们能好好地研究一下鸟类的这一秘密。当然了，这个谜团很可能要留给你们的后代去揭晓呢！

要想搞清楚这个问题，首先必须放下诸如“本能”这类晦涩的词语。也许，我们得去设计成千上万个巧妙的实验，才能彻底地搞明白，鸟类大脑和人类大脑的区别到底在哪儿。

风的等级

等级	名称[1]	秒速和时速	威力
7	大风	13.9~17.1 米 / 秒 50~61 千米 / 小时	迎风前行费力，能吹起轻微的海浪，将水花吹得四处飞溅。
8	疾风	17.2~20.7 米 / 秒 60~74 千米 / 小时	能吹折树的枝丫，掀起中等浪潮，迎风前行很费力，不宜出海。
9	烈风	20.8~24.4 米 / 秒 75~88 千米 / 小时	能刮走屋顶瓦片，或是某些建筑物倒塌。
10	狂风	24.5~28.4 米 / 秒 89~102 千米 / 小时	树被连根拔起，屋顶被掀破坏力很大。
11	暴风	速度与信鸽相当	破坏力极大。
12	飓风	36.7~36.9 米 / 秒 （速度与鹰隼相当）	破坏力极大。

我们很幸运，因为暴风和飓风在我们国家很少出现。

①风级名称在翻译中以上海辞书出版社的《辞海》（2000 年版）有关条目为准。

农场纪事

农场里，已经听不见拖拉机的轰鸣声了，分拣亚麻的工作也即将结束，最后一批载着亚麻的货车，正在陆陆续续地向车站驶去。

现在，场员们正在考虑来年的收成问题。专业的种子站已经为全国的农场培育出了黑麦和小麦的优良新品种，场员们正在讨论关于麦种的事情。田里的农活基本结束了，家里的工作渐渐多了起来。场员们的精力现在已经转移到家畜身上了。

农场的牛羊，都被赶进了畜栏，马也被赶进马厩里去了。

田野里一片空旷。一群群灰色的山鹑，飞到农场人家附近寻找食物，有些甚至就在谷仓旁边过夜。

打山鹑的季节已经过去了，有枪的场员们开始准备打野兔了。

农场新闻

昨天

胜利农场的养鸡场里灯火通明。现在白昼越来越短，场员们决定借用灯光进行照明，以延长鸡群的活动时间和进食时间。

鸡们显得十分高兴。灯一亮，它们立即扑进炉灰里去“洗澡”。一只活泼好斗的公鸡，斜歪着它的脑袋，用左眼紧盯着灯泡，仿佛在说：

“咯！咯！你要是挂得再低一些的话，我一定要啄你一口！”

营养又美味

干草末是所有饲料的最佳调味料，它通常是用质量上乘的干草粉碎而成的。

如果你想让吃奶的猪仔快点长大，那就喂它干草末吧！

如果你想让母鸡天天下蛋，然后“咯哒！咯哒”地不停夸耀它们的成果，那么也请喂它们干草末吧！

来自果园的消息

果农们正在忙着修剪苹果树。他们要把这些果树收拾干净，然后为它们穿上新衣。现在，除了灰绿色的胸饰——苔藓以外，果树们什么也没穿。果农们需要从果树上摘下这种饰物，因为苔藓里面藏有很多害虫。果农们在树干和靠近地面的树枝上涂了一层石灰水，这既有助于防止果树再生害虫，也有助于避免被太阳灼伤，在冬天还可以起到防寒保暖的作用。现在，果树们穿上了洁白的外套，看上去非常漂亮。难怪队长开玩笑说：

"我们特地在节日前夕把这些果树打扮起来。因为我们还要带着它们去参加节日游行呢！"

适合老人采的蘑菇

在黎明农场，居住着一位百岁的老奶奶阿库丽娜。我们《森林报》的记者去采访她的时候，碰巧她出门了。但是不一会儿，老奶奶就背着满满一口袋蘑菇回来了。她告诉我们：

"那些一个个单独生长的蘑菇，很不好找，它们都藏了起来。我的双眼已经昏花了！可是，我袋子里的这种蘑菇却很好采，只要看见一个，你就能在它附近找到一大片。我实在是太喜欢这种蘑菇了！人们把它叫作蜜环菌。它们还专爱往树墩上爬，看起来非常显眼，这种蘑菇最适合我们老太太采了！"

冬前播种

在劳动者农场，菜农们正在田垄上播种莴苣、葱、胡萝卜和香芹菜。这些种子都被撒在冰凉的土壤里。用队长孙女的话来说，种子们对这待遇是非常不满意的。那小女孩儿告诉人们，她听见种子们在地下大声嚷嚷：

"你们最好不要种，这么冷的天，我们是不会发芽的！你们爱发芽，自己发去吧！"

其实，菜农们之所以这么冷还要播下这批种子，正是因为知道它们在秋天已经不可能发芽了。

不过，只要春天一到，它们马上就会钻出土壤，很快就会长大成熟。能早一点收获，那可是一件好事啊！

■尼·朱·帕甫洛娃

农场植树周

俄罗斯联邦的各个地区都进入了植树周。苗圃里已经准备好了大批的树苗。在俄罗斯联邦的各大农场里面，人们正在开辟面积达几千公顷的新果园和浆果林。农场的场员和职工们，将在农场的附属地块上，栽上多达百万棵的苹果树、梨树以及其他种类的果树。

■塔斯社列宁格勒讯

城市要闻

在动物园里

动物园里的鸟兽们从夏天的露天居所，搬进了温暖的越冬住房。它们笼子的周边生上了火，整个房子里都暖暖和和的。现在，没有一只动物愿意再去过那种漫长的冬眠生活了。

园子里的鸟儿也不出去了，短短一天时间，它们就感觉到了寒冷与温暖的差别。

没有螺旋桨的飞机

这段时间，总有一些奇怪的小飞机在我们城市的上空盘旋。行人们经常会在街心停住脚步，抬起头，好奇地注视着这些小飞机，看它们慢慢地绕着圈子。人们叽叽喳喳地议论着：

“看见了吗？”

“看见了，看见了！”

“真是奇怪啊，怎么听不见螺旋桨的声音？”

“可能是它们飞得太高了吧？你看，它们显得那么小！”

“但是飞低的时候也没听见它们的声音啊？”

“到底怎么回事啊？”

“它们压根就没有螺旋桨！”

“怎么会没有螺旋桨呢？难道这是一种新型的飞机吗，那它们是什么型号的啊？”

“雕！”

“你在开什么玩笑？列宁格勒哪儿来的雕！”

“的确有。它们叫金雕，现在正往南迁徙呢！”

“原来是这样啊！哦，现在我也看清楚了，的确是鸟儿在盘旋。如果你不说，我还真以为是飞机呢。它们简直太像了！这家伙，哪怕扇动一下翅膀也好啊……”

去看看野鸭

最近几周，在涅瓦河上的施密特中尉桥附近，在彼得罗巴甫洛夫斯克要塞旁边以及其他的一些地方，飞来了很多形态各异、五彩斑斓的野鸭。

其中，有跟乌鸦一般黑的鸥海番鸭，有勾嘴、翅膀带白斑的斑脸海番鸭，有尾巴像柳枝般细长的五彩长尾鸭，还有黑白两色相间的鹊鸭。

它们看起来一点也不畏惧喧嚣的城市。

哪怕是黑色的蒸汽拖轮在水中劈波斩浪，迎面驶来，它们也没有丝毫的害怕。只见它们往水里一扎，眨眼间就出现在离原处几十米的地方。

这些潜水健将，是海上航线上的旅客。它们每年来我们列宁格勒做客两次：春天一次，秋天一次。

当拉多亚湖中的浮冰漂到涅瓦河里的时候，它们就离开了。

鳗鱼的最后旅程

秋天的气息，慢慢从大地深入到水底。

水变得越来越冷了。

老鳗鱼即将踏上最后的旅程。

它们从涅瓦河出发，经过芬兰湾、波罗的海和北海，一直游到大西洋的深海中去。

它们再也没能回到那条曾生活了一辈子的河流。它们将在几千米的深海中，悄悄地结束自己的生命。

但是，在临死之前，它们在海中产下了卵。深海中并没有人们想象得那么冷：那里的水温有 7℃。一段时间以后，鱼卵开始变成玻璃般透明的小鳗鱼。几十亿条小鳗鱼成群结队地开始了属于它们的生命之旅。三年以后，它们将到达涅瓦河口。

它们在涅瓦河里快乐地成长，变成大鳗鱼。

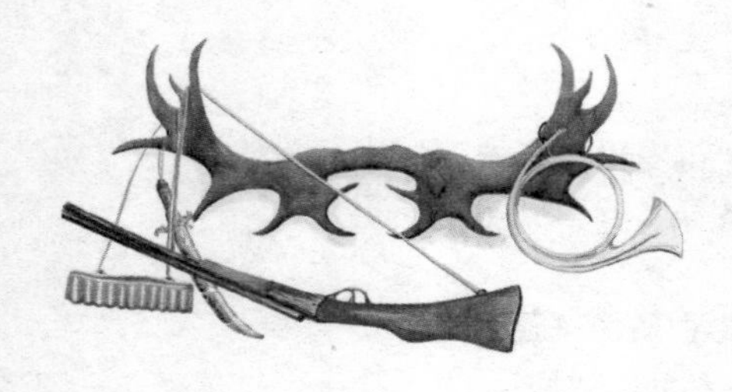

狩猎

野外追逐

这是一个空气清新的秋日的早晨。一位猎人扛着一杆猎枪来到了郊外。他用一条短小而结实的皮带牵着两只紧靠在一起的猎犬，这两只狗，胸脯宽大，看起来非常壮实，黑色的皮毛里夹杂着棕黄色的圆点。

他走到小树林边，解下了套在猎犬身上的皮带。把它们“丢”到小树林里，任由它们而去，两条猎犬瞬间就钻进灌木丛里去了。

猎人悄无声息地沿着林边的一条小路前行，这是一条野兽经常出没的小路。

他站在灌木丛对面的一个树桩后，那里有一条隐蔽的林间小道，从树林中一直延伸到下面的小山谷。

他还没来得及站稳，猎犬们就已经搜寻到了野兽的踪迹。

老猎犬多沃依头一个叫了起来，它的声音低沉而沙哑。

接着，年轻的扎利华依也跟在它的后面不停地“汪汪”大叫。

猎人一听就明白了，它们吵醒了野兔，然后把野兔从窝里撵了出来。现在，它们正沿着泥泞的小路往前追赶。雨后的小路到处都是烂泥，和着腐烂的枯叶，地面黑乎乎的一片。猎犬们不时用鼻子嗅着野兔留在泥地上的足迹。

猎犬的叫声一会儿近，一会儿远，那是因为兔子在不停地兜着圈子。

哎呀，都没注意到！刚才溜走的不就是兔子吗？它那棕红色的油亮的皮毛在山谷里一闪一闪的！

猎人错失了一次机会……

看，那两只狗依然紧追不舍，跟着兔子，在山谷里狂奔。多沃依跑在前头，扎利华依吐着舌头跟在后面。

失去一次机会不要紧，我们的猎犬还会把野兔赶回树林里来的。多沃依做事一向非常执着，它一旦发现了猎物，绝不会轻易放弃的。那可是一个非常老练的家伙！

又跑过来了。兔子兜了一大圈，重新跑回到树林里来。

猎人心里想：“兔子啊兔子，你终究还是要回到这条路上来的。这一次我可不能再让你给溜了！”

安静了小会儿……突然……咦！这是怎么回事？

两只猎犬为什么在不同的方向叫唤？

这会儿，老猎犬干脆不叫了。

只有扎利华依自个儿还在“汪汪”大叫。

随后，一切又安静了下来……

猎人正在纳闷，那边又传来了多沃依的叫声。不过这一次的声音跟刚才可不一样，明显要激烈很多。扎利华依不住地喘着气，尖着嗓子跟着叫了起来。

它们大概是发现了另外一只野兽的踪迹！

会是什么野兽呢？反正不会是野兔了。

很有可能是红色的吧……

猎人赶紧给猎枪换了子弹——装进了最大号的霰弹！

一只兔子从身边跑过，一溜烟地逃到田野里去了。

猎人看见了，但是他没开枪。

两只猎犬越追越近。其中一只声音嘶哑地叫着，另一只恼怒地叫着……突然间，一条有着火红色脊背和雪白胸脯的家伙，蹿过灌木丛，在兔子刚才经过的那条小道上，冲猎人直冲了过来。

猎人端起了枪。

那野兽发现了猎人，吃了一惊，急忙甩动着它那毛茸茸的尾巴想逃跑。

一切都晚了！

砰！狐狸被火药那巨大的威力抛到了空中，然后四脚朝天地摔在了地上。

猎狗从丛林中跑了出来，扑向狐狸。它们用锋利的牙齿咬住狐狸那火红的皮毛，凶狠地撕扯着，眼看就要撕破了！

“给我放下！”主人大声呵斥着，连忙跑了过去，从猎狗的嘴里抢下那只珍贵的猎物。

地下搏斗

在离我们农场不远的森林里，有一个远近闻名的大獾洞。这个洞的年代很久远。人们虽然称它为“洞”，实际上，它根本就不算洞，而是一座被世世代代的獾纵横掘通了的山丘。这是个獾类错综复杂的地下交通网。

塞索伊奇带着我们去参观了那个“洞”。我趁机仔细地查看了整个山冈，认真地数了一遍，一共有 63 个洞口。当然，在山丘下面的灌木丛里，还隐藏有许多不易觉察的洞口。

很明显可以看出，在这个宽敞的地下城堡里，不仅仅住着獾：在好几个洞口，都有成堆的甲虫在爬动，有埋葬虫，有推粪虫，还有食尸虫。这里面堆满了它们喜爱的食物——山鸡骨头、松鸡骨头以及兔子那长长的脊椎骨，它们正吃得津津有味。獾是绝对不会吃野鸡和兔子的，而且獾是一种非常爱干净的小动物，它们从来不会把残羹冷炙

和垃圾之类的脏东西丢弃在家门口。

兔子和野禽的骨头只能说明：这座城堡里面住着一个狐狸家庭。它们跟獾是邻居，占据着城堡的一部分。

这里有些通道被掘坏了，塌陷成了壕沟。

塞索伊奇说："我们这里的猎人曾花了不少力气，想把这些狐狸和獾挖出来，结果都失败了。不知道那些狡猾的狐狸和獾都藏到地底下什么地方去了。无论你怎么挖，都不见它们的踪影。"

他沉默了片刻，接着说：

"这回我们不妨来试试，看能不能用烟把它们从洞里熏出来！"

第二天一大早，塞索伊奇、我，还有一位小伙子，我们三人向山丘走去。一路上，塞索伊奇不断地开那个小伙子的玩笑，一会儿称他为烧炉工，一会儿叫他伙夫。

我们三人忙碌了大半天，除了山丘下面的一个洞口和山丘上面的两个洞口没堵，地下城堡的其余洞口全被我们给堵上了。我们随后搬来了一大捆杜松和云杉的枯枝，堆在了下边那个洞口旁。

我和塞索伊奇俩人躲在小灌木后面，各自紧盯住一个上面的洞口。"烧炉工"在下面的洞口旁点起火来。等火烧着了，他又在上面添加了许多云杉枯枝。很快，火堆上浓烟滚滚。不大一会儿，浓烟就好像钻进烟囱里似的，源源不断地往洞里冲去。

我们两个射手，埋伏在灌木丛后，焦急地等待着浓烟从洞口冒出。机灵的狐狸也许会早一点逃出来吧？或者是一只又笨又肥的獾子从洞中滚出来？也许它们在地下城堡里已经被熏得晕头转向了呢？

让人想不到的是，洞里的家伙们还真有股耐劲儿！

浓烟已经从塞索伊奇身边的灌木丛里涌了出来，迅速地向我们周围散去。

用不了太久，就可以看见野兽们打着喷嚏和响鼻，接连不断地从洞中狼狈地逃出来了。枪已经端起来了——绝不能让动作敏捷的狐狸溜掉！

烟越来越浓。现在已经是成团地滚滚往外涌，弥散在我们身边，熏得我眼睛都睁不开了，眼泪也开始不住地往下流。可千万不要在我们眨眼睛、抹眼泪的时候，让猎物趁机逃走了呀！

它们还是没有出来。

端着猎枪的手酸得实在是不行了，我放下了枪。

我们还在耐心地等待。小伙子还在一个劲儿地往火堆里添干柴。獾洞里依然没有动静。

“你以为它们被烟给熏死在洞里了吗？”在回家的路上，塞索伊奇耷拉着脑袋说道，“没有，老弟，它们一点事儿都没有。烟在洞里是往上升的，它们就钻到洞底去了，鬼才知道它们那个洞到底有多深呢！”

此次行动的失败，让这位蓄着络腮胡子的小老头儿很不高兴。为了宽慰他，我给他讲了一段关于达克斯狗和粗毛狐狗的故事。这两种狗都异常凶猛，能够钻到洞里去捉野兽。塞索伊奇听完后，突然兴奋起来。他请求我一定要帮帮他，无论如何也要为他搞一条这样的猎犬。

我只好答应他尽量去想办法。

之后不久，我去了趟列宁格勒。没想到我的运气这么好：一位熟识的猎人朋友，居然答应把他那只心爱的达克斯狗借给我。

我回到农场后，立即带着小狗去见塞索伊奇。谁知他盯着那小家伙竟然冲我发起了脾气，气愤地嚷嚷：

“怎么？难道你想取笑我不成？别说是老狐狸，就是刚出生的小狐狸也能一口吃掉这个家伙。”

塞索伊奇对自己的矮小身材很不满意，所以对于包括狗在内的其他小个子的东西他同样瞧不起。

达克斯狗的外表确实很不起眼儿：身子瘦瘦的，又矮又小，四条歪歪扭扭的小腿儿，就好像脱臼了似的。可当塞索伊奇不经意间把手伸向它的时候，这只不起眼的小狗竟然张开大嘴，露出锋利的牙齿，凶猛地咆哮起来，随时准备向他扑过去。塞索伊奇迅速地躲到一旁，连声赞道：“好家伙，够厉害的！”

我们带着小狗出发了。刚走到山丘前，小狗就暴跳如雷地要往獾洞冲去，差点把我拉着它的手腕挣脱臼了。我连忙解下了它脖子上的皮带，它一个转身就钻进了黑咕隆咚的獾洞。

人类为了满足自己的需要，培育出各种奇形怪状的犬种，达克斯狗应该是其中最特别的了。它的身子像貂一样细长，没有那种狗比它更适于钻洞的了；弯弯的脚爪既能够挖泥土，也能够抵住泥土；窄长的嘴巴一旦咬住猎物，就再也不会松开。我们在獾洞外等着，心中不免有一些忐忑：在黑暗的兽洞里，这个小家伙和野兽们浴血搏斗，最终的结局会怎么样呢？万一猎狗战死，我又该如何向它的主人交代呢？

地下的搏斗正在进行中。虽然隔着厚厚的一层泥土，我们还是能听见沉闷的狗吠声。那声音好像不是从我们脚底下发出，而是来自一个很遥远的地方。

听，叫声越来越近，越来越清晰。叫声因狂怒而略显嘶哑。更近了……突然间，又变远了。

我和塞索伊奇站在山丘上，手里紧攥着那杆派不上用场的猎枪。听着那叫声一会儿从一个洞口传出来，一会儿从另一个洞口传来，一会儿又从第三个洞口传来。

叫声突然停止了。我知道那一定是猎犬在黑暗的洞里追上了猎物，正在和它进行一番殊死搏斗！

这时，我才突然意识到，我们应该带上铁锹的——通常人们碰到这样的情况，都会带上铁锹，等猎狗在下面和野兽搏斗的时候，赶紧用铁锹挖开它们上面的泥土，以便猎犬在搏斗失利的情况下能够迅速逃出。当然，这个方法适于在搏斗场所距离地面1米左右时进行。对于这个连浓烟都无法把猎物熏出的深洞，我们实在是束手无策。

我该怎么办啊？达克斯狗搞不好会死在獾洞里的。谁也不知道，它在那里是不是遭到野兽们的围攻了。

突然，又传来几声闷声闷气的狗叫。

我还没来得及松口气，叫声又停了。这次真的完蛋了！我和塞索伊奇在这只勇敢的小狗的坟墓前默默地站了很久。

我不忍心离去。塞索伊奇开口了：

“老弟，你瞧咱俩干的这糊涂事儿！看来猎犬是遭遇了老狐狸或者獾子了。”

他看着我，迟疑了一下，接着说道：“要不咱们走吧，怎么样？或者再等一会儿？”

突然，脚底下传来一阵窸窣声。

兽洞里露出一条细长的黑色尾巴，接着出现了两条弯曲的后腿和瘦瘦的后身，身上沾满了泥土和血迹。达克斯狗费力地往外移动着。这真是太让我高兴了，它居然没死，我飞奔过去抓住它的身躯，使劲地往外拖。

随着小狗被拖出来的，还有一直肥胖的老獾子。猎犬死命地咬着它的脖子不放，好像担心这个大家伙重新活过来。

■本报特约记者

打靶场

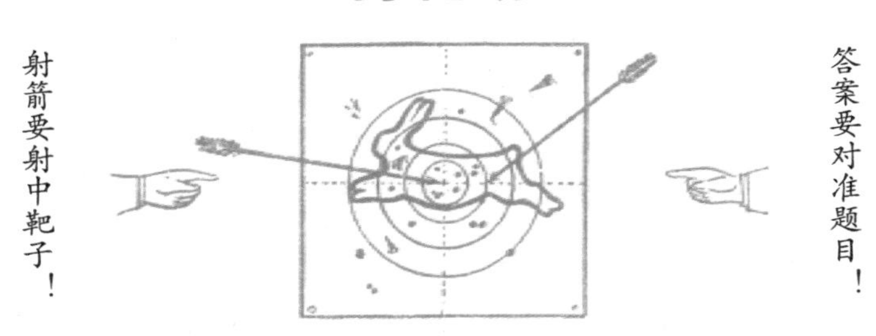

第八场竞赛

1. 兔子奔跑的时候，是往山下跑容易，还是往山上跑容易？

2. 落叶向我们揭示了鸟儿的什么秘密？

3. 哪种动物喜欢在树上风干自己的蘑菇？

4. 哪种野兽夏季住在水中，冬季住在土里？

5. 鸟类会为自己贮备过冬的食物吗？

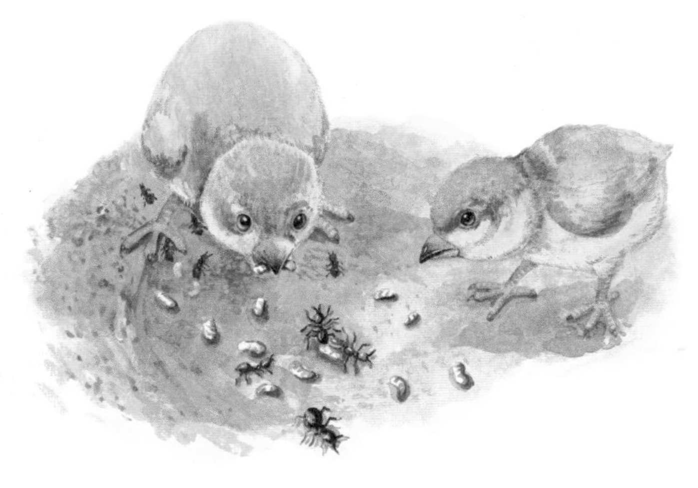

6. 蚂蚁是如何度过寒冬的？

7. 鸟类的骨头里面有什么？

8. 秋天，猎人们外出打猎最好穿什么颜色的衣服？

9. 鸟类在什么时候受到伤害后对它伤害最小——夏季还是秋季？

10. 右图中这个可怕的脑袋是哪种动物的？

11. 蜘蛛是昆虫吗？

12. 冬天，青蛙都躲到哪儿去了？

13. 下图是三种不同鸟儿的脚：一种生活在树上，一种生活在地上，第三种生活在水里。请问这三种脚爪分别属于哪一种鸟儿？

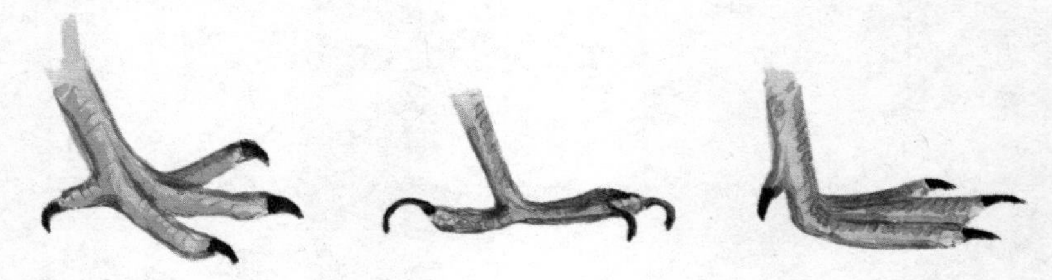

14. 什么野兽的脚掌心向外翻呢？

15. 下图是长耳猫头鹰的脑袋。请指出它的耳朵。

16. 掉啊掉，落到水上了，自己不沉，水也不浑。（谜语）

17. 走呀走，永远走不完；捞呀捞，总也捞不尽。（谜语）

18. 一年生的草，个儿比院墙高。（谜语）

19. 不管跑多久，还是跑不到；不管飞多久，总也飞不到。（谜语）

20. 乌鸦长到三岁后会怎样？

21. 跳进水塘洗个澡，身上还是很干燥。（谜语）

22. 身子带走，抛掉骨头，脑袋入口。（谜语）

23. 不是国王，头戴王冠；不是骑士，皮靴马刺；自个起得早，谁也别想睡。（谜语）

24. 有尾不是兽，有羽不是鸟。（谜语）

通告

“火眼金睛”大比拼

第七次测试

这是谁干的

图 1

（1）什么动物摘过这里的云杉球果，并且还把它们丢到了地上？

（2）什么动物坐在树墩上把果球啃得只剩下心儿了。

（3）什么动物在榛子上凿了个小孔，掏吃了里面的果仁？

（4）什么动物把蘑菇搬上了树，挂在了树枝上？

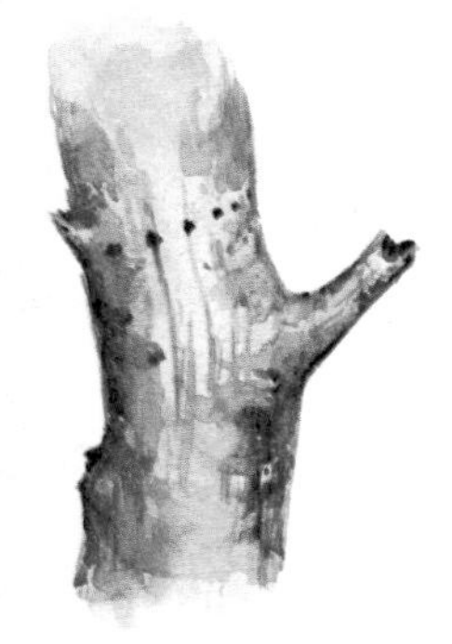

在这棵老白桦树的树皮上，能看见许多分布呈圈状的形状相同的方形小孔。这是哪种动物干的，它们为什么要这么做？

是哪种动物加工了牛蒡的刺状果实？

图 2

图 3

在黑暗的森林里，什么动物用爪子毁坏了树木——把云杉树的树皮剥掉了？它们要用树皮来做什么呢？

图 4

是谁在这儿干的坏事——毁坏了这么多树木，使枝梢变得光秃秃的，还咬断了那么多树枝？

图 5

人人能做的事

只要学会寻找和挖掘田鼠洞，我们就可以把啮齿动物从田野里偷走的上等粮食夺回来。

本期《森林报》已经报道过，这些有害的小动物，从我们田地里偷走了大批优质的粮食，搬回它们的储藏室留着过冬吃。

请勿打扰

我们已经为自己准备好了越冬的住房，并打算一觉睡到来年春天。

我们不会去打搅你们，所以请你们让我们睡一个安稳觉吧！

——熊、獾、蝙蝠

森林报

No.9

冬客临门月

（秋季第三月）

Forest Newspapers

11 月 21 日到 12 月 20 日　　太阳进入人马宫

第九期导读

太阳诗章——11 月

林中逸闻

农场纪事

农场新闻

狩猎

打靶场：第九场竞赛

通告：“火眼金睛”大比拼

一年：太阳在12个月内谱写的乐章

11月——一半是秋天，一半是冬天。11月是9月的孙子，10月的儿子，12月的亲兄弟。11月，大地上布满钉子，12月大地铺上了桥。11月骑着带有斑纹的马出门：地面上，一道烂泥，一道白雪；一道白雪，一道烂泥。11月的铁匠铺规模虽然不大，但里面铸造的枷锁却已经锁住了整个俄罗斯：池塘和湖泊已经完全冰封了。

现在，秋天开始忙起了它的第三件事：脱尽森林的衣裳，给河水戴上枷锁，然后用白雪把整个大地盖起来。森林里的景象让你感觉很难受：黑黝黝、光秃秃的树木，从头到脚，被冷雨淋得湿透。河上的冰块闪烁着耀眼的光芒。但如果你想到上面去走走，它就会“咔嚓”一声裂开，让你掉进冰冷的水中。大雪严严实实地盖住了土地，秋播的庄稼停止了生长。

可是，现在还不是冬天呢，这只是冬天的序幕。阴沉几天之后，太阳又会重新露出它的笑脸。太阳一出来，所有的生物又都欢腾起来。瞧，这边，黑色的蚊子从树根下飞出来，在空中欢快地跳着舞；那边，金色的蒲公英、款冬花趁机绽放——这可是只有在春天才开放的花儿啊！雪也渐渐地开始融化……但是树木都已经沉睡了，对此毫无知觉，它们要到明年的春天才能醒过来呢。

现在，伐木的季节到来了。

林中逸闻

奇妙的现象

刚才，我刨开雪堆，察看了一下那些一年生的草本植物。它们是一种春天发芽，秋天枯萎的草。

可是，在今年秋天，我发现它们并没有完全死掉。即便在这寒冷的 11 月里，依然有不少草类透着绿色。雀稗居然还顽强地活着！这是在农村房前屋后常见的一种小草，它的叶茎纵横交错地铺在地上，叶子细长，小小的粉红色的花朵不大引人注目。

矮小却能够灼人的荨麻也还活着。夏天里，这是一种让人非常讨厌的植物：当你在田垄里除草的时候，一不小心，手上就会给它灼出个水泡来。然而，在寒冷的 11 月看见它们，是一件让人感觉颇为愉快的事。

蓝堇也活着。你还记得它吗？这种漂亮的小植物，有着微微分开的小叶子和粉色的花朵，花瓣尖儿呈暗色，它们常常出现在菜园里。

这些一年生的草，现在都还活着。不过，我知道，只要春天一到，它们就全部枯萎了。它们何苦要在雪下艰难地生存呢？这种现象该如何解释呢？我还真不太清楚，得好好去咨询一下。

■尼·朱·帕甫洛娃

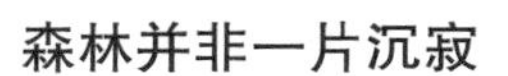

森林并非一片沉寂

刺骨的寒风在林间怒号着。光秃秃的白桦树、白杨树和赤杨树在秋风中摇摇晃晃，瑟瑟发抖。最后一批候鸟正在匆忙地飞离故乡。

度夏的鸟儿还未完全飞走，冬天就已经降临了。

鸟儿们都有自己的习惯：它们有的飞到高加索、外高加索、意大利、埃及和印度去过冬；有的则选择继续留在我们列宁格勒。其实，它们也没觉得我们这儿的冬天有多冷，它们在这儿住得很暖和，吃得也饱饱的。

飞花

沼泽地上，赤杨的黑色树枝孤零零地兀立在那儿。树枝上的叶子都落完了，地面上的青草也全部枯萎了。懒洋洋的太阳好半天才从灰色的乌云后面露出脸来。

突然，在金色阳光的照耀下，一团团五彩缤纷的花儿在沼泽地上空、在赤杨枝旁快乐地飞舞起来。这些花儿非常大，有白色的，有红色的，有绿色的，有金黄色的。它们有的落在赤杨枝上，有的停在桦树枝上，还有的直接落在地上。它

们在扇动着翅膀，身上那华丽的斑点闪烁着耀眼的光芒。

它们用一种芦笛似的鸣叫声彼此打着招呼，转眼间，就从地面飞向树枝，然后从一棵树飞向另一棵树，从一片小树林飞进另一片小树林。它们究竟是什么？它们来自何方？

北方飞来的鸟

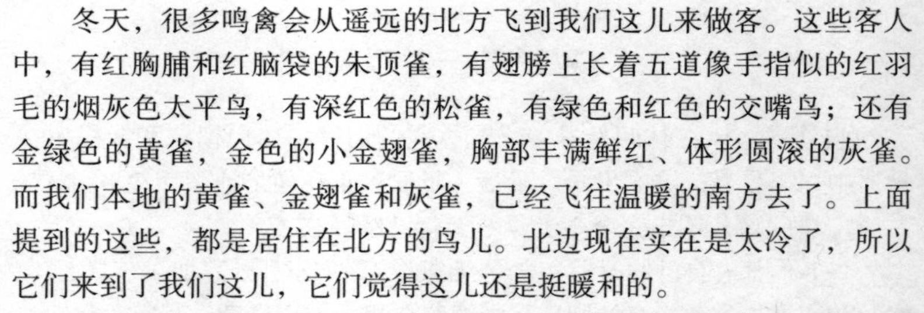

冬天，很多鸣禽会从遥远的北方飞到我们这儿来做客。这些客人中，有红胸脯和红脑袋的朱顶雀，有翅膀上长着五道像手指似的红羽毛的烟灰色太平鸟，有深红色的松雀，有绿色和红色的交嘴鸟；还有金绿色的黄雀，金色的小金翅雀，胸部丰满鲜红、体形圆滚的灰雀。而我们本地的黄雀、金翅雀和灰雀，已经飞往温暖的南方去了。上面提到的这些，都是居住在北方的鸟儿。北边现在实在是太冷了，所以它们来到了我们这儿，它们觉得这儿还是挺暖和的。

黄雀和朱顶雀以赤杨子和白桦子为食。太平鸟和灰雀吃山梨和其他的浆果。交嘴鸟则到处寻找松子和云杉子。它们现在都吃得饱饱的。

东方飞来的鸟

低矮的柳树林中，突然开出了一朵朵雍容华贵的白玫瑰。洁白的花朵在树丛中飞舞，还不时伸出它那黑色的细脚爪东挠挠、西抓抓。花瓣一样美丽的翅膀，在空中闪动着。林间回荡着它们那婉转的歌声。

这是山雀，一种白色的山雀。

它们可不是北方的客人，而是来自遥远的东方。它们越过冰天雪地的西伯利亚，越过山峦迭起的乌拉尔地区，最终到达我们这儿。它们的故乡早已经进入了冬天，厚厚的积雪把低矮的河柳都埋了起来。

该冬眠了

厚厚的乌云遮住了太阳的光辉，空中开始飘起湿漉漉的雪花。

一只胖乎乎的獾子，气喘吁吁地、一瘸一拐地向洞穴走去。它很不痛快：森林里泥泞不堪，空气都能拧出水来。此刻，要是能够钻到干燥、清洁的沙土洞里，美美地睡上一觉，那该多好啊！

羽毛蓬松的丛林小乌鸦——噪鸦，居然在林中打起架来。咖啡色的湿漉漉的羽毛亮闪闪的。它们不停地聒噪着。

一只老乌鸦在树顶“呱”地大叫了一声，原来它瞅见不远处有一具野兽的尸体。它鼓起一对乌黑发亮的翅膀飞了过去。

林中一片寂静。灰白的雪花纷纷扬扬地洒落在黑乎乎的林间和黄褐色的土地上。地面上的落叶渐渐开始腐烂。

雪越下越大。现在，已经是鹅毛大雪了，它把黑色的树枝连同大地一起掩盖了起来……

我们列宁格勒的伏尔霍夫河，斯维尔河以及涅瓦河，由于遭受严寒的侵袭，相继都封冻了。最后，连芬兰湾都结起了厚厚的冰。

最后的飞行

11 月的最后几天，天气突然变得暖和了起来。可是，由于雪堆积得很厚，丝毫未显现出融化的迹象。

清晨，我们在外面散步，发现不管是灌木丛里还是林间的小路上，到处飞舞着一群群黑色的小蚊子。它们看起来是那么虚弱不堪，只见它们从丛林中升起，好像被风推着似的，在空中划过一道弧线，一头栽在雪地里。

午后，在阳光的照耀下，雪开始变得松软了，渐渐从树上往下掉。一抬头，雪水就会滴进你的眼睛，或是冰冷的雪尘会飘落到你的脸上。这时候，不知道从哪儿飞出了一群黑乎乎的小蝇子。夏天的时候，我们可从来没有见过这些小蚊虫和小蝇子。小蝇子似乎心情很不错，它们紧挨着雪地，轻盈地飞舞着。

傍晚的时候，气温开始下降了，小蚊子和小蝇子又都躲藏了起来。

■驻森林记者 维利卡

貂捕松鼠

最近，有许多外地的松鼠迁移到我们这儿的森林里来了。

它们北方的老家今年收成不好，松果不够它们过冬了。

松鼠们四散坐在松枝上，用后爪紧抓树枝，两只前爪抱住一个松果使劲地啃。

一只松果突然从松鼠脚爪间的滑落了，松鼠舍不得丢弃它，就“吱吱”地叫着，从一根树枝跃上另一根树枝，然后跳到地上。

它在雪地上蹦着，蹿着，后腿一蹬，前脚一托，不住地向前跳去。

突然间，一团黑不溜秋的皮毛和一双机敏的小眼睛从枯叶堆里露了出来……松鼠吓得连忙扔下松果，慌慌张张地往眼前的树上蹿。一只貂迅速从枯叶里跳了出来，紧跟在松鼠后面，飞快地爬上了树干。松鼠已经到树梢上了。

貂顺着树枝往前爬。只见松鼠一跃，跳上了另一棵树。

貂缩起它那蛇一般细窄的身子，脊背一拱，跟着也跳了过去。

松鼠沿着树干前跑，貂跟在其后紧追。松鼠的身子很灵活，可貂的动作更灵敏。

松鼠跑到树顶了，再也没法跑下去，因为周围已经没有树了。

貂眼看就要追上它了……

松鼠突然跃上了另一根树枝，然后往下一跳。貂依然穷追不舍。

松鼠在枝梢上跳跃，貂就在粗一些的枝干上追赶。松鼠跳啊跳，跳到了最后一根树枝上。

下面是地面，上面是敌人。

没有考虑的时间了。松鼠一下跳到地上，赶紧向另一棵树奔去。

可惜，在地面上松鼠可不是貂的对手。貂三两步就追上了松鼠，把它扑倒在地。松鼠就这样命丧黄泉了……

兔子的阴谋

夜晚，一只灰褐色的兔子悄悄地钻进了果木园。小苹果树的皮既甜水分又多，天亮的时候，它已经啃坏两棵小苹果树了。树上的积雪掉落在它的头上它也不理会，只顾一个劲儿地啃食着。

农场的公鸡已经叫了三遍，狗也开始汪汪地喊叫起来。

兔子这才缓过神儿来，意识到自己应该趁着人们还没有起床，赶快回到森林里去。周围白茫茫的一片。它那灰褐色的皮毛在雪地里格外引人注目。它真羡慕那些白兔啊！在这个白茫茫的世界里，白兔多么安全啊！

夜晚刚刚飘落的雪还很柔软，根本不能承受兔子的重量。它在雪地上跑着，身后上留下了一串清晰的脚印。长长的后腿留下的是条状的脚印，短短的前腿留下的是一个个小圆点儿。在这层柔软的新雪上，每一个脚印和爪痕都可以看得清清楚楚。

灰兔穿过田野，越过树林。那串脚印始终紧跟在它的身后。灰兔已经美美地吃了一个夜晚，现在如果能够找个灌木丛，在里面打个盹儿，那该有多爽啊！然而，让它气愤的是：无论它跑到哪儿，脚印都会始终跟着它！

灰兔开始耍诡计了：它要把自己的脚印弄得乱七八糟。

这个时候，村民们已近起床了。果园的主人走到果林一看——天哪，两棵好端端的小苹果树被剥了皮！他再低头往雪地上一看，立即就明白了：树下有兔子的脚印。他攥着拳头骂道：你等着瞧吧，害人的家伙，我要用你的皮来补偿我的树苗。

他回到屋里，带着装好弹药的猎枪出发了。

看！兔子就是在这儿跳过栅栏，然后跑向了田野。一进森林，兔子的脚印就开始围着灌木转圈儿了。好家伙，这一招儿可救不了你！我明白着呢！

喏，这是第一个圈套：灰兔绕着灌木跑了一圈。

然后它开始横穿自己的脚印。这是第二个圈套。

园主跟随着脚印，把这两个圈套都给解开了。他已经端起了猎枪。

他突然站住了，这是怎么回事？脚印中断了，周围全是平整的雪面。即使是兔子跳过去了，也应该能看得出来啊！

园主弯下腰，仔细地查看了一番。哈哈！原来这又是一个诡计：兔子沿着自己的脚印返回了！它每一步都精确无误地踏在了原来的脚印上。乍一看，还真瞧不出那是双重脚印呢。

园主顺着脚印往回走。走着，走着，又回到了田野里。看来，还是中圈套了！

他转过身，顺着“双重脚印”返回去。嘿嘿，原来如此，原来的“双重脚印”很快就中断了，再往前走，脚印就是单层的了。这就意味着：兔子就是从这附近跳过去的。

果真如此：兔子顺着脚印的方向穿过灌木，然后跳向一旁。现在，脚印均匀起来。突然又中断了。又是越过灌木丛的新的双重足迹，接着跳着跑了。

现在可得格外留神……又往旁边跳了一次。现在，它准是躺在哪棵灌木丛下。想骗过园主可不是一件容易的事！

兔子的确就躺在附近。只是它并未躺在猎人认为的灌木丛下，而藏在一堆枯枝里面。

睡梦中的灰兔听见沙沙的脚步声。越来越近，越来越近……

它抬头一看，穿着毡靴的两只脚已经到了它面前，猎枪差点碰上它的脑袋。

它悄悄地从枯枝中钻了出来，如离弦之箭般蹿到枯叶堆后。短小的尾巴在灌木丛中一闪，转眼就没影儿了！

园主空着两手怏怏而归。

不速之客

我们这儿的森林，闯进了一位不速之客，人们称它为“黑夜强盗”。你很难看清它——夜里漆黑一片，白天你又不能把它和白雪区别开。它是北极的居民，它的皮毛跟北方经年不化的积雪一个颜色。我们叫它北极雪鸮。

雪鸮的个头儿跟猫头鹰差不多，只是力气要小一点儿。它吃各种各样的鸟儿以及老鼠、松鼠和兔子。

它的故乡冻原带，天气冷得要命，动物们要么藏到洞里去了，要么飞到南方去了。

饥饿逼迫着雪鸮一路南下，然后在我们这儿暂居。它将在明年春天的时候返回故乡。

啄木鸟的作业场

我们家菜园的后面，有许多老白杨树和老白桦树，还有一棵古老的云杉。云杉上挂着几颗球果。一只五彩斑斓的啄木鸟飞过来啄食球果。啄木鸟停在树枝上，用长长的嘴巴啄下一粒球果后，就沿着树干往上跳。找到一条缝隙后，它便把球果塞了进去，开始用嘴啄食。它把里面的籽儿都啄了出来，然后把球果丢到树下，接着去采第二个。它把第二个球果同样塞进那条缝中；采来第三个，依然还是塞进树缝中，它就这样一直忙到天黑。

■驻森林记者 勒·库博列尔

向熊请教

冬季，为了躲避寒风的侵袭，熊一般会在低凹的地方安置自己的住宅。它们甚至会把熊窝安置在茂密的云杉林里或者潮湿的沼泽地上。然而，让人不解的是，如果这一年冬天不冷，常常有融雪天的话，那所有的熊都会在小山丘之类的高地上冬眠。历代猎人都证实过这件事。

道理很简单：熊讨厌融雪天。的确是这样，如果一股冰雪融水流到了它的肚皮底下，突然之间，气温骤降，雪水结成了冰，那就会把熊那毛茸茸的皮外套冻成钢板，那可不妙啊！到那时，只怕它们就没法睡觉了，只有满树林乱晃，以活动血脉来换回一点温暖。

如果以不停地晃悠来代替睡觉，那就会把它们身上储存的热量耗尽，它们不得不吃东西以增加体力。但是，冬天里，熊在森林中是找不到食物的。因此，当它预见这一年的冬天暖和时，它就会把家安在高处。免得在融雪天气里，皮毛被雪水浸湿。这个道理很容易明白。

可是，熊怎么知道这一年的冬天究竟是暖和还是寒冷呢？为什么早在秋天，它就能准确无误地为自己选择一个合适的地方筑窝呢？这很让人费解。

要不你钻进熊窝里去，向熊请教请教吧！

农场纪事

今年，由于场员们的共同努力，农场的收成特别好。在我们州的多数农场里，每公顷的产量突破1500千克已经成为常事。即便是每公顷产量达2000千克，也不算稀奇。一些工作队的成绩特别突出，优秀的表现使他们获得了“劳动英雄”的光荣称号。

政府很重视劳动者们在田间的忘我劳动，所以国家决定用“劳动英雄”的光荣称号，用各种勋章和奖章来表彰场员们所取得的优异成绩。

冬天来临了。

农场里的工作基本结束了。

妇女们在牛栏里忙活着，男人们在给牲口运送饲料。喂养有猎犬的人们开始打猎了。还有一部分人到森林里采伐木材去了。

灰山鹑成群结队地飞近农家小院。

孩子们上学去了。白天，他们抽空儿布置好捕鸟网，在小山丘上滑雪，玩雪橇。夜晚，他们用心地看书，预习功课。

我们比它们更聪明

一场大雪过后，我们发现，老鼠在雪底下挖了一条直通到我们苗圃小树前的地道。可是，我们比它们更聪明：我们把每一棵小树周围的雪都踩得结结实实的。这样，它们就钻不到小树跟前来了。有些老鼠一不小心钻到雪地外面，很快就被冻死了。

害人的兔子也常常光顾我们的果园。我们也想出了对付它们的办法：把所有的小树苗都用稻草和云杉树枝包扎起来。

■季马·博罗多夫

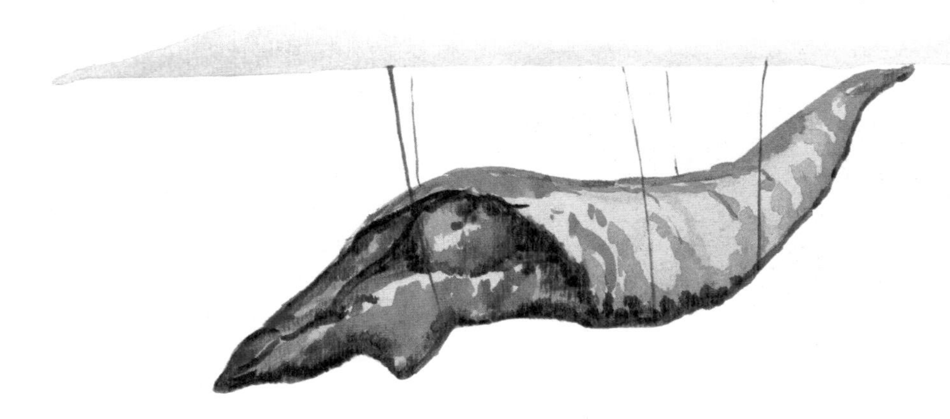

农场新闻

吊在细丝上的家

有一种迷你型小房子，它们吊在细丝上，风一吹，就来回地晃动。这座小房子的墙，只有一张纸那么厚，里面也没有什么御寒设施。待在这里面，能安全过冬吗?

出乎你的意料吧——在这座简陋的小房子里，完全可以安稳地度过冬天。留心的话，我们能够在果园里发现很多这样的小房子。它们是用枯叶做成的，被细丝吊在苹果树枝上。场员们看见后会把它们摘下来，烧掉。因为这些小房子里住着一种害虫——苹果粉蝶的幼虫。如果不及时除掉它们，春天一到，它们就会爬出来啃坏苹果树的嫩芽和花儿。

森林里有坏蛋，那就一定会有坏蛋的克星。

昨天晚上，光明之路农场就发生了这么一件事。午夜时分，一只大灰兔溜进了果园，它准备啃食小苹果树那甜甜的树皮，结果发现树

皮突然变得跟云杉枝一样扎嘴。它一连试了好几棵，结果都是这样。它只好垂头丧气地离开了果园，消失在附近的树林里。

原来，场员们早已预料到夜晚会有林中的小贼来侵犯他们的果园，于是，他们砍来很多云杉树枝，把苹果树的树干紧紧地包扎起来了。

棕色的狐狸

位于郊区的红旗农场，建造了一个养兽场。昨天 ，运来了一大批棕色的狐狸。村民们纷纷走出家门，到养兽场里去看望这批新到的居民。就连刚刚会跑的学龄前儿童，也都跑过来了。

狐狸用怀疑中夹杂着不安的目光，胆怯地瞅着热情的人们。突然，有一只狐狸，旁若无人地打了一个哈欠。

“妈妈！”一位头戴无边小帽儿的小朋友叫道，“千万别把这只狐狸围在脖子上，它会咬人的！”

温室里的劳动

劳动者农场里，人们正在忙着挑选小葱根和小芹菜根。

生产队队长的小孙女好奇地问道：“爷爷，你们这是在给动物们准备食物吗？”

队长笑了起来：

“乖孩子，这次你可没猜对。我们要把这些小葱和小芹菜的根栽种到温室里去。”

“栽种到温室里？为什么呀，让它们长大做种子吗？”

“那倒不是，我们想让它们在冬日里为人们提供绿色蔬菜。这样，冬天我们在吃马铃薯的时候，就能够往上面撒一些葱花，也能在汤里吃到芹菜那鲜绿的菜叶了。”

不用盖厚被

上周日，一位外号叫作“犟嘴傻大个儿”的九年级学生米克，到曙光农场参观。在一块树莓地旁边，他碰到了生产队长费多谢伊奇。

“爷爷，难道你的树莓不怕被冻坏吗？”米克显出一副很在行的样子。

“冻不坏的。”费多谢伊奇答道，“它们可以在雪底下平安地过冬。”

“雪底下过冬？爷爷，你没糊涂吧？这些树莓的个头儿比我可高多了，你不会指望下那么深的雪吧？”

“我是说普通的雪。”老人笑了，“聪明的小家伙，请你告诉我，你冬天盖得棉被，是比你站着还要厚呢，还是就是一种普通的棉被呢？”

“这跟我的身高有什么关系啊？”米克纳闷道，“我是躺着盖被子的。爷爷，你明白了吗？我是躺着盖被子的！”

“那你就应该知道了，我的树莓也是躺着盖雪被的啊。当然了，聪明的小家伙，你是自己躺到床上去的；而这些树莓则是由我这个老爷爷把它们弯到地上的。我让树莓一棵棵都弯下腰，把它们绑起来，这样它们就乖乖地躺在地上了。”

“原来是这样啊，爷爷，你可比我想象的要聪明的多！”米克感叹道。

“很可惜，小家伙，你可没有我想象中的那么聪明啊！”费多谢伊奇打趣地回答。

■尼·朱·帕甫洛娃

助手

现在，我们每天都可以在农场的谷仓里看见孩子们。他们都在忙活着，有的帮忙挑选准备用于春播的种子，有的在菜窖里精选最好的马铃薯留做种子。

许多男孩儿，也会在马厩和钢铁厂里帮忙。

还有一部分孩子，经常在牛棚、猪圈、养兔场和家禽棚里担任助手。

我们一边去学校上学，一边帮助家人干一些力所能及的农活。

■少先队大队长 尼古拉·利瓦诺夫

狩猎

秋季，是一个猎取小皮毛兽的季节。邻近 11 月份的时候，那些小皮毛兽的毛已经长齐了——它们脱下单薄的夏装，换上了一身既蓬松又暖和的冬装。

猎灰鼠

一只小灰鼠才有多大?

你可千万别小看它。在我们苏联人的狩猎事业当中，灰鼠比其他任何野兽都重要。仅仅是灰鼠的尾巴，全国每年就要消耗掉好几千捆。蓬松的灰鼠尾巴可以用来做帽子、大衣领、耳套以及其他一些御寒用品。

去掉尾巴的毛皮，用途也十分广泛。灰鼠皮可以用来做大衣和披肩。用灰鼠皮制成的浅蓝色女式大衣，既高贵漂亮，又轻便暖和。

初雪刚过，人们就开始猎灰鼠了。在那些灰鼠比较集中且容易捕获的地方，你甚至可以看见老人和一些 12 三岁的少年。

猎人们有的成群结队，有的独自行动，他们在森林里一待就是好几个星期。他们脚上套着又短又宽的滑雪板，从早到晚一直不停地再雪地上来回奔波，或开枪打灰鼠，或放置和检查捕鼠器。

晚上，他们就在土窑里或者是那些低矮的、连腰都伸不直的小房子里过夜。他们在一种类似于壁炉的土炉子上做饭吃。

莱卡犬是北方特有的一种猎狗，就冬季在森林里协助猎人打猎的本事而言，世上还没有其他的猎犬能够和它相提并论。它是猎人们打灰鼠时的亲密合作伙伴。猎人们没有它，就像是失去了眼睛一样。

莱卡犬会为你找到白鼬、鸡貂和水獭的洞穴，并替你咬死这些小野兽。夏天的时候，莱卡犬会为你从芦苇丛中赶出野鸭，从灌木丛里赶出琴鸡。这种猎犬还会游泳，即使是冰冷的河水它们也不在乎，它们会跳进混有冰块的河水里，把你打死的野鸭叼上岸来。秋天和冬天，莱卡犬的主要任务是帮主人打松鸡和琴鸡。这个时期，靠普通猎犬的眼神儿已经猎不到这两种野禽了。但是，莱卡犬有它的办法——蹲在树下，不停地冲着它们汪汪乱叫。这样莱卡犬就把它们的注意力全部吸引到自己身上来了，主人便有了开枪的机会。

在还没有下雪的初冬或者大雪纷飞的日子，莱卡犬还可以帮你找到驼鹿和熊。

如果你遭遇到猛兽的袭击，你忠实的朋友莱卡犬绝不会袖手旁观。它会从背后咬住野兽，拖延时间，让主人来得及重新装上弹药，打死野兽。要么，它们就会牺牲自己的生命。最令人惊叹的是，莱卡犬能够帮助主人找到灰鼠、黑貂、猞猁等住在树上的野兽，任何其他种类的猎犬都做不到这一点。

冬日里，或者是深秋，你走在云杉林、松树林或者混合林里面，到处都是一片寂静，没有任何小动物出没的身影，也没有鸟鸣声，更不会有鸟儿从树上飞过。你会觉得周围是一片荒漠，没有任何生命的迹象，有的只是死一般的寂静。

可是，如果你的身边带着一条莱卡犬，那么感觉立即就不一样了。莱卡犬会在树根下搜到白鼬，从洞里撵出白兔，顺便带回一只林鼷鼠，它还会找到那些“隐身”的灰鼠——不论它们藏得有多么严实，莱卡犬总有办法把它们找出来。

事实上，猎犬既不会飞，也不会爬树，它究竟是如何找到灰鼠的呢？

专猎野禽的波形长毛狗和擅于追踪兽迹的兔犬，都有着灵敏的嗅觉。鼻子是这两种猎犬最基本也是最主要的“工具”。这些猎犬，有些可能看不清，有些可能听不清，但它们干起活来，依然漂漂亮亮。

莱卡犬却同时拥有三样“工具”——灵敏的嗅觉，敏锐的视觉，机警的耳朵。莱卡犬这三样“工具”实在是太厉害了，就像是它的三个仆人。

树上的灰鼠刚刚用爪子抓一下树干，莱卡犬那对机警的耳朵会立即告诉主人：附近有小兽了！灰鼠的小脚爪刚在针叶间一闪，莱卡犬的眼睛就会立即告诉主人：灰鼠在上面！一阵微风把灰鼠的气味吹下来，莱卡犬的鼻子就会立刻报告主人：灰鼠就在这儿！

灰鼠依靠这三个忠实的仆人发现了小兽后，立马就会通过它的第四个仆人——叫声，向主人传达信息。

一只优秀的莱卡犬，在发现猎物之后，绝对不会往树上扑，也不会用爪子去抓树干。它知道那样会把猎物惊走。一般情况下，它会蹲下来，目不转睛地盯着猎物的藏身地，竖起耳朵仔细地听，隔一会儿

叫几声。在主人到来之前它是不会离开的。

打灰鼠的方法很简单：被莱卡犬发现以后，灰鼠的注意力都集中到了猎狗身上。猎人只要别发出太大的响声，悄悄地走过去，瞄准开枪就行了。

用霰弹打灰鼠很容易。可是，猎人们一般都会用小铅弹，并且多是设法击中头部，这样就可以避免损坏灰鼠皮。冬天，灰鼠受伤以后不大容易死，因此，一定要瞄准并击中要害。否则，它们逃进浓密的树林中，你就再也找不到它们了。

猎人们还常用捕鼠机和其他捕兽器捉灰鼠。

人们经常这样安装捕鼠机：拿两块短厚的木板，固定在两棵树干之间；在下面那块板上支起一根细棒，不让上面的木板掉下来，细棒上挂着香喷喷的诱饵，诸如蘑菇或者干鱼之类灰鼠喜欢吃的东西。灰鼠一拉诱饵，上面的木板就会落下来，把它夹住。

只要雪不是太深，一整个冬天猎人们都可以猎捕灰鼠。春天一到，灰鼠就要脱毛了。在深秋以前，也就是在它们重新披上华丽的淡蓝色皮毛以前，猎人们是不会去打它们的。

带斧头打猎

猎人们在打那些凶猛的小皮毛兽时，用斧头的机会往往比用枪的机会多。

莱卡犬靠它那灵敏的嗅觉找到了那些藏着黄鼬、白鼬、银鼠、水貂或水獭的洞。至于如何把它们从洞中赶出来，那就要看猎人的本事了。这可不是一件容易的事情。

那些凶猛的小兽，往往把洞挖在地底下、乱石堆中或者树根下。当危险降临的时候，不到最后关头，它们是不会离开老窝的！猎人们只好用探针伸进洞里去捣，或者用手搬开石头，要么就用斧头劈开粗大的树根，敲碎冻土，实在不行，就用烟把猎物从洞中熏出来。

只要它们一出来，那就是死路一条了：莱卡犬是无论如何也不会放过它们的，它们会被活活咬死。

打靶场

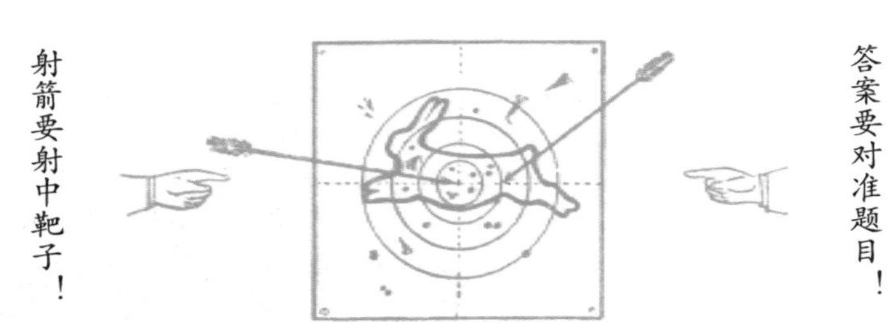

第九场竞赛

1. 虾在哪里过冬?
2. 冬天，鸟儿最害怕的是寒冷还是饥饿?
3. 如果兔子身上皮毛很晚才变白，那么这年的冬季来得早，还是来得晚?
4. “啄木鸟的打铁铺”是怎么回事?
5. 我们这儿，什么样的黑夜猛禽，只会在冬季出现?
6. “兔子的阴谋”是怎么回事?
7. 秋冬两季，乌鸦一般在什么地方睡觉?
8. 最后一批海鸥和野鸭，一般在什么时候飞离我们?
9. 秋冬两季，啄木鸟和哪些鸟儿结成伙伴?
10. 追踪兽迹的猎人所说的“爪迹”指的是什么?

11. 猫的眼睛在白天和夜里有什么不同？

12. 善于辨认足迹的猎人称什么为“双重足迹”？

13. 善于辨认足迹的猎人所说的“雪地兔迹”指的是什么？

14. 什么野兽到了冬季除了尾巴尖儿，全身都变白了？

15. 下图是食草动物和食肉动物的头骨。如何根据牙齿把它们区别开来？

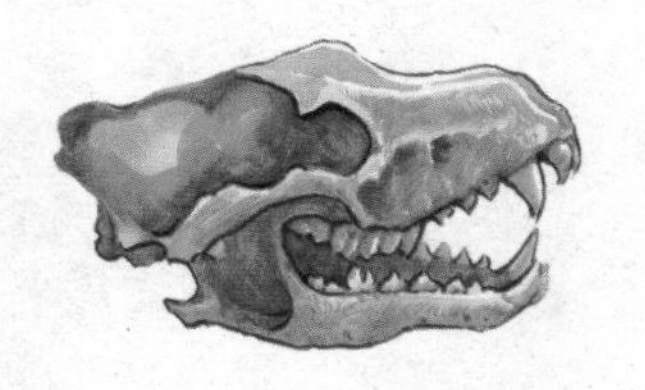

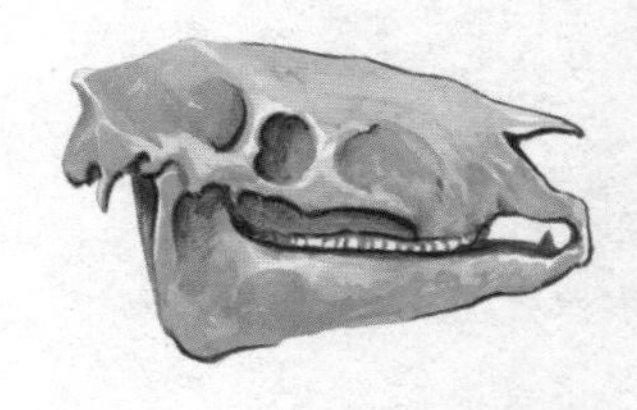

16. 无手无脚到处奔，到处敲打窗和门，只为能把屋来进。（谜语）

17. 一样东西地上躺，两盏灯儿闪闪亮，四根棍子分开放。（谜语）

18. 我自海水来，就怕入大海。（谜语）

19. 比煤炭还黑，比白雪还白，比房屋还高，比青草还低。（谜语）

20. 有个大汉真不错，穿着靴子路上过，肩上的袋子越沉重，他的心里越快乐。（谜语）

21. 院里立草垛，前面有把叉，后面拖扫把。（谜语）

22. 走路不看天，身上也不痛，就是爱哼哼。（谜语）

23. 一所小绿房，没有门和窗，人却挤满堂。（谜语）

24. 长啊长，钻出了叶；放在掌心能打滚，放在嘴里就能啃。（谜语）

“火眼金睛”大比拼

第八次测试

这是谁干的

图 1　　　　图 2

1. 图 1 是什么动物的脚印?

2. 图 2 中的屋顶上，总有个家伙转来转去的，这是什么动物？它为什么这样做?

图 3

3. 上图中雪地里的小圆窝是什么？是什么动物在这儿过夜了？留下的脚印和羽毛是哪种动物的?

图 4

4. 这里发生了什么事？为什么有这么多脚印？树杈上留下的犄角是哪种动物的?

请为鸟儿搭建一个免费食堂

我们可以用绳子把一块小木板悬挂在窗外，在上面撒上一些食物：面包屑，干燥的蚂蚁卵，面粉蛀虫，蟑螂，煮熟的蛋屑，大麻子，山梨果，蔓越橘，白球花果，小米，燕麦，牛蒡子等。

不过最好还是在树上安置一个饲料瓶，瓶口下面放一块木板。

还有更好的办法，那就是在院子里放置一张带着顶棚的饲料桌，这样可以避免雪落到桌上。

快来帮助挨饿的鸟儿吧

请记住，我们的好朋友——鸟儿们的最艰难的时刻就要到来了。这是它们受冻挨饿的日子。不要再等到春天了，现在就开始为它们搭建一些温暖的小房子吧，树洞、人造鸟房或者小板棚都行。这样，它们就能在恶劣的天气里有一个温暖的去处。许多小鸟为了躲避无情的风雪，往往会钻到屋檐和门洞里过夜。有一只小鹪鹩，居然钻到钉在木柱上的邮箱里过夜。

希望你能够在椋鸟房和树洞里（参阅本报第一期和第二期的通告），铺上羽毛、绒毛和破布。这样，寒冷的冬日里，鸟儿们就有了暖和的褥子和被子了。

白雪下涌动着勃勃生机

森林报

No.10

小道初白月

（冬季第一月）

Forest Newspapers

12 月 21 日到 1 月 20 日　　太阳进入摩羯宫

第十期导读

太阳诗章——12 月

冬季是一本书

林中逸闻

农场纪事

农场新闻

城市要闻

国外来讯

基特的故事

狩猎

带着小旗去打狼

祖国各地无线电大串联！

打靶场：第十场竞赛

通告：“火眼金睛”大比拼

一年：太阳在12个月内谱写的乐章

12月——天地寒彻。12月如铺冰板，12月如钉银钉，12月整个大地冰封雪藏。12月是一年的终结，也是寒冬的开始。

河水已经完成了它的使命：往日汹涌的流水此时冰封，凝滞不动。大地和森林披上了冰衣，银装素裹，太阳也隐藏到乌云背后。白天变得越来越短，而夜晚则越来越长。

皑皑白雪之下掩盖了多少逝去的生命！一年生植物，历经成长，开花，结果，最后枯萎，重新回归曾经哺育它们的大地。那些一年生的无脊椎的小动物，也是这样，如期走到生命的尽头后，碾落成泥。

然而，植物留下了种子，动物产下了卵。等到一定的时候，太阳就会像童话《睡美人》中的那个英俊王子①一样，用温柔的吻来唤醒它们。太阳将重新从土壤里创造出鲜活的生命。而那些多年生的动植物都有办法度过北方漫长的寒冬，静静地等待着来年春回大地。尽管寒冬还想逞威风，但太阳的诞辰——12月23日，却已经临近了。

阳光终将重新洒满人间，生命也会随之复苏。

当然，眼下，我们首先得熬过寒冬。

①这里指的普希金的童话《死公主和七勇士的故事》，美丽的公主遭后娘新皇后的妒忌，误食巫婆的毒苹果而亡，被七勇士葬在山洞的水晶棺里，她的未婚夫王子叶里赛历尽千辛万苦找到了她，把她救活。

冬季是一本书

白雪细密而又均匀地铺在地面上。田野和林间的空地，就好像是一本摊开的大书的纸页，平整而又洁白，一个字儿都没有。无论是谁，只要从上面走过，都会写上这样的字句："某某到此一游"。

白天刚下过一场大雪。到晚间雪停之时，这张书页又变得干净洁白了。

等到清晨来看，你会发现洁白的书页上，画满了各种各样神秘的符号，有线条、圆圈，还有逗点。这说明，在夜晚的时候，有许多森

林的居民曾来过此地，或奔走，或跳跃，做过些什么。

那么，是谁来过这里，又做过些什么事情呢？

得抓紧时间，搞清楚这些令人费解的符号，以及神秘难懂的字句。要不然，再有一场大雪，出现在你眼前的又将是一张干净、平整的纸张，就仿佛被谁翻过了一页似的。

如何阅读

在冬季这本雪书上，每一位林中居民都用自己的笔迹，留下了不同的符号和字句。人类习惯了用眼睛来观察和辨别这些符号。如果不用眼睛，还能有其他的办法阅读吗？

可是动物却会用鼻子来阅读。譬如说狗，它就用嗅觉来读冬天的这本书，从那些符号里读出“这里有狼来过”或者“兔子刚刚从这儿跑过”之类的信息。

动物的鼻子灵敏又管用，是绝对不会出错的。

书写工具

大多数情况下，野兽用脚趾来写。有的用五个脚趾写，有的用四个脚趾写，有的用蹄子来写，也有的用尾巴来写，还有用鼻子，甚至用肚皮来写的。

飞禽主要是用爪子和尾巴来写，但也有用翅膀来写的。

草体和正楷

我们的记者已经学会了如何读懂这本雪书，并且了解到森林里发生的各种各样的故事。要掌握这门学问，可不是一件容易的事情。因为，并不是每一位森林居民留下的字迹都是工工整整、规规矩矩的，有些比较调皮，它们在书写时总喜欢要点小花招。

松鼠的字迹非常简单，容易辨识，也便于牢记。它们在雪地上蹦蹦跳跳的动作就如我们小时候玩的跳背游戏。在跳跃的时候，它用短小的前趾撑地，细长的后腿远远地向前跨出，并分得很开。两个前趾留下的脚印小小的，是并排的两个小圆点。两条后腿留下的脚印长长的，直直的，仿佛两只小小的手掌，伸着细长的手指。

老鼠的字迹很小，可是比较简单，容易辨识。它们从雪层下的洞穴里爬出来时总喜欢先绕个圈子，然后才去自己的目的地，或者钻回自己的洞穴。这样，就在雪地上留下了一连串的冒号，并且冒号与冒号之间的距离相等。

飞禽的字迹也很容易辨识。譬如说喜鹊，它的前三个脚趾会在雪地上留下一个小小的十字印迹，朝向后面的第四个脚趾，在地上留下一个短短的破折号。小十字的两旁，还会有两行痕迹，仿佛被人的手指划过，那是喜鹊两翅上的翎毛留下的。有时候，它那长着参差不齐羽毛的长尾巴，也会在平整的雪书上，轻轻地抹上一笔，留下印迹。

这些印迹都中规中矩，不曾耍过花招，因此，我们很容易识别：这里是一只松鼠，从树上跳下，在雪地里蹦蹦跳跳了一阵，又跳回树上去了。那里是一只老鼠，从雪层下的洞里钻出来，跑了一阵，绕几个圈儿，又钻回到洞里去了。那里是一只喜鹊，落在雪地上，在冻得硬邦邦的地面上跳了一会儿，然后在雪地上梳理下尾巴，扑打着翅膀飞走了。

然而，辨识狐狸和狼的字迹，就没这么容易了。如果你不曾认真观察过，准会被搞得糊里糊涂，如坠五云雾里。

小狗和狐狸，大狗和狼

狐狸的脚印与小狗的脚印很像，唯一不同之处是：狐狸总是把爪子握成一团，脚趾紧紧地并在一起。小狗的脚趾则是分开的，所以它在雪地上留下的脚印相对松散，也显得更轻巧些。

狼的脚印与大狗的脚印比较相像，其区别在于：狼的脚趾从两边向里收缩，所以它的脚印比大狗的修长一些。狼的脚爪和脚掌上都生着肉垫，因此留下的印痕更深一些。狼的脚爪，前爪印和后爪印的间距比大狗的掌印要大一些。狼的前爪在雪地上留下的痕迹往往是合并在一起的，而大狗仅脚爪下的肉垫留下的印痕是合并的，这一点和狼有所不同。

（图中是狐狸、狗和狼的脚印，请比较一下。）

这些只是“看图识字”的基础知识。

要彻底地读懂狼留下的字迹很难，因为狼总喜欢故布疑阵，把自己的脚印弄乱。狐狸也是这样。

狼的花招

狼在缓步前行，或者小步奔跑的时候，右后脚总是丝毫不差地踏进左前脚的脚印里，而左后脚则准确地踏进右前脚的脚印里。所以，它的脚印串联起来就好像一条绷直的绳子，是直线形的。

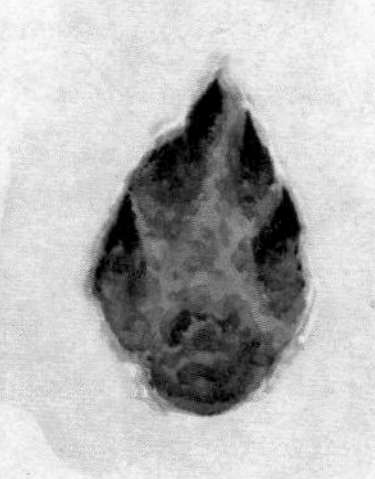

当你看到这样的一行脚印，自然会想道：“有一只身材修长、体格健壮的狼从这里经过了。”

如果你这样想，那就错了！正确的解读应当是这样的：“有五只狼从这里经过。”走在最前面是一只聪明的母狼，紧随其后的是一只老公狼，老公狼后面紧紧跟着三只小狼。

它们行走的时候，后面的狼总是踩着前面的狼留下的脚印前进。它们走得是那么的齐整，以至于让你完全看不出有五只狼从这里经过。你得好好训练自己的眼睛，只有这样才能成为一名善于沿着银砌兽径追杀野兽的好猎手（猎人们通常把雪地上的兽迹称为银砌兽径）。

冬季的森林

树木会被寒冬冻死吗？当然会。

如果一棵树从里到外都冻住了，连树心也冻住了，那它就会死亡。在酷寒少雪的冬季，我们这儿就有不少树木给冻死了，其中大多数都是那些树龄较轻的小树。值得庆幸的是，树木都有自己的御寒绝招，不让寒气侵入体内，不然的话，恐怕所有的树木都会冻死。

吸收养分，生长发育乃至于繁衍后代，这些都需要付出大量的能量，消耗大量的热量。所以，树木在夏季的时候，就尽可能地吸收、存储能量，等到了冬天，就停止营养摄入，停止生长发育，停止繁殖后代。它们停止一切的生命活动，进入漫长的休眠。

树叶会散发体内存储的热能，所以，到了冬天，树木就不再需要叶子。树木放弃树叶，抛下落叶，就是为了把维持生命机能所需要的热量，很好地储存在体内。并且，落叶归根之后，会逐渐地腐烂，释放出很多的热量，来保护柔弱的树根，使它们不至于被冻坏。

不仅如此！每一棵树都有一副“甲胄”，用来保护自己的“皮肉”不严寒气侵袭。每年夏天，树木都会在树干和树皮里不断地储备多孔隙的韧皮组织，即没有生命的填充层。韧皮层既不透水，也不透气。空气存留在它的空隙之中，可以阻止树木机体中的热量向外散发。树龄越大，它累积的韧皮层就越厚实，这就是为什么老而粗的树比那些小而细的树更能耐酷寒的原因。

树木不光只有韧皮层这副“甲胄”。假如凛冽的寒气连这层甲胄也能穿透了的话，那么就会在树身的内部遇到一层更加牢固的化学防线。在冬季来临之前，树木会在体液里积蓄各种的盐分，以及可以转化为糖的淀粉。这些含有盐分和糖分的溶液，具有很强的抗寒能力。

不过，树木抵御严寒最好的设备，还是那一层蓬松柔软的雪被。众所周知，细心的园丁总会在冬天故意将那些怕冷的小果树压向地面，用雪掩盖住，因为这样它们会暖和一些。在多雪的冬季，皑皑白雪就好像床鸭绒被将森林盖得严严实实，这个时候，无论天气多么寒冷，树木都不会害怕了。

不管寒冬多么冷酷无情，它都无法摧毁我们的北方森林！

我们的“森林王子”可以顶得住一切风刀霜剑的攻袭。

白雪覆盖下的草甸

当你来到户外，但见周围白茫茫的一片，积雪很深。大地上除了皑皑白雪之外，已经别无他物，鲜花早已凋零，芳草也已枯萎，这一切难免会让人伤感。

人们通常就是这么想的，而且还要自我安慰一番：“那有什么办法呢，大自然本来就是这样的！”

我们对大自然的了解太少了，这远远不够。

今天天气晴朗，阳光又好。我就趁着这个好天气，蹬上滑雪板，前往我的草甸，清除这块小实验场里的积雪。

清除完积雪，1 月份草甸的花草露了出来。阳光照亮了这里一簇簇紧贴着地面的小叶子，照亮了从干枯草叶下钻出来的娇嫩、鲜活的小绿芽，照亮了被厚厚的积雪压倒在地上的各种绿色植物的茎蔓。

在这些植物当中，我找到了一棵我种下的毛茛[①]。毛茛的花期很长，直到冬季来临之时，它还花团锦簇。现在，它的花朵和花蕾还保存完好，连花瓣都不曾散落！它在雪下静静酣睡，等待着春天的呼唤，

你们猜得出，在这块小小的试验田上我种下了多少植物吗？ 62 种。现在，其中的 36 种，依然青翠，另有 5 种还在开着花哩。

你还敢说 1 月份我们的牧场里没有花，也没有草吗？

■尼・朱・帕甫洛娃

①草本植物，多生长在森林和潮湿的草地里，有毒，可入药。有些可供观赏。

林中逸闻

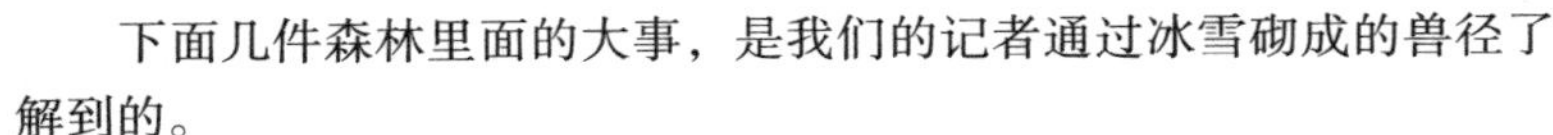

下面几件森林里面的大事，是我们的记者通过冰雪砌成的兽径了解到的。

没文化的小狐狸

在森林中的空地上，小狐狸发现了老鼠留下的足迹。

“啊哈，”它想，“这下子我可以享受美食啦！”

它也没有用鼻子认真地“读一读”那些字迹，只是粗略地看了一眼，就得出了结论：嗯，足迹通到了那边，一直到灌木丛下。

于是，它悄悄地向灌木丛靠近。

它看见雪里面有一个小东西在蠕动，一身灰色的皮毛，拖着一条小尾巴。它迅速地冲去过，嚓，一口把它咬住！

呸！呸！呸！这是什么鬼玩意儿啊，简直臭死啦！它连忙吐出小兽跑往一边，吞上几口白雪……希望能用雪漱漱口，消除嘴里的怪味。这个味道实在太难闻了！

这样，小狐狸没有吃到早餐，反倒白白地咬死了一只小兽。

原来，那个小东西并不是老鼠，而是鼩鼱。

从远处看的话，它的确有几分像老鼠。可是走近了看，马上就能辨别出来：鼩鼱的嘴部长长地伸出，背部弓起。它是食虫兽，同鼹鼠、刺猬是近亲。只要稍有经验的野兽都不会去碰它，因为它的身体会散发出一股难闻的气味，一种类似于麝香的味道。

可怕的爪印

我们的记者，在树木下发现了一串长长的爪印，看了真让人害怕。爪印本身倒并不多么的大，和狐狸的脚印差不多，但又长又直，就像铁钉一样。如果肚子被这样的爪子抓上一把，准保肠子会流到外面去。

他们小心翼翼地循着这行足迹寻找，来到了一个挺大的洞穴前，洞口的雪地上散落着一些细毛。

他们仔细察看了那些细毛：直直的，硬硬的，很有韧性；毛是白色的，尖端有黑点。这种毛通常被人们用来做画笔。

他们马上明白了，住在洞里的动物是獾。獾是个脾气很古怪的家伙，但并不多么可怕。看样子，它是趁着这暖和的化雪天，出去散心了。

白雪覆盖的鸟群

沼泽地上，一只小兔子蹦来跳去。它从这个草墩跳到那个草墩，又从那个草墩跳到了另一个草墩。小兔玩得正欢，没想到扑通一声，从草墩上失足，跌落雪里。厚厚的积雪都快盖住它的耳朵了。

它觉得脚下似乎有东西在活动。就在这一瞬间，从它身边的积雪下，忽然飞出了许多柳雷鸟，翅膀噼里啪啦拍得山响。小兔子吓得魂飞魄散，撒腿就跑，蹿回林子里去了。

原来，这群柳雷鸟就住在积雪的下面。白天它们飞出去，在沼泽地里觅食，刨雪地里的蔓越橘吃。等到吃饱喝足之后，又钻回雪下面休憩。

那里是它们的安乐窝，不但暖和，而且安全，有谁会想到它们竟藏在雪底下呢？

雪地爆炸和获救的母鹿

雪地上有一行奇怪的足迹，仿佛记载着一个谜一样的故事，我们的记者猜测了好久，也没能搞明白发生了什么事。

起先是一行窄小的兽蹄印，安安稳稳地向前延伸着。这个不难读懂：有一只母鹿在林中优哉游哉地散步，它丝毫没有觉察到危险在悄悄地逼近。

突然，在这些蹄印近旁，出现了很多硕大的脚印，而母鹿的蹄印也在同时呈现出奔跑蹿跳的形状。

这些也不难理解：母鹿在林中遇见了一只狼，狼向它疾扑过来。母鹿闪身避开，逃向远处。

接下来，狼的脚印与母鹿的脚印越来越近，这说明：狼在奋力追赶母鹿，并且快要追上了。

在一株倒地的大树前，两种脚印混合在了一起。看来，母鹿在将要被狼赶上的那一刹那，一跃跳过了树干，狼紧随其后，也蹿了过去。

树干的那边，有一个深坑，坑里面的积雪，给搅得一塌糊涂，仿佛在这里面有一颗炸弹爆炸了似的。

这之后，母鹿和狼的足迹分开了，各自奔向一边，这当中还夹杂着不知从哪里冒出来的巨型脚印，很像人的脚印（光着脚的脚印），但却带着弯弯的、可怕的爪痕。

雪里面埋的究竟是什么样的一颗炸弹？这些可怕的新脚印又是谁留下的？为什么狼和母鹿会背道而驰呢？这里到底发生了什么事？

我们的记者绞尽脑汁，苦苦地思索着这些问题。

最后，他们终于搞明白了这些巨大的脚印是谁的。解开了这个疑问，所有的问题都真相大白了。

母鹿凭借着它那善于跳跃的四条腿，毫不费力越过倒在地上的树干，继续往前奔逃。狼紧追不放，也向前跳起，但没有越过去。因为它的身子太沉重

了，只听扑通一声，它从树干上跌落雪中，四条腿齐齐陷落在熊窝里。原来，熊的洞穴刚好就在树干的下面。

熊睡得昏昏沉沉，突然被惊醒，慌忙纵身跳起。于是，什么冰啦、雪啦、树枝啦，顿时四散飞舞，就好像炸弹爆炸一般。熊飞快地向树林里逃窜，它以为有猎人来了。

狼翻身跌进雪坑，蓦然看见这么个庞然大物，早把母鹿忘了，拔腿就跑，只顾自己逃命。而这时，母鹿早就逃得无影无踪了。

雪海之下

初冬时节，雪少天寒，对于生活在田野和森林里的动物而言，没有比这更糟糕的事情了。光秃秃的地面，冻土层越来越厚，洞穴中冰寒刺骨。即便是鼹鼠吧，也吃了不少的苦头，它需要用那铁锹似的脚爪，费力地挖掘硬得像石块一样的冻土。那么老鼠、田鼠、伶鼬、白鼬这些小动物，又能有什么办法呢？

好不容易盼来了大雪，不停地下呀下呀，地上的积雪越来越厚，不再融化。大地笼盖在一片干燥的雪海里。人们踏入这片雪海，会没到膝盖。花尾榛鸡、黑琴鸡、甚至松鸡连脑袋都无法伸出雪面。老鼠、田鼠、鼩鼱以及其他的不冬眠的穴居小动物，都从冰冷的洞穴里跑出来，在雪海的底部钻来钻去。凶猛的伶鼬，不知疲倦地在雪海底穿行戏耍，活像一头迷你的小海豹。有时候，它们会从雪下蹿上雪面，待一会儿，四下打量，看有没有花尾榛鸡在哪儿探出头来，随后又一头扎进雪海。就这样，它们神不知鬼不觉地从雪下潜到鸟的跟前，捕食猎物。

雪原底下要比表面暖和多了。刺骨的寒风，冬季凛冽的冷气，都无法吹到雪原下面。厚厚的一层雪被阻隔了严冬，不让寒气深入地面。

很多穴居的老鼠索性把自己的巢穴筑在雪底下，仿佛到冬季别墅里来避寒似的。

有件让人惊奇的事！一对有生着短短尾巴的田鼠，用细草和毛在被雪埋住的灌木枝上筑了一个小小的窠。窠里还微微地向外冒着热气呢。

厚厚的积雪下，在这个温暖的小窝里，几只田鼠幼崽刚刚出生，身上光溜溜的，还没有长出皮毛，眼睛也还没有睁开呢。而此时，外面正冷得厉害，气温只有 –20℃左右呢！

冬季午后

正月的一个中午，阳光灿烂，皑皑白雪掩盖着的树林里，悄然无声。在一个隐蔽的洞穴里，熊主人睡意正酣。它的头顶，是被沉甸甸的积雪压得坠下来的乔木和灌木。在乔木和灌木的枝杈上，结着各种形状的冰块，看上去就像是许多神奇的小宫室的圆形拱顶、空中走廊、庭阶、窗户，以及许多稀奇古怪的尖顶房和塔形小屋。这一切都熠熠生辉，无数的小雪花，正钻石般地闪亮着。

一只玲珑的小鸟儿，好像从地底下钻出来似的，忽然出现了。它生有尖尖的喙，好似一把锥子。它翘着尾巴，扑打着翅膀，飞到了一株云杉的树顶，悠悠啼啭，清脆的歌声响彻了整座林子！

这时，冰雪构筑的小房子窗口，突然出现了一只幽绿的，睡意惺忪的眼睛……似乎是在窥探：是不是春天提前降临啦？

这是熊主人的眼睛。熊总会在自己洞穴的墙壁上，开一扇小窗，用来窥视森林里的发生的事情。还好，这一次没有什么异常情况发生，钻石般的小屋里，也一切如常。于是，窗口那只眼睛又消失了。

小鸟儿在冰雪枝头叽叽喳喳地闹了一会儿，又钻回被厚厚的积雪覆盖着的树桩里去了。那里，是它的安乐窝。它用苔藓和绒毛构筑的温暖的小屋。

农场纪事

在寒冷的天气里，树木睡意沉沉。它们体内的血液（树液）都冻住了。树林里，锯子的“吱咯”声不知疲倦地回响着，那是伐木工人在干活。整个冬季，他们会不停工作，因为冬季采伐的木材质量最好，既干燥、又结实。

采伐的木材，需要搬到大大小小的河边，以便在来年春天，让它们随着消融的河水漂出去。为此，人们修筑了几条宽阔光滑的冰路，他们往厚厚的积雪上浇水，就好像建造溜冰场一样。

农场里面的人们正在为春种而忙碌着。他们在挑选种子，查看庄稼幼苗。田野里灰色的山鹑群，此时都到打谷场附近安家落户，它们常常飞到村子里觅食。雪很深，要刨开这么厚实的积雪，绝不是一件容易的事情；即便是勉强刨开了雪层，下面还有坚硬的冰层呢，以它们那并不锐利的爪子扒开冰层寻觅食物，那就更加困难了。

冬季捕捉这些山鹑非常容易，但这种行为是违法的，法律明令禁止在冬季捕捉这些软弱无助的鸟儿。

那些善良、体贴的猎人还会在冬季喂养这些鸟儿呢。他们会在田野里给它们安设一些喂食点：用云杉树枝搭建一个个小窝棚，再在里面撒上燕麦和大麦。这样，那些美丽的山鹑，即便是在最严寒的冬季里，也不会饿死了。来年夏天，每一对山鹑都会生蛋，并孵育出 20 多只的小小山鹑。

农场新闻

耕雪机

昨天，我去了启明星农场，拜访我的一位老同学，拖拉机手米沙·戈尔申。

开门的是米沙的妻子，一个很喜欢开玩笑的女人。

“米沙还没有回来，”她说，“他在耕地呢。”

我想：她又在我开玩笑了，只不过这玩笑未免也开得太过愚蠢了吧！就算是托儿所里刚学会走路的孩子，大概都明白，冬天是不能耕地的。

于是，我也以半开玩笑的口吻问她：

“是在耕雪吗？”

“就是啊，这样的天气除了耕雪，还能做些什么呢？”米沙的妻子微笑着回答。

我便出去找米沙。尽管令人无比惊讶，我还是在田里找到了他。他开着一辆拖拉机，后面拖着个长长的木箱。木箱把雪拢了起来，堆成了一堵结实的雪墙。

“米沙，这是用来做什么的？”我问。

“这是用来挡风的。如果不堆这么一堵雪墙，风就会在田地里乱窜，把积雪刮走。如果没了雪，秋播的农作物就会冻死，所以必须把田地里的雪留住。这不，我正用拖拉机耕雪呢。”

按冬令作息时间生活

农场的牲畜，现在按照冬季作息时间表生活：睡觉、进食、散步都得按规定的时间进行。

对此，年仅四岁的小庄员玛莎·斯米尔诺娃这么对我说：

“我现在和小朋友们都上了幼儿园。牛儿和马儿也进了幼儿园。我们去散步的时候，它们也出来散步。我们放学回家，它们也都回家了。”

绿色林带

沿着铁路两旁，种植着一排排高大的云杉树，它们绵延几千里之长。这条“绿色林带”用来保护铁路线，以免风雪的侵袭。每年的春天，铁路职工都要种植上几千株小树，来拓宽这条“绿色林带”。今年，他们种下了十万棵以上的云杉、合欢、白杨，以及近 3000 棵的果树。

这些树苗，都是铁路职工在自己的苗圃里面，辛苦培育出来的。

城市要闻

赤脚踏雪

阳光明媚的日子里，温度表里的水银柱会升到接近零度。这个时候，在花园里，林荫路上以及公园里，许多没有翅膀的小苍蝇从雪底下爬了出来。

一整天，它们都会在雪上面悠闲地爬行，直到傍晚时分，才重新躲进雪底下或者冰缝里。

它们就住在那些僻静、暖和的角落里，落叶或者苔藓的下面。

雪地上，是不会留下它们的足迹的。这是因为，它们的身躯很轻、很小，只有在高倍数放大镜下，才能看清楚它们那突出的长长的嘴巴，头上奇奇怪怪的犄角，以及那纤细裸露着的腿脚。

国外来讯

《森林报》编辑部经常会收到一些从国外发回来的消息，报道那些从我们这儿飞出去的候鸟的详情。

我们这儿著名的歌手夜莺飞到非洲中部过冬，百灵鸟则飞往埃及，椋鸟分作几批前往法国南部、意大利和英国旅行。它们在那里没有唱歌，只是忙着张罗吃喝，不筑巢，也不养育后代；只是在静静地等候着春季的来临，到那个时候，它们就要重返故乡了。正如俗话所说：“在家千日好，出门事事难。”

热闹的埃及

埃及是鸟儿过冬的“天堂”。在这里，雄伟壮阔的尼罗河浩浩荡荡，奔流而去，无数支流蜿蜒逶迤，两岸的河滩满是厚厚的淤泥。尼罗河年年泛滥，河水所及的地方，形成很多肥沃的牧场和农田，各种湖泊、沼泽星罗棋布，有咸水湖，也有淡水湖；温暖的地中海，海岸弯弯曲曲，形成一个接一个的海湾。这些海湾里有着丰美的食物，足以招待成千上万只从远方飞来的小客人。夏天，这里原本已经有了难以计数的鸟儿，到了冬天，我们那里的候鸟也飞到这儿来了。

那种拥挤的情形，是难以想象的，似乎全世界的鸟类都集聚到这里。湖泊上，尼罗河的支流上，栖息着密密匝匝的鸟儿，远远望去，竟然看不到水面。嘴巴下长着一个大肉袋的鹈鹕，正跟我们的灰野鸭及小水鸭一起捉鱼吃；鹬鸟在漂亮的长脚鹤队伍里来回踱步，毫不羞

怯。要是色彩斑斓的非洲乌雕，或者凶猛的白尾金雕飞临，它们就会惊慌失措，四散奔逃。

如果有人朝着湖面开一枪，马上就会有成群成群的水禽飞起。那种喧闹声，就像几千面大鼓一齐擂响。在很短的时间内，湖面就会被一大片乌云所笼罩，那是飞起来鸟群遮住了太阳。

这里是我们候鸟冬季里的舒适乐园，它们就在儿悠闲快乐地生活着。

塔雷斯基禁猎区

在我国广袤的土地上，也有一处鸟儿乐园，比起非洲的埃及，毫不逊色。我们这里许多的水禽和生活在沼泽地里的鸟儿，都是在那里过冬的。同埃及一样，一到冬季，你也能在那看到成群的鹈鹕和红鹤，数不清的野鸭、大雁、鹬、鸥以及猛禽也混在其中。

尽管此时已是酷冷的寒冬，可是那里却没有冬天的感觉，既没有皑皑的白雪，也没有刺骨的严寒和漫天的风雪。那儿有平静温暖的辽阔大海，满布淤泥的浅浅海湾；沿岸有成片的芦苇，茂密的灌木丛；有丰美的草原，

还有风平浪静的湖泊。一年四季，这里都能为鸟儿提供享用不尽的各色美食。

这里属于禁猎区，是不允许猎人在这儿打猎的。我们的候鸟辛苦一个夏天，需要飞到这里来休息的。

这就是我们苏联的塔雷斯基禁猎区，它位于里海东南岸的阿塞拜疆共和国境内，邻近林柯拉尼亚。

来自南非洲的消息

不久前，南非洲发生了一件轰动性大事。有一群白鹳从天上飞落下来。在这群白鹳当中，当地居民吃惊地发现，有一只白鹳脚上戴着个白色金属环。

人们捉住这只白鹳，看到金属环上刻有这么一行字："莫斯科。鸟类学研究委员会，A 组第 195 号。"

这则消息很快刊登在报纸上，因此我们得知，前些日子被我们的通讯员捕捉的这只白鹳，是在那个地方过冬的。(参阅《森林报》第七期，来自森林的第二封电报)

科学家们就是通过这种给鸟套上脚环的办法，来了解有关鸟类生活的各种各样的惊人秘密，比如说，它们在哪儿过冬，迁徙路线经过何处等等。

为此，世界各国的鸟类学研究委员，都会专门用铝制成各种型号的金属环，在上面刻上研究机构的名称，以及按环型号分成的组别和编号。假使有人无意中捕捉或者打死了套着金属环的鸟儿，就应当按照环上的标识，立即将有关情况报告给相应的研究机构，或者在报纸上刊登这个消息。

基特的故事

米舒特卡奇遇记：新年故事

除夕之夜到了。

天寒地冻。

天刚蒙蒙亮，农场的一位老爷爷就驾着雪橇去了林子里，他要给乡村俱乐部砍上一棵漂亮的圣诞枞树。

森林辽阔，树木茂密。老爷爷驾着雪橇往里面走呀走呀，过了许久才来到森林的中央。这里已经听不到村子里丁点儿的声音，连喇叭的声音也听不见了。老爷爷把马拴在树上，离开道路，挑选了一棵合适的枞树。

然而，当他抡起斧子，朝着树干砍下了第一斧的时候，突然“喀嘣”一声，雪地里仿佛炸弹爆开似的，蹿出了一只棕色的野兽。

老爷爷吓得连斧头都掉在了地上。他用尽了全身的力气，向马儿冲过去，解开缰绳，骑上马逃命去了。

原来，老爷爷惊醒了一头母熊。熊的洞穴恰好在老爷爷选中的那棵枞树下面。由于被巨大的砍树声惊醒，它从洞中一跃而起，惊慌失措地向密林深处奔逃而去。它以为是猎人来了。

可是，它的小崽子米舒特卡①还留在熊窝里里，它才三个月大，还没断奶呢。

母熊弄坏了熊窝，寒气透了进来。米舒特卡被冻醒了，轻声地哭泣起来。它觉得又冷又饿。米舒特卡没办法，只得自己行动了，它爬出熊窝，去寻找自己的母亲，可是，母熊早已逃得无影无踪了。

它徒劳地爬来爬去，哀号着，尖叫着，但是熊妈妈已经逃出很远，听不见它的哭喊声了。

最后，米舒特卡生气了。它艰难地用四肢站了起来，自己去寻找食物。它那脚趾内翻的四条短腿不断陷入厚厚积雪里，然而饥饿却驱使它一直向前走，向前走。

突然，它发现一棵树后面的树墩上，坐着一只漂亮的棕色小兽，尾巴毛茸茸，可爱极了。小兽正在啃食一棵长长的枞树坚果球，眼见就要吃完了。

米舒特卡很喜欢小松鼠，就朝着小松鼠走了过去，想和它玩一玩。然而，小松鼠却吓得惊叫起来，像箭一般窜上了枞树。

米舒特卡看到小松鼠跑掉，便坐了一会儿。实在没有办法，就摇了摇头，继续往前走。

不久，它遇到一只灰色小兽，小兽想往灌木丛里躲避。米舒特卡

---

①俄国人把熊戏称为“米哈伊尔”，常用该名的其他形式：简称“米沙”；昵称或爱称“米舒特卡”“米舒克”“米什卡”。

气呼呼地哼叫着，迈开步子，“咚咚”地追了上去。它两步就赶上了，伸出熊掌一把抓住小兽。然而——哎哟，米舒特卡痛得尖叫起来。原来，小兽的身上长满了尖刺。米舒特卡赶紧闪身跳开，仓皇逃走。

米舒特卡在林子里游荡很久，最后精疲力竭地坐在地上。它饥渴难耐，便用脚掌刨着地面上的雪。大地裸露出来，地面上长着一些花朵、浆果和植物的根须。米舒特卡开始把这些东西往自己嘴里塞：原来这些东西都是可以吃的。于是，可怜的、孤单的熊宝宝，开始使劲用脚掌刨雪寻找食物，很快，它的肚子高高地鼓起，就像吞下了一个西瓜。

米舒特卡吃饱后，高兴地奔跑起来，却没有留意到脚下。突然，“扑通”一声，它掉进了一个深坑里。

这个坑用干树枝和积雪覆盖着，蛇、青蛙和蛤蟆都正在坑里冬眠呢。

米舒特卡跌落的时候，恰巧用后脚爪钩住了上面的粗树根，所以，它就悬挂在了这些东西的头顶上。

蛇苏醒了，抬头看见了熊，吓得咝咝地叫起来，青蛙更是绝望地呱呱大叫。恐惧赋予了米舒特卡力量。它借助后脚爪，晃荡着身子，用前脚掌攀住粗大树根，急急忙忙地从坑里爬了上来。它吓坏了，头也不回地往前飞跑，一直跑到林里一块空旷的雪地上，这才停住了脚步。

它停下来后，又开始刨雪：这里，会不会再找到什么美味的东西吃呢？可是，这一次，它挖到的是完全不同的东西——田鼠。厚厚的积雪下面，居住着田鼠和它的孩子们。这些小兽在灌木丛下的枝杈间筑起了自己的小窝，小窝舒适而温暖，甚至还有一缕缕轻盈的热气冒出来。

要是米舒特卡年纪再大一点，它就会明白，这些田鼠完全可以作为一顿美餐享用。可是，毕竟它太小，还没有明白这一点，所以只是惊讶地看着这些短尾巴的小兽在它面前四处逃窜。

冬季的白天很短。就在米舒特卡刨田鼠的时候，天色逐渐暗了下来。米舒特卡这才猛然想起：“妈妈在哪儿呢？”于是，它赶紧跑着找妈妈。可是，偌大的林海，一望无际，怎样才能找到妈妈呢？

米舒特卡在森林里不停地跑呀跑呀，夜幕很快降临了。今年的新年之夜，伸手不见五指，天空布满了阴沉沉的乌云，看不见一颗星星。更糟糕的是，天上飘起了鹅毛大雪。米舒特卡跑得浑身发热，雪花一落到它的背上，立时融化了，雪水浸透了它全身的皮毛。

黑暗中，一切都显得那么恐惧，说不定有什么动物会突然疾扑上来呢！米舒特卡还很小，它还不明白：熊是森林之王，是这儿最强大的野兽。它甚至都不敢在奔跑的途中哭泣：万一被谁听见了怎么办？它默默地奔跑着，跑进了密林深处，更深处。

在它奔跑的途中，突然——请想象一下，它该是多么的恐惧！——突然，它和某只野兽撞在了一起。这只野兽的体格明显要比它高大强壮许多。米舒特卡吓坏了，急忙躲往一边，没曾想又撞到树上，屁股撞得生疼。

可是，米舒特卡甚至没时间去揉一揉被撞伤的地方，因为那头大野兽会随时扑过来，吃掉它。所以，米舒特卡慌忙往树上爬去，在黑暗中摸索着向上爬。

它听到那只巨大沉重的野兽正悄悄地向它逼近。野兽是那么的庞大，脚下的枯枝纷纷断裂，发出声声脆响……

沉重的脚步声越来越近……米舒特卡哆嗦着，用四只脚爪紧紧抓住树皮。它转过身子，扭头向着漆黑的下方望去……

恰在这时，天空中漆黑的云层里陡然划过了一道闪电，瞬间照亮了整个森林。就在这刹那之间，米舒特卡终于看清楚了下面的猛兽是谁。

“妈妈！”它放声大叫，赶紧从树上爬了下来。

没错，来的正是母熊，它的妈妈。熊妈妈也没有搞明白，在黑暗中和谁撞在了一起，没有认出儿子。

现在，母子俩高兴极了！

这时，莫斯科的新年钟声悠然响起，——于是，整座森林都在回荡着庄严的钟声，那似乎在说：子夜 12 点了，新年到了。

群鹤开始在沼泽地里啼鸣，云雀开始在天际唱歌，幸福的母亲和儿子则紧紧地拥抱在一起。

然后，它们回到了自己的家里，安然躺下。米舒特卡开始吮吸熊妈妈的奶，而熊妈妈则津津有味地舔着自己富有营养的熊掌。

瞧，多么美满的结局啊，正如所有新年故事的结局总是美好的一样，即便这是发生在茫茫林海的故事。

■基特·维里坎诺夫

狩猎

带着小旗猎狼

农场附近，经常有狼出没。有时叼走一只绵羊，有时叼走一只山羊。由于村里没有自己的猎人，只好派人去城里找人帮忙。

“同志，帮我们解决困难吧！”

当天晚上，就有一队士兵从城里开了进来，他们全都是打猎的能手。随队而来的，还有两辆载货的雪橇，雪橇上放着两个很大的轮轴。轮轴上面密密匝匝地缠着绳子，高高地鼓起，就像驼峰似的。绳子上挂着一面面小红旗，每隔半米就系有一面。

在白色小道上解读

他们向村民们打听，狼是从那个方向进村的，然后，就去查看狼的足迹，循着脚印搜索前进。他们的身后，紧跟着那两辆放着巨大轮轴的雪橇。狼的足迹形成一条直线，从村里走出去，穿过庄稼地，伸向密林深处。这看起来似乎只有一只狼，可是那些经验老到的猎手仔细看过后，却说走过去的有一群狼。

进入密林以后，狼的足迹分作五种，猎人们仔细查探一番，就弄清楚了，走在前面的是一只母狼，它的脚印窄窄的、步子小小的，雪爪①是斜斜的形状——这些鲜明的特点说明这是母狼的脚印。

随后，猎人们分作两组，分乘雪橇，在树林里绕了一圈。

所有的地方都没有发现狼离开林子的足迹。很明显，这一窝狼仍然还在林子里。看来，有必要赶紧来一场围猎。

围猎

每一组猎人都带着一个轮轴。雪橇轻轻地向前滑动着，轮轴缓缓地转动，绳子一点一点地放了出来。跟在后面的人把绳子缠在灌木上、树干上或者树桩上。长长的小红旗离地有 0.35 米高。这样，绳子上面的小红旗全都展开了，迎风飘扬。

两组人又一次在村边会合。他们已经用系着旗子长绳把林子围了起来。

他们吩咐农场的庄员们，明天早点起床，然后就去睡觉了。

在黑夜里

那天夜晚，月光朗照，异常寒冷。母狼睡醒了，最先站起身子，公狼也跟着站了起来。随后，今年刚出生的那三只小狼也站起身来。

①原书作者注：野兽在踩下的雪窝里拔出爪子时会从雪窝里带出一部分雪，于是在雪上留下了脚爪印。这样的痕迹称为“雪爪(zhǎo)”。

四周全是茂密的树木。一轮圆月浮挂在枝柯扶疏的云杉树梢，宛如即将下落的夕阳。

狼的肚子饿得咕咕直叫。饿得好难受呀！

母狼抬起头，朝着月亮嗥叫起来，随后，公狼也凄怆地嚎叫起来。紧接着，小狼也发出尖细的嚎叫声。村子里的牲口听到狼嗥，个个心惊胆战，牛吓得“哞哞”地叫起来，山羊也吓得“咩咩”地叫起来。母狼迈开步子。跟在后面的是公狼，再后面是一岁的小狼。

它们小心翼翼地迈着步子，后面的狼认准脚印，不偏不倚地踩着前一只狼的脚印走。它们穿过丛林，向村庄进发。

突然母狼停住了。公狼也站住了。小狼也止住了脚步。

母狼那一双凶狠的眼睛，惶惶不安地闪烁着。它那灵敏的鼻子嗅到了小红旗散发出来刺鼻的气味。它看见前面林中的灌木上，挂着一些黑乎乎的布片。上了年纪的母狼经验丰富，见识过各种各样的事情。可是这种情况却从来不曾遇到过。不过它知道，哪儿有布片，哪儿就有人。谁知道他们会做些什么呢，说不定正躲在田野的某个地方守候着呢？得往回走。

它掉过头，连蹦带跳，蹿进了密林里。后面紧跟着公狼。再后面是小狼。

它们飞快地穿过整个树林，到了林子的那一边，又站住了。又是布片，一条条挂在那儿，就像一条条伸出来的舌头。它们东奔西蹿，一次次地横穿丛林，可是，这儿，那儿，到处都是布片，哪儿也找不到出路。母狼觉得情形有些不妙，连忙逃回密林里，疲惫地躺倒在地。公狼也卧倒了。小狼也跟着卧倒了。它们是走不出这个包围圈了。还是忍着饥饿吧。谁知道这些人在打什么主意呢？肚子饿得咕咕叫。天真冷啊！

次日清晨

天际露出微微晨曦，村里的两队人就出发了。

第一队人数较少，他们都穿着灰色的长袍，绕着树林走，悄悄地将小旗子都解下来，然后躲进灌木丛后，呈链状一字排开。他们都是持枪的猎人。之所以穿都着灰色的衣服，是因为别的颜色在树林里都太过显眼。

另一队人数较多，都是农场的庄员。他们手里拿着木棒，分散在田野里等待着。等到领队一声令下，他们就鼓噪着往树林里前进，一面大声吆喝着，一面用手里的木棒敲打树干。

祖国各地无线电大串联！

呼叫！呼叫！

我们是列宁格勒《森林报》编辑部。

今天，12 月 22 日，冬至日。现在，我们将跟祖国各地举行今年最后一次无线电播报。

我们呼叫祖国各地的苔原、草原、森林、沙漠、高山和海洋。

今天正式进入隆冬，是一年之中白天最短、黑夜最长的日子。请告诉我们，现在你们那里发生了些什么事。

请回复！请回复！

北冰洋远方岛屿回电！

我们这儿正值黑夜最长的时候。太阳已经远离我们，沉到大洋里面去了，在来年春天降临之前，它再也不会升起来了。

大洋的表层被厚厚的冰雪覆盖，在我们这儿岛屿的苔原上，处处是冰天雪地。

还有哪些动物留在我们这儿过冬呢?

在大洋的冰层下面，生活着的是海豹。它们趁着冰层还比较薄的时候，在冰上面给自己开了通气孔，每当有薄冰挡住通气孔，它们就马上用嘴撞开，让通气口保持畅通。海豹就是从这些通气孔呼吸新鲜空气的。有时候它们还会爬出来，躺在冰面上，歇一歇，睡一睡。

这时候，公白熊会偷偷地靠近它们。公熊和母熊不一样，它们不冬眠，不需要钻进冰窟窿里躲起来。

在苔原的积雪下面，还居住着一种短尾巴旅鼠。它们在雪底挖掘了许多通道，啃食那些埋藏在雪下的细草。浑身雪白的北极狐懂得用

鼻子去搜寻它们，把它们从雪底下挖出来。

北极狐还捕食另一种野味：苔原雷鸟。当苔原雷鸟钻进雪里睡觉时，嗅觉灵敏的北极狐就悄悄地向它们靠近，毫不费力地将它们捉住。

除此之外，在冬季我们这儿就没有别的野兽和鸟类了。就是北方驯鹿也会在冬季来临之前，千方百计离开群岛，沿着冰原走进原始密林中去。

这里整个冬季都是漫漫黑夜，没有阳光，在这种情况下，我们怎么看东西呢？

其实，即便是没有太阳，我们这儿还是有光亮的。首先，在有月亮的时候，就朗月当空。其次，我们这里还会时不时地出现北极光，在天空闪烁着，非常耀眼。

这种神奇的极光，不时地变幻着色彩，有时候像一条飘逸舞动着的彩带，沿着天空铺展开来，有时候像一条瀑布似的在天空飞流直泻，有的时候却像根柱子或者一柄利剑直刺天穹。地面上洁净的白雪，与极光交相辉映，光芒四射。此时，天地间就亮得如同白日一样。

天冷吗？当然，冷得刺骨。有狂风，还有暴风雪。暴风雪那个厉害呀，一刮，就把我们的房屋给埋在雪里，我们已经有一个星期无法出门了。不过，什么样的困难都吓不倒我们伟大的苏联人民的。我们一年年地向北冰洋深处挺进；勇敢的苏维埃北极探险队，早就已经开始研究北极了。

顿河草原回电！

我们这儿也将开始下雪，这对我们来说无所谓！——这儿冬季不长，也没那么寒冷。甚至河流也不会全部封冻。野鸭从各处湖泊迁徙到这里，就不想再南飞了。秃鼻乌鸦从北方飞到我们这儿，逗留在小镇上、城市里。它们在这里有足够的食物，可以一直生活到3月中旬，到那时再飞回故乡去。

在我们这儿过冬的，还有从遥远的苔原飞来的小客人：铁爪鹀、角

百灵、个头很大的白色雪鸮。雪鸮习惯在白天出来觅食，要是不这样，在夏季的苔原，它该怎么生活呢？那时候，苔原上只有白昼，没有黑夜。

冬季，空旷的草原上，覆盖着厚厚的积雪，人们无事可做。不过，在地底下，我们要干的活儿可多了：我们要开着机器，从深深的矿井里挖煤，再用电力升降机把煤送到地面上，然后用一列列的火车把煤运输到全国各地，送到各种工厂里去。

新西伯利亚原林回电！

原始森林里的积雪越来越厚了。猎人们乘着滑雪板，成群结队地往大森林里去。他们身后拖着轻便、窄长的雪橇，上面载满食物和其他的生活用品。很多猎犬欢快地跑在他们的前面。这些猎犬都是莱卡犬，它们有着一双高高竖起的尖耳朵和一条蓬松的卷起来的尾巴。

森林里有着数不清的淡蓝色的灰鼠、珍贵的黑貂、毛茸茸的猞猁狲、雪兔、健壮的驼鹿、棕黄色的鸡貂（它的毛可以制作上好的画笔），还有银白色的白鼬，以前它的毛皮用来缝制沙皇的皮袍，如今则用来给孩子们做帽子。还有许多火红色的火狐和棕黄色的玄狐，以及许多美味的榛鸡和松鸡。

熊早已钻进它那隐蔽的洞穴，在里面呼呼大睡。

猎人们进入森林，一待就是好几个月，他们在森林里面的小木屋里过夜。冬季白天很短，他们整天都得忙着在林子里设置陷阱，捕捉各种野兽和飞禽。这个时候，他们的莱卡犬就会在林子里跑来跑去，寻寻觅觅，用鼻子闻闻、瞪起眼睛看看、竖起耳朵听听，寻找松鸡、灰鼠、西伯利亚鼬和驼鹿，甚至是正在酣睡的熊。

等到一队队猎人走出森林的时候，他们的雪橇上载满了各种猎物。

卡拉库姆沙漠回电！

春季和秋季，我们这儿的沙漠并不像沙漠——处处生机盎然。而夏季和冬季，这里却荒芜死寂。夏季，鸟兽找不到食物，而且热浪灼人；冬季，沙漠里也没有食物，只有刺骨的严寒。

到了冬天，各种飞禽走兽飞的飞，走的走，纷纷逃离这个可怕的地方。南方明亮的太阳，徒然升起在无边无垠的雪原上。因为这里已经了无生机，所以没有飞禽走兽欣赏这明朗的太阳和洁白的雪。即便太阳消融了积雪，那又能怎样呢？反正雪底下只是没有生命的沙子。乌龟、蜥蜴、蛇、昆虫，甚至是老鼠、黄鼠、跳鼠之类的热血动物都深深地钻进沙子里，冻僵了，冬眠了。

暴风雪在原野上横行无忌，没有谁能够阻挡，因为它才是冬天里茫茫沙漠中的主宰。

不过，这样的状况不会一直持续下去。人类正在征服沙漠：开河筑渠，植树造林。我们相信在不久的将来，无论是夏季还是冬季，沙漠里也一样充满生机。

高加索山区回电！

在我们这儿，夏季和冬季并不那么分明，夏季里面有冬天。冬季里面也有夏天。

我们这儿，有着极高的山，就像苏联卡兹别克山和厄尔布鲁士山那样傲然地耸入云霄。山峰上常年覆盖着积雪和冰盖，即便是炎热的阳光，也难以消融。在冬天，我们这儿有连绵群山保护，严寒难以征服，这里的谷地和海滨，依然百花盛开。

冬天只能把羚羊、野山羊和野绵羊从山顶赶到山腰，再往后它就没有威力了。冬季，山顶飘着鹅毛大雪，而山下的谷地，却下着温暖的雨。

我们刚刚从果园里采摘了橘子、橙子、柠檬，上交给国家。我们的花园里，还有玫瑰在静静地绽放，引来蜜蜂无数，嗡嗡地飞来飞去。在向阳的山坡上，第一拨的春花已经开放，有绿色花蕊的纯白雪莲花，也有黄色的蒲公英。在我们这儿，四季鲜花常开，母鸡一年四季都在下蛋。

冬季，当寒冷和饥饿降临时，我们的野兽和飞禽不需要离开它们夏天的居住地，也不需要长途跋涉，迁徙他乡，它们只需要下到半山腰或者山脚下、谷地里。在那儿，它们就可以避开寒风，找到充足的食物。

我们的高加索呵护了多少有翅膀的来客啊——那些逃避北方严寒的难民们！我们给它们提供了充足的美食和温暖！到这来的，有苍头燕雀、椋鸟、百灵、野鸭，还有嘴巴长长的丘鹬。

尽管今天是冬至，是一年中白昼最短、黑夜最长的一天，可是明天就要迎来新年了，元旦的白天将阳光灿烂，夜晚繁星满天。在我国的最北部——北冰洋，我们的朋友没有办法走出家门，因为那里暴风雪是如此之大，天气如此严寒。而在我国的最南部，我们出门用不着穿大衣，只需穿上薄薄的单衣就足够了。我们仰望高耸入云的山峰，欣赏着万里晴空中悬着的那一弯月牙。宁静大海里微波泛起，在我们的脚下溅起轻柔的浪花。

黑海回电！

没错，今天黑海的波浪轻轻地拍打着海岸，沙滩上，鹅卵石在海浪轻柔的抚摸下，轻轻地翻身滚动，唱出懒洋洋的催眠曲。幽暗的水面上，一弯明亮的月牙儿投下纤细的身影。

暴风雨的季节已经过去了。那时候，我们这儿的大海狂躁不安，澎湃汹涌，滔天的巨浪猛烈地冲击着礁石，哗啦啦、轰隆隆地吼叫着，浪花飞沫远远地溅到岸上。而到了冬天，狂风就很少来打扰我们了。

黑海没有真正的冬季。不过是海水稍微变凉，北部海岸一带会稍微结上一点冰，如此而已。我们的大海一年四季都热闹非凡：欢乐的海豚在海里戏水，黑鸬鹚在水中出没，白色的海鸥在空中飞翔。海面上，豪华的汽船和邮轮来来往往，摩托快艇疾驶前进，轻盈的帆船滑行穿梭。

前来我们这儿过冬的，有潜鸟和各色各样的潜鸭，还有粉红色的鹈鹕，它的嘴巴下长着个大肉袋，用来盛放捕到的小鱼。我们的黑海，冬天并不寂寞，同夏天一样趣味无穷，生机勃勃。

列宁格勒《森林报》编辑部回电！

你们看到了，在我们苏联有着迥异的春季、夏季、秋季和冬季。这是属于我们祖国的春夏秋冬，它们是我们伟大祖国（苏联）的一部分。

请选出一个你心目中最喜欢的地方吧。无论你到什么地方，无论你在哪里定居，等待你的都将是无处不在的锦绣山川，以及一些等着你去完成的特殊的工作：勘探、研究，发现我们国土上新的美景和新的资源，从而建设更美好的新生活。

这是我们今年的第四次，也是最后的一次播报，全国各地无线电广播到此全部结束了。明年再见！

再见！再见！明年见！

打靶场

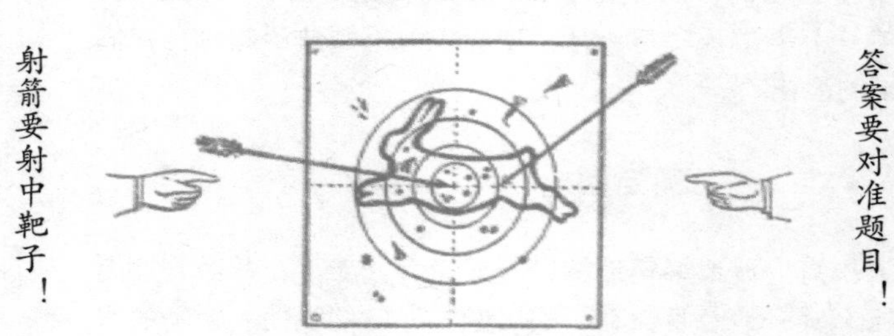

第十场竞赛

1. 根据日历，冬季是从哪一天开始的，这一天有何特征？

2. 哪一种肉食动物的足迹里面看不见爪印，为什么？

3. 哪些皮毛珍贵的野兽，渔民不喜欢？

4. 树木在冬天还会生长吗？

5. 为什么猎人更重视在刚下过初雪之后出去打猎？

6. 哪几种鸟儿是钻进雪中过夜的？

7. 冬季猎人在森林和田野穿什么颜色的衣服更有利？

8. 为什么奔跑的时候，兔子的前脚印在后，而后脚印在前？（如下图）

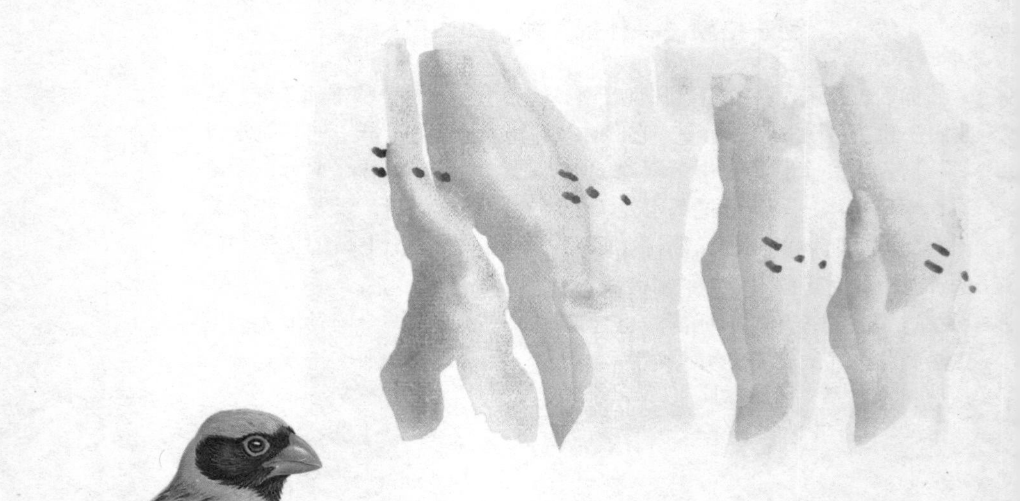

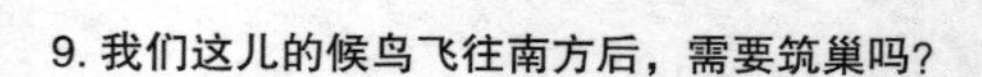
9. 我们这儿的候鸟飞往南方后，需要筑巢吗？

10. 下图雪地上的这种足迹是哪种动物留下的?

11. 森林中哪种鸟的眼睛生在靠近后脑勺儿的地方，为什么?

12. 不管是狐狸还是黄鼠狼都不吃的是哪一种小动物?

13. 那一种野兽的脚印和人的脚印很相似?

14. 猎人打死兔子，时常会在兔子的背上发现猫头鹰或鹞鹰的爪子。这是为什么?

15. 下图是一只被猎人打伤的鹿的足迹。请问，鹿伤在哪里?

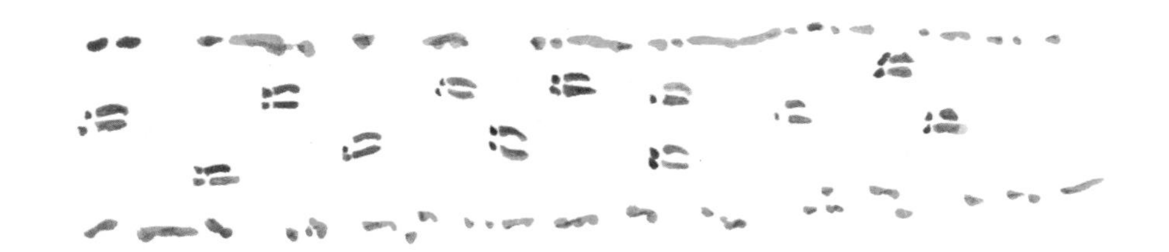

16. 一件大白袍，空中乱飘摇，没襟没纽扣，谁都不想要。(谜语)

17. 远看像匹马，近看不是马。只在野外窜，不吃草来不回家。(谜语)

18. 常在雪里奔，身过不留痕。(谜语)

19. 门外有个怪老头，揣着温暖就逃走，自己不愿歇歇脚，不许别人做逗留。(谜语)

20. 这人本领真是高，不用钉来钉，不用斧来凿，石墩、木板全不要，张开嘴儿吹口气，马上造出一座桥(谜语)

21. 此物不贵重，像颗钻石亮晶晶，生前是什么，死后也相同。(谜语)

22. 飞呀飞，转呀转，怒吼声，天地间。(谜语)

23. 小小的颗粒地中埋，大大的馒头长出来。(谜语)

24. 不用种，不用碾，水里泡泡，石头压压，冬天没菜，它是佳肴。(谜语)

“火眼金睛”大比拼

第九次测试

这是什么动物的足迹

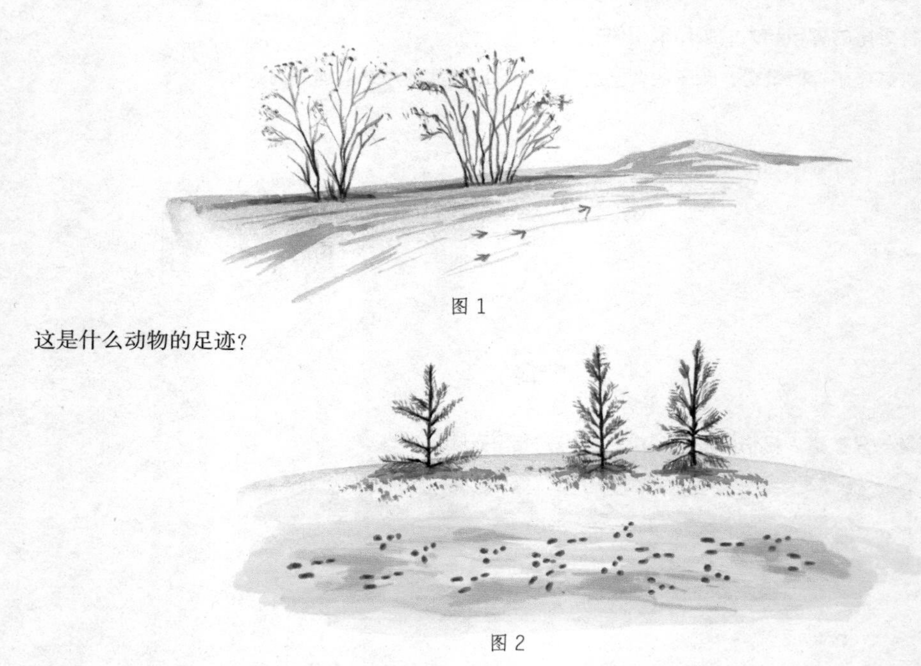

图 1

这是什么动物的足迹？

图 2

这又是什么动物足迹？是兔子的吗？兔子又分为：雪兔和欧兔。哪一种是雪兔的脚印？哪种是欧兔的脚印？

图 3

这是什么动物的足迹？

图 4　图 5　图 6

图 7　图 8　图 9

图 10　图 11　图 12

树叶落尽了。你能根据这些树干和枝杈的样子，认出这些都是什么树吗？

在森林、田野和花园里自学森林常识

冬天是本雪书，人人都可自学。你只需一边走，一边留心观察：哪一种飞禽，哪一种走兽在雪地上留下了什么样子的足迹。只需这样，你就可以读懂冬季这本伟大的雪书了。

请别忘了无家可归、饥肠辘辘的林中小朋友

唉，难啊，真是难啊！冬天，那些会唱歌的小鸟和别的鸟儿的日子实在太难熬了！它们到处寻找可以躲避严寒，躲过寒风侵袭的地方。如果找不到，就会被冻死。

救命！救命！救命！快来救命啊！

请伸出您的援手，救救它们吧！给小鸟们凿一个过夜的树洞，给山鹑在田里搭起一个用云杉枝条和秸秆束做成的小窝棚吧！给鸟儿们设个喂养点吧！

■请参阅本期通告

邀请珍贵的来客——山雀和鸸

山雀和鸸很喜欢吃油，只不过不能吃咸的，因为吃了咸的，它们的肚子会痛。如果有人想邀请这些可爱、有趣的小鸟到自己家里来做客，欣赏它们的精彩表演，并在最困难的时候给他们喂食，你应该这么做：

拿一根木棍，在上面钻一排小孔，往孔中浇灌热油（猪油或牛油）。等到油脂冷却，再把木棍挂到窗外，更好做法是木棍悬挂在窗外的树枝上。等不了太久，那些欢乐的小客人就会前来享用美食，为了感谢你的款待，它们会表演各种把戏给你看：在枝头转圈、头朝下倒挂、翻跟头、向旁边跳跃，真是花样繁多。

请灰色山鹑大驾光临

为了邀请美丽的山鹑，人们在田头用云杉树枝为它们搭建了小窝棚。他们还在窝棚里撒上大麦和燕麦粒款待它们。

森林报

No.11

啼饥号寒月

（冬季第二月）

Forest Newspapers

1月21日到2月20日　　太阳进入宝瓶宫

第十一期导读

太阳诗章——1月

林中逸闻

城市要闻

狩猎

打靶场：第十一场竞赛

通告："火眼金睛"大比拼

一年：太阳在 12 个月内谱写的乐章

1 月——按照我们老百姓的说法，1 月是从冬入春的转折点，是新的一年的开始，是冬季的中段。新年过后，白昼好像兔子跳跃似的，向前一撑一跳，猛然之间就变长了。

大地、森林和水上都盖着厚厚的积雪，到处是银装素裹。所有的生命仿佛长眠似的，陷入了沉沉的酣睡之中。

大地上的生灵，在这段难熬的季节里，会巧妙地假装死亡。花朵凋谢，青草枯萎，树木脱尽落叶，一切都停止了生长发育。但是停止生长发育，并不意味着它们已经死去。

厚厚的积雪之下，一切看似死气沉沉，实际上却蕴藏着顽强的生命力，尤其是为来年生长和开花储备着巨大生机。松树和云杉把它们的种子紧紧地包裹在拳头大小的球果里，完好无损地保存着。

冷血动物也都隐藏起来，都被冻僵了，但是它们一样没有死亡，甚至像是螟蛾这样柔弱的小东西，也没有死，而是躲进了自己的藏身之所。

鸟类是热血动物，它们的体温非常高，从来不冬眠。许多动物，甚至是小小的老鼠，整个冬天，都在忙忙碌碌地奔波着。还有一桩怪事，熟睡在厚厚积雪下的洞穴中的母熊，在 1 月份的寒冷天气里，竟然产下了一窝还没有睁眼的小熊崽，尽管整个冬季它什么也不吃，却还能用自己的乳汁喂养这些熊宝宝，而且一直持续到春暖花开。

林中逸闻

森林里冷呵，真冷！

凛冽的寒风在空旷的田野里肆意游荡，在光秃秃的白桦林和山杨林之间乱窜。它钻进飞禽那收拢的羽毛里，渗进走兽那稠密的皮毛里，把它们的血液吹得冰凉。

不管是地上，还是枝头，几乎都没有小鸟们的立足之地，到处是冰锁雪封。小脚爪快冻得受不了！必须得跑着、跳着、飞着，变着法子取暖。

谁要是有温暖、舒适的洞穴和巢窠栖身，并有着充足的食物储备，那它的小日子可就惬意了。它可以吃得饱饱的，把身子蜷缩成一团，美美地睡上一大觉。

吃饱了就不怕冷

对于兽类和鸟类来说，只要能够吃饱，就没有什么可担忧的了。饱餐之后，它们的体内就会发热，血液温度上升，暖意自然传遍全身。皮下的脂肪，就像暖和的毛皮大衣的厚衬，或者羽绒服里面的夹芯。即便寒气能

够透过绒毛，能够钻进羽毛，也绝对无法穿过脂肪层。

如果有充足的食物，冬天就不用怕。可是，在寒冷的冬天里，到哪儿去找食物呢？

狼在森林里徘徊，狐狸在森林里寻觅，可是森林里空空荡荡，兽类和鸟类有的藏起来，有的飞走了。白天，乌鸦在林子里飞来飞去，夜晚，雕鸮在林子里往来穿梭。它们是在寻找食物，可是，哪儿都找不到食物。

待在森林里，肚子真饿啊，真饿！

跟在后面吃剩饭

乌鸦最先发现了那一匹死马。

“呱！呱！”一大群的鸦飞过来，落下地准备享用它们的美餐。

此时已是黄昏，暮色逐渐降临，月亮刚开始展露容颜。

林中忽然传来奇怪的声音：

“呜——呜呜！……”

乌鸦们吓得赶紧飞走。雕鸮从林子里飞出来，落到了死马身上。

它用自己的钩嘴撕扯着一块肉，摇动着耳朵，白色的眼皮眨巴眨巴，刚要品味佳肴，忽然雪地上传来了沙沙的脚步声。

雕鸮慌忙飞到树上。一只狐狸来到马尸前。

咔嚓，咔嚓，它费力地用牙齿撕咬马肉。但它还来不及吃个痛快，一只狼来了。

狐狸急忙钻进灌木丛。狼扑向那匹死马。它竖起了身上的毛，牙齿像刀子一样锋利。它一面撕咬着马肉，一面发出满足的唔唔声，周围的声音它完全没有听见。它不时抬起头，把牙齿咬得咯咯响，似乎在说：“谁也不要靠近我！”接着，又垂下头，大嚼大咽起来。

突然，它的头顶上传来一声沉闷的低吼。狼吓得跌坐在地上，随后夹起尾巴，溜之大吉了。

原来是森林之王——熊，大驾光临。

这回谁也别想靠近了。

黑夜将尽的时候，熊吃饱了，心满意足地回洞睡觉。那只夹紧尾巴的狼，一直在后面静候着呢。

熊一走，狼就扑上来。

狼吃饱了，狐狸冲上来。

狐狸吃饱了，雕鸮飞过来。

雕鸮吃饱了，这时才轮到乌鸦，它们便飞拢过来。

这时，天边微微露出晨曦，这顿免费的大宴席已经被吃得干干净净，只剩下一堆零碎的残渣。

幼芽在哪儿过冬

现在，所有的植物都处在休眠状态。可是，它们都已经做好了迎接春天的准备，慢慢地开始孕育新芽了。

那么，这些幼芽在哪儿过冬的呢？

对树木而言，它们的嫩芽都在离地面很高的地方过冬。而对草来说，它们的幼芽过冬方式就有所不同了。

譬如说，林繁缕的嫩芽，是裹在枯茎干叶里过冬的。整个冬天，它的芽儿都是鲜活的，而且呈现出碧绿色，只不过它的叶子从秋天起就已发黄干枯了，整株植物看起来就像已经死了一样。

触须菊、卷耳、石蚕草以及其他矮小的草儿，盖着厚厚的雪被，不仅保护了自己的幼芽，连自身也很好地保护起来，在春回大地的时候，它们将以一身绿装迎接春天。

这些小草的幼芽都是在地上过冬的，尽管离地面不是很高。

其他草类的幼芽过冬的方式就大不相同了。

艾蒿、牵牛花、草藤、金梅草和立金花，如今在地面上除了已经腐烂的茎和叶子外，什么都没有留下。如果你要找它们的幼芽，可以在紧贴地面的地方找到。

草莓、蒲公英、苜蓿、酸模、蓍草等，它们的冬芽也在地面上，只是，这些小芽儿被绿叶包裹着。这些植物准备在春天来临的时候，以一身绿色破雪露面。还有许多的小草儿，把自己小芽保存在地下过冬。如鹅掌草、铃兰、舞鹤草、柳穿鱼、狭叶柳叶菜和款冬等的幼芽长在根状茎上过冬，野大蒜和野葱的小芽是长在鳞茎上过冬的，紫堇的幼芽则是长在块茎上过冬的。

生长在陆地上的植物的幼芽就是这样过冬的。至于那些水生植物的幼芽，则是把自己埋进池塘和湖泊底部的淤泥里过冬的。

■尼·朱·帕甫洛娃

小屋里的山雀

在饥饿难熬的日子里，林中的各种飞禽和走兽，都会大胆地向有人类居住的地方靠近。因为这些地方比较容易找到吃的，可以从人类的垃圾中觅得食物。

饥饿能使鸟兽们忘掉恐惧。为了生存，原来胆怯的林中居民不再怕人。

黑琴鸡和灰山鹑偷偷地飞进打谷场与谷仓，雪兔频频地光顾人们的菜园，白鼬和伶鼬则溜进地窖里捉老鼠和家鼠吃。我们《森林报》记者在林中有个小木屋，有一次，门打开着，一只荏雀径直飞进来。它有着一身金黄色的羽毛，两颊的绒毛是白色的，胸脯上有黑色的条纹。它对主人毫不在意，旁若无人地啄食餐桌上的食物碎屑。

主人关上房门，于是荏雀成了俘虏。

它在小屋里住了整整一个星期。没有人去惊扰它，也没人喂它，但它明显地一天天胖起来。它成天在屋子里寻找食物。捕捉蟋蟀，搜寻沉睡木板缝里的苍蝇，啄食食物残渣，到了夜里，就钻进俄式炉子后面的缝隙里睡觉。

过了几天，它捉光了屋子里面所有的苍蝇和蟑螂，就开始啄食面包。再后来，什么书本啦、纸盒啦、软木塞啦……凡是看得到的东西，都让它给啄坏了。

主人就只好打开门，把这位小小的不速之客撵出小屋。

我们打了一回猎

清晨，爸爸带我外出打猎。天气冷得逼人。雪地上有很多脚印。爸爸说：“这是个新脚印。看来离这儿不远，肯定有一只兔子。”

爸爸让我沿着兔子足迹寻找，他自己则留在原地等候。兔子有种习性：一旦被人从藏身的地方轰出来，往往会先兜个圈子，然后顺着自己的足迹往回跑。

我顺着野兔的足迹往前走。地上脚印很多，我不管这些，一直往前走。没过多久，我就把它赶了出来。它藏在一棵柳树下面。受惊的兔子绕了一个圈儿，然后就踩着自己原来的足迹往回跑。我焦急地等待着枪声。一分钟过去，又一分钟过去了。突然，寂静中传来清脆的枪声。我朝枪响的方向跑去，果然看见了爸爸。在离他大约10米远的地方，一只兔子倒在地上。我捡起兔子，和爸爸带着这个战利品回家了。

■驻森林记者 维克多·达尼连科夫

老鼠从森林出走

到了冬季，森林里的那些野鼠，储备的食物越来越少。为了免遭白鼬、伶鼬、鸡貂和其他食肉动物的捕食，它们只好逃出自己的洞穴。

然而，积雪覆盖着森林，大地也白茫茫一片，没有东西可吃。成群结队的野鼠只好离开森林。这样一来，农场里的粮仓、谷仓就要遭殃了，大家得随时警惕着。

伶鼬会追寻着鼠迹而来。可是，它们的数量毕竟太少，难以将所有野鼠捉尽，鼠害也不能被彻底消除。

请大家保护好自己的粮食，别让这些啮齿类的动物来打劫！

法则对谁不起作用

这时候，林中居民都在饱受严寒的折磨。

森林中有严酷的自然法则：冬季，要竭尽所能地应对严寒和饥饿，至于生儿育女的事情，想都别想。繁衍后代应该在夏季，那时气候温暖，食物充足，是最有利的时期。

不过，谁要是储备了足够多的食物，那么这条法则就对谁失去了效力。

我们的记者在一棵高大的云杉上发现了一个鸟巢。搭起鸟巢的那

些树杈上，堆满了积雪，巢里有着几枚小小的蛋。

第二天，我们的记者又来到这个地方观察。当时天寒地冻，大家的鼻子冻得通红，可是，他们往巢里一看，惊奇地发现，窝里已经孵出了幼雏，雏鸟浑身赤裸，趴在雪上，眼睛仍然还没有睁开呢。

这真是一件怪事呢！

其实，没有什么可奇怪的。这是一对交嘴鸟筑的巢，它们刚刚孵出雏鸟。

交嘴鸟是这样一种鸟，它在冬天既不怕饥饿，又不怕严寒，我们一年四季都可以看到。它们快乐地彼此应和着，从一棵树飞向另一棵树，从一片树林飞向另一片树林。一年四季，过着居无定所地生活：今天在这儿，明天在那儿。

春季，几乎所有的鸣禽都会寻找配偶，成双结对，为自己挑选合适的地方，在那里定居下来，直到孵出幼鸟。

可是，交嘴鸟却在这时成群成群地在树林里游荡，在哪儿都不愿意多做停留。

在它们欢乐的流浪队伍里，常年可以看见年老的鸟和年轻的鸟一起飞翔。它们的雏鸟宝宝，好像是它们一边在空中飞，一边生下来似的。

在我们列宁格勒，这种交嘴鸟还有另外一个称呼，叫作“鹦鹉”。之所以有这么个名字，是因为它们优美的羽毛与鹦鹉十分相像，而且它们也和鹦鹉一样，在细木杆上面攀上爬下，转来转去。

雄交嘴鸟的羽毛呈褐红色，深浅不一；雌交嘴鸟和小鸟的羽毛则是绿色的、黄色的。

交嘴鸟的爪子很有力，嘴巴灵巧，善于叼东西。它们喜欢头朝下，尾巴朝上，用爪子紧抓住上面的树枝，用嘴咬住下面的树枝，把身子倒挂起来。

令人惊讶的是，交嘴鸟死后，很长时间尸体都不会腐烂。一只老死的交嘴鸟可以放上大约20年，一根羽毛都不会脱落，而且不会散发出腐臭的气味。如同木乃伊一样。

但是顶顶有趣的，是交嘴鸟的嘴巴。别的鸟儿是长不出这样奇特的嘴巴的。

它们的嘴呈十字形，相互交叉：上半片向下弯曲，下半片向上翘起。

交嘴鸟身上所有的本领，靠的全是这张神奇的嘴。它们身上所有令人费解的奇迹、谜团都可以从这张嘴上得到解答。

在出生的时候，交嘴鸟的嘴跟所有鸟类一样，是直直的。稍稍长大一些，它就开始用嘴啄食云杉和松树球果球里面的种子。此后，它那柔软的直直的喙就渐渐变成了十字形，弯曲起来，并且终生都保持这个样子。这样的嘴巴让交嘴鸟获益匪浅：交叉弯曲的喙，能从球果里更加方便地掏出果实。

这样，所有的问题都明白了。

为什么交嘴鸟一辈子总是在一片又一片的森林里流浪呢?

那是因为它们需要四处寻找球果结得最多的地方。今年我们列宁格勒州的球果比较多。它们就飞到我们这儿来。明年北方某个地方球果结得多，它们就飞到那里去。

为什么在寒冷的冬天，交嘴鸟还要叽叽喳喳地唱歌，并且在雪中孵雏鸟呢?

在冬季，林子里到处都是球果，享用不尽，它们干吗不唱歌，干吗不孵小鸟呢？巢里面有绒毛、羽毛，还有柔软的兽毛，暖和着呢。当雌鸟生下第一个蛋后，它就不出窝了，雄鸟会衔着食物回来给它吃。

雌交嘴鸟待在巢里孵蛋，用身体保持温度；等到雏鸟钻出蛋壳后，它就把自己嗉囊里软化了的云杉和松树的种子吐出来，喂给它们。幸好，一年四季，云杉和松树上都不缺球果。

交嘴鸟只要找到配偶，就会盖起小房子，生儿育女，建立自己的小家庭。这个时候，它们就会离开鸟群，独自安家落户。不管是冬季、春季还是什么季节，都可以看见它们的窝巢。筑好巢后，他们就会住进去。等到小鸟长大了，它们一家子又加入到鸟群当中。

为什么交嘴鸟死后会变成木乃伊呢?

因为它们吃的是球果种子。云杉和松树的种子里面，有大量的松脂。老交嘴鸟在漫长的一生中会吃掉很多的种子，浑身都被松脂渗透了，就好比靴子上涂抹松焦油一样。使它们的身体在死后保持长久不腐的，正是松脂。

埃及人不就是在逝者身上涂抹松脂，把尸体做成木乃伊的吗?

应变有术

深天快要结束的时候，一只狗熊来到在长满云杉树的小山坡上，选定一处地方作为自己的洞穴。它用爪子扒下许多窄小的云杉树皮，送到了山坡上的土坑里，还在上面铺上柔软的苔藓。它又把土坑周围的小云杉从根部咬断，倒下来云杉在坑穴上方就搭起了一个小窝棚，然后，熊爬进洞穴里，安然入睡了。

然而，不到一个月，它的洞穴被一条猎狗发现了。还好，它及时地逃脱了猎人的捕杀。没办法，它只好直接躺在雪上睡觉。即便是这样，猎人还是找到了它。在命悬一线之际，它再度侥幸逃脱。

于是，它第三次躲藏起来。这次它藏身的这个地方，任谁也休想猜得出。

到了春天人们才发现，这头非常聪明的熊在高高的树上冬眠。这棵树的枝干曾经被暴风吹折过，上面的枝杈倒垂下来，时间一长，树干枝根处就形成了一个凹坑。夏天，老鹰叼来干枝和软草，铺在里面，在这儿孵完雏鹰，就飞走了。冬天，这只在自己的洞穴里屡受惊吓的熊，竟然幸运地找到此处，爬进这个空中的“坑”里安然过冬。

城市要闻

免费食堂

那些鸣禽在这个季节，饱受饥寒之苦。心地善良的城里人在花园里或者直接在自家的窗台上为它们设置了小小的“免费食堂”。有人把面包片和牛油之类用线穿起来，挂到窗外。还有人在花园里放上装着饭粒和面包屑的小筐子。

荏雀、白颊鸟、青山雀，有时还有黄雀、红雀以及其他冬天里的小客人，成群结队地光顾这些免费食堂。

学校里的生物角

无论你到苏联哪一所学校去，都可以看见一个生物角。生物角放着很多的箱子、罐子还有笼子里，里面养着各式各样的小动物。这些小东西，都是孩子们在夏天野外郊游的时候捉到的。现在，他们有很多的事情要做：要给所有的小动物喂食喂水，让它们吃饱喝足，要逐个儿给它们安排合适的地方居住，还得小心看住它们，不让它们逃走。这里有鸟类，有兽类，还有蛇、青蛙和昆虫等等。

在一所学校里，我看到孩子们在夏天写的一本日记。从日记中不难看出，他们收集这些小动物是经过认真考虑的，并不是随便抓来玩玩。

6 月 7 日这天，日记中写着：“我们在宣传栏里贴出了告示，号召大家把捉来的所有小动物，都交给值日生。”

6 月 10 日，值日生在日记中写道：“塔拉斯送来一只啄木鸟。米罗诺夫交来一只甲虫。加甫里洛夫送来一条蚯蚓。雅科夫列夫带来的是一只瓢虫，还有一只粘在荨麻上的小甲虫。鲍尔晓夫带回一只篱雀的雏鸟……”

这样的内容，日记里几乎每天都有。

“6 月 25 日， 我们到一个池塘边玩，捉到了许多蜻蜓的幼虫，还有其他虫子。此外，我们还抓住一只蝾螈，这是我们很需要的东西。”

有些孩子还会把他们捕捉到的小动物很仔细地描述一番。

“我们捕捞到许多水蝎子、松藻虫，

还有青蛙。青蛙有四条腿，每条腿有四个脚趾。青蛙的眼睛乌黑闪亮，鼻子是两个小孔。青蛙的耳朵大大的。它给人类带来极大的好处。”

到了冬天，孩子们还会凑钱在商店里买一些我们州里没有的动物，如乌龟、金鱼、天竺鼠，以及一些毛色鲜艳的鸟类。一走进生物角，你就可以看见这些“房客”，有的是毛茸茸的，有的是光溜溜的，有的浑身长满羽毛。还能听见它们热闹的喧嚣声，有的尖叫，有的婉转，有的哼哼唧唧，简直就像一个真正的动物园。

孩子们还会彼此交换自己饲养的动物。夏天，一所学校抓到了许多鲫鱼，而另一所学校养了很多兔子，多得已经没有地方安置了。两所学校的孩子们就开始交换：四条鲫鱼换一只兔子。

这些都是低年级的孩子们做的事情。

高年级的学生都会有属于自己的组织——少年自然科学研究小组，几乎每一所学校里都有。

在列宁格勒少年宫，也有一个这样的小组，各个学校每年都会派出自己最优秀的少年自然科学家到那里参加活动。在那里，小动物学家和植物学家，学习怎样观察动物和捕捉动物，怎样照料饲养它们；

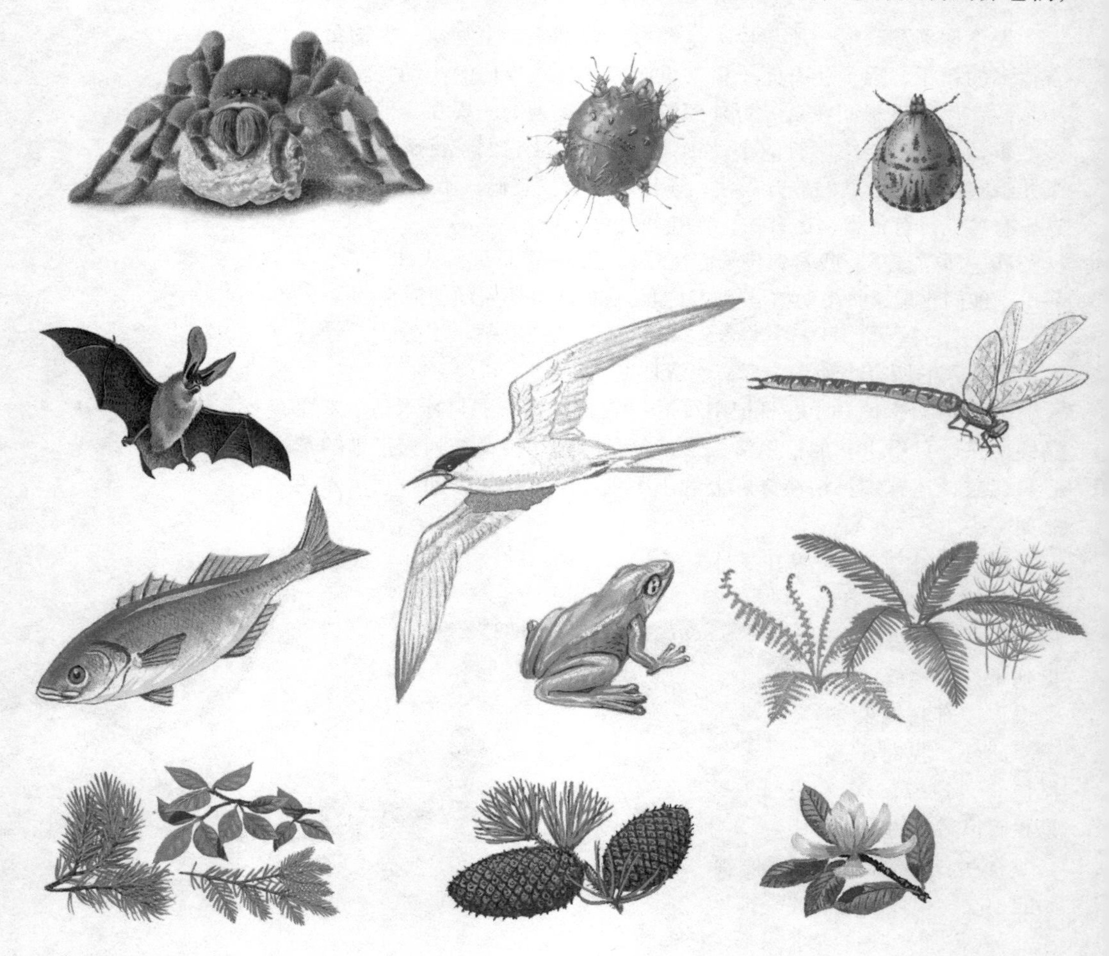

怎样制作动物标本，怎样采集植物，并将它们制成植物标本。

从整个学年开始到结束，小组成员经常到城外、到各地去参观游览。夏天，他们整个中队离开列宁格勒，出远门，去外地考察。他们在那里要住整整一个月，每个人都有自己的分工：植物学的组员采集各种植物标本；兽类学的组员捕捉老鼠、刺猬、鼩鼱、小兔子和其他的小动物；鸟类学的组员寻找鸟巢，观察鸟类活动；爬虫学的组员捕捉青蛙、蛇、蜥蜴、蝾螈；水族学的组员捕捉鱼和各种的水生动物；昆虫学的组员捕捉蝴蝶、甲虫，研究蜜蜂、黄蜂、蚂蚁的生活习性。

那些热爱并学习米丘林（苏联植物学家、园艺学家）的少年，在学校的试验田里开辟了果树和林木的苗圃。园子虽然不大，但每一年他们的收获可真是惊人呢。

而且所有人都写了日记，记录了观察的结果，以及自己的工作心得。

无论是下雨、刮风，还是霜露、酷暑，他们都未曾停下；不管是在田野、草地、河流、湖泊，还是森林，或者是农场的农活，都引起了少年自然科学研究者的浓浓兴趣。他们正在努力研究着祖国丰富多彩的自然资源。

在我们国度里，未来的科学家、研究人员、猎人、动物足迹研究者、大自然的改造者正在一天天茁壮成长。他们是前所未有的崭新一代！

树木的同龄人

我 12 岁，恰好和楼下街道两旁的那些槭树同龄。在我出生的那一天，少年自然科学研究小组的成员们亲手种下了这些树。

您瞧：槭树已经是我身高的两倍多了！

■驻森林记者 谢辽沙・波波夫

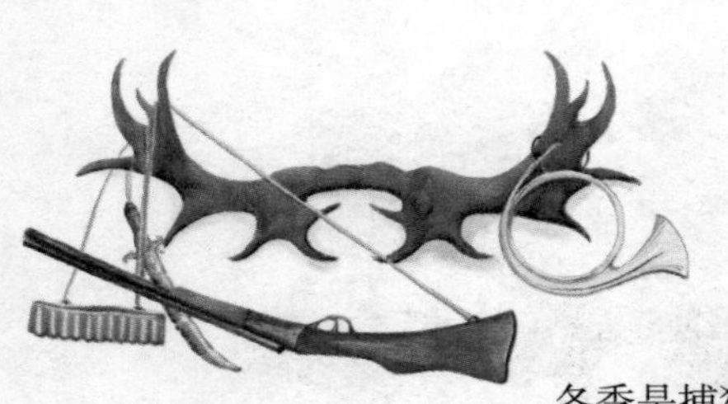

狩猎

冬季是捕猎大型野兽——狼和熊的大好时机。

冬末，是森林里闹饥荒最为严重的时候。饥肠辘辘的狼壮着胆子，成群结队，四处搜寻，甚至在靠近村口的地方出没。而熊，要么在洞穴里酣然大睡，要么也在森林里到处游荡。这些到处游荡的熊，直到深秋还在吃动物尸体、并在村子里偷食牲畜。它们来不及储备粮食，没能做好冬眠的准备，所以只好以雪为家了。还有一些熊，是因为它们在洞穴里受到惊吓、侵扰逃出来的，它们不敢再回去，也不想再寻找新的洞穴，就加入到“游荡者”行列，在森林四处奔走。

捕猎“游荡熊”时，你要穿上滑雪板，带上猎狗。猎狗会在很深的雪地里一直驱赶它，直到它走不动为止。猎人要踩着滑雪板，紧紧跟在猎狗后面。

捕猎猛兽可不比打鸟，随时都会发生意外。有些时候，很可能猎物变成了猎人，猎人反而变成了猎物。

在我们州，就曾发生过这样的悲剧。

带着小猪崽猎狼

这种狩猎的方式很危险。

很少听说过，有人敢在三更半夜的时候，单枪匹马到田野里去狩猎。

然而有一天，小镇上还真的出现了这么一个大胆的汉子。他把雪橇套在马上，把猪崽装进麻袋，扔到雪橇上，然后拿着猎枪，趁着皎洁的月色，独自走出了村寨。

最近这一带很不平静，经常有狼出没，农民们已经不止一次地抱怨过它们的大胆：这些家伙竟然敢肆无忌惮，大摇大摆地进到村子里来。

猎人出了村子后，离开大道，悄悄地驾着雪橇，沿着林边，驶入一片荒地。

他一手勒着缰绳，一手不时地去揪扯小猪的耳朵。

小猪的四条腿被捆住，躺在麻袋里，只有脑袋露在外面。

小猪的任务就是发出尖叫声，把狼吸引过来。它的耳朵还很娇嫩，被人这么用力揪扯，自然疼痛难忍，就会拼命地尖叫。

狼没有让人等待太久。不一会儿，猎人就发现，森林里好像亮起了一盏盏幽绿的小灯。在黑魆魆的树干之间，灯光不安地来回游移，飘忽不定，一会儿在这儿，一会儿在

那儿。这是狼的眼睛在放光。

马嘶叫起来，开始向前狂奔。猎人好不容易才用一只手勒住了它，而他的另一只手还在不停地揪扯猪耳朵：狼是不敢轻易向有人的雪橇发起攻击的。只有小猪的尖叫能使它们忘掉恐惧。

小猪肉可是美味佳肴呢。要是有一只小猪在狼的耳旁尖叫，狼就会把危险和恐惧完全抛到脑后。

狼清楚地看见：在雪橇后面，一根长长的绳子拖着一个袋子，袋子鼓鼓的，在土墩和坑洼上颠簸着。

袋子里装的是雪和猪粪，可狼却以为里面装着小猪，因为它们清楚地听到了小猪的尖叫声，也闻到了小猪的气味。

狼最终下了决心。

它们从林子里蹿出来，一起向雪橇扑去。整整的一群狼，六只，七只，啊，有八只呢，八只身强体壮的大狼！

在空旷的田野里，猎人远远地望过去，只觉得它们个个身高体大。月光是会骗人的。月光掩映在狼毛之上，使得它们的身躯看上去比实际上大许多。

猎人放开小猪耳朵，抓起了猎枪。

走在最前面的那只狼已经赶上那个装着猪粪在雪里颠簸的麻袋了。猎人抬起枪，瞄准了它肩胛的下面，扣动了扳机。

最前面的那只狼一头栽倒在雪里，在地上翻滚出好远。猎人把另一个枪筒里的子弹对着另一只狼打过去，但就在这时，马儿猛地向前冲刺，子弹打偏了。

猎人用双手抓住缰绳，好不容易才将马稳住。

然而，那些狼却蹿进森林里，消失了。只剩下受伤的那头留在原地，临死前不停地抽搐着，后腿在雪地里乱踢乱蹬。

这时，猎人完全把马稳住了。他跳下雪橇，徒步跑过去捡猎物，枪和小猪都留在雪橇上。

这天夜里，村子里发生了骚乱：猎人的马独自跑回村子，却独独不见了猎人。宽大的雪橇上，放着一管没有填弹的猎枪，以及一头被捆绑着四条腿，正哼哼唧唧叫着的可怜小猪。

天亮后，农民们来到田野里，看见雪地上一行行的足迹，顿时明白了夜里发生的事。

事情的经过是这样的。

猎人拾起那头死狼，扛在肩上，就向雪橇走去。当他走到雪橇前面的时候，马儿闻到了狼的气息，吓得直打哆嗦，不顾一切地向前猛冲，朝着村里狂奔而去。而猎人则被孤零零地留在田野上，还有他身边的死狼。猎枪落在雪橇上。他随身连一把小刀都没有。

这会儿，狼群逐渐从恐惧中缓过神来。便走出森林，把猎人团团围住。

最后，农民们在雪地上发现了一堆零碎的骨头：人骨和狼骨。那群狼，竟然连死掉的同伴也吃掉了。

上面所述的这件悲剧发生在60年前。打那以后，再没有听说狼攻击人的事。只要那些狼没有发疯或者受伤，就算是没带武器的人，它们也会害怕。

深入熊窝

还有一件不幸的事，是发生在猎熊的时候。

护林员发现了一个熊窝，于是从城里请来猎人。他们带了两只莱卡犬，悄悄地靠近一个雪堆，熊就在雪堆下面的洞穴里睡觉。

按照以往捕猎的经验，猎人站到雪堆的侧面。一般而言，熊窝的入口总是正对着太阳升起的方向。通常，野兽从洞里跳出来以后，会向着南边逃窜。猎人站的位置，恰好可以从侧面向熊开枪，直接射击它的心脏。

护林员躲到雪堆的后面，放开两只猎狗。

猎狗闻到了熊气味后，就疯狂地向雪堆冲去。它们的喧闹声很大，熊不可能不被吵醒。然而，过了好久，熊窝里一丁点儿的动静也没有。

突然，从雪里面伸出一只长着利爪的黑色脚掌，差点儿抓住猎狗。那条猎狗尖叫着，跳到了一边。

跟着，熊猛地从雪堆里蹿出来，活像一座黑色的小土山。出乎意料的是，它并没有向侧面冲去，却径直地冲向猎人。

熊的脑袋低垂着，挡住了它的胸膛。

猎人开了一枪。

子弹擦过熊坚硬的脑袋，飞向了一边。熊的脑门儿上挨上了这么强力的一击，顿时发起狂来，猛地将猎人扑倒在地，并把他压在身下。

两条猎狗死命地撕咬熊的屁股，身子攀在熊身上，但无济于事。

护林员吓破了胆，一面大喊着，一面挥舞着猎枪，也是白费力气。这时候不能朝熊开枪，因为子弹可能会伤及猎人。

熊用它那可怕的脚掌，猛力一抓，便把猎人的帽子，连同头发头皮一起抓了下来。

接下来，就见熊身子歪倒一边，开始吼叫着在地上打滚，淋漓的鲜血染红了白雪。原来，猎人骤然遭到熊的攻击，并没有惊慌失措，他趁机拔出短刀，狠狠地捅进了熊的肚子。

猎人总算活了下来。熊皮至今还挂在他床头。只是现在，猎人的头上一直包着一块厚厚的头巾。

对熊的围猎

1月27日，塞索伊奇从森林里出来，并没有回家，而是直接去了相邻的农场。他去了邮局，给自己在列宁格勒的一个朋友——一名医生，也是一名捕熊的好猎手，发了份电报：

“发现熊窝。速来。”

第二天，来了回电：

“2月1日，我们3人准时到。”

在之后的几天里，塞索伊奇每天都去察看熊窝。熊在里面睡得正酣。在洞口外面的灌木上，每天都有一层新结上的霜，这是熊呼出的热气遇冷结成的。

1月30日，塞索伊奇检查过熊窝后，途中遇见了同一农场庄员：安德烈和谢尔盖。两位年轻的猎人正到森林里去猎松鼠。塞索伊奇想提醒他们别到熊窝所在的那座林子去。但转念一想：两个小伙子年纪正轻，好奇心重，如果让他们知道了，说不定会更想去看熊窝，惊扰了熊。所以他没吭声。

31日清晨，塞索伊奇又来到熊窝前查看，不由得惊呼出声。熊窝翻乱了，熊也逃走了！在距离熊窝50步的地方，倒着一棵松树。看

来，谢尔盖和安德烈向树上的松鼠开枪，打死的松鼠卡在枝丫上，够不着，所以他们就砍倒了这棵树。结果，熊被吵醒逃走了。

两个猎人滑雪板的划痕，是通向砍倒的松树的这一边，而熊的足迹却是从熊窝里出来，通往另一方向。好在四周云杉茂密，在丛林的遮掩下，两个猎人并没有发现熊，所以没有去追赶。

塞索伊奇一刻也不敢耽搁，立时沿着熊迹追了上去。

第二天傍晚 3 个来自列宁格勒的人准时到达。其中的两个人：医生和上校，是塞索伊奇熟悉的。和他们一起来的还有一个人。这个人身材高大魁梧，举止傲慢，蓄着两撇乌黑发亮的唇须，下巴上也蓄着精心修剪过的漂亮胡子。

从第一眼看到，塞索伊奇就不大喜欢他。

“嘿，瞧他那个油头粉面的模样，”小个子猎人打量着陌生人，心里想，“看起来年纪也不轻了，可还这么红光满面的，胸膛挺得跟个公鸡似的。头上哪怕有几根白头发也好啊，也让人瞅着服气嘛。”

最让塞索伊奇恼火的是，他得在这个傲慢的城里人面前承认自己疏忽——没有看住野兽。他说，熊现在藏身的那座林子找到了，四周没有它逃出去的足迹。当然了，这会儿，熊肯定是睡在雪面上。看来，只能用围猎的办法来捕捉它了。

傲慢的陌生人听到这个消息，鄙夷地皱了皱眉头。他什么也没有说，只是问了句：“野兽个头大不大？”

“脚印很大，”塞索伊奇回答说，“我敢保证，这头熊的重量不少于 200 千克。”

这时，那个傲慢的家伙，耸了耸像十字架一样挺直的肩膀，瞧都不瞧塞索伊奇一眼，说道：

“本来请我们是来掏洞猎熊的，现在却变成了围猎。赶围的人究竟能不能把熊赶到狙击点，这还是个问题呢！”

这个疑问很侮辱人，深深地刺痛了小个子猎人。不过，他没有搭腔，只是在心里暗想：

“赶围当然是没有问题，倒是阁下你自己，可得留点神哦，别让熊灭了你的威风。”

他们开始商讨围猎的方案。塞索伊奇提醒说，捕猎这样的大家伙，应当在每个猎人身后，配一名预备射手。

那位傲慢的陌生人表示强烈反对，他说：

“谁要是对自己的枪法没有信心，谁就不该去猎熊。猎手后面还给配一个保姆，这还算什么猎人呢？”

“这家伙的胆子真大！”塞索伊奇心里暗想。

这时，上校发言了，他认为，小心驶得万年船，谨慎一点，总不会是一件坏事。所以有一个预备射

手，没什么妨碍。

医生也附和他的意见。

那个傲慢的人十分不屑地瞟了他们一眼，耸了耸肩，轻蔑地说："既然你们害怕，那就照你们说的办吧。"

第二天一大早，天还没有亮，塞索伊奇就叫醒了三位猎人，然后又去召集赶围的人。

当他回到农舍时，刚好看见那个傲慢的家伙正从一只包着丝绒面的小提箱里取出两把猎枪。那个小提箱，轻巧灵便，像是用来装琴的盒子。塞索伊奇看得眼睛都亮了：这么棒的猎枪，他还从没有见过呢。

那人收起枪，又从箱子里拿出金光锃亮子弹，其中有尖头的，也有圆头的。他一边摆弄着这些东西，一边不无炫耀地告诉医生和上校，他的枪有多好，子弹有多厉害：他在高加索怎样猎野猪，在远东怎样打老虎。

塞索伊奇虽然脸上不动声色，但心里却觉得矮了对方一截。他非常想再靠近一些，好好地见识见识这两管了不起的猎枪，可他终究提不起勇气求人家把枪借给他看看。

天蒙蒙亮，一大队载重的雪橇就出了村，向着森林进发。塞索伊奇坐在最前面的雪橇里，跟在他后面的是 40 个围猎的人，最后面的是那三个外来人。

在距熊藏身的那座林子 1 千米的地方，大家停了下来。猎人们钻进了一座小土窖，生起火取暖。

塞索伊奇乘滑雪板出去侦察了一番，然后赶回来布置围猎的人。

看上去一切正常，熊没有离开包围圈。

塞索伊奇安排呐喊赶兽的人呈半圆形站在林子的一侧，安排不用呐喊赶兽的一拨人站在另一侧。

围猎熊，可不同于围猎兔子。呐喊驱兽的不用进林子包抄，他们只需自始至终地站在原地呐喊就可以了。不发声音的人，从呐喊人的两侧起，一直排到狙击线。这么做，是为了防止野兽被呐喊的人撵出时从两侧窜逃。他们不用喊叫。如果野兽向他们奔去，他们只需要摘下帽子对着野兽挥舞。他们只需这样做，就足以把熊撵入狙击线。

布置好围猎的人，塞索伊奇这才跑到猎人那儿，领着他们去各自的狙击点。

狙击点只有三个，彼此相距 25 ~ 30 步。小个子猎人需要把熊赶上这条总共才 100 步宽的狭窄通道。

在一号的狙击点上，塞索伊奇安排了医生，在三号狙击点上，他安排了上校，而那位傲慢的猎手则被他安排在中间，也就是二号狙击点。这儿有熊进入林子留下的足迹，熊如果从藏身的地方逃了出来，一般来说会沿着之前的足迹逃往林外。

年轻猎人安德烈站在傲慢的猎手的后面。之所以选择他，是因为他比谢尔盖有经验，也更有耐心。

安德烈是作为预备射手站在那里的。预备射手只有在野兽突破射击线或扑向猎人时，才可以开枪。

所有的射手都穿着灰色长袍。塞索伊奇悄声对众人下达了最后的命令：不许喧哗，不许抽烟；在赶围的人开始呐喊之后，所有的人待在原地不要动，要等野兽尽可能靠近猎手。

塞索伊奇在吩咐完这些后，跑到呐喊的人那里。

半个小时过去了，这半个小时真是令猎人们难熬啊。

终于，林中吹响了猎人的号角——两个拖长的、低沉的号角声顿时传遍了落满白雪的森林，仿佛冻结在冰冷的空气里，久久不散。

接下来，是短暂的、安静的瞬间。然后，林中传来了赶围的人震天动地的呐喊声。众人各施手段，或说话，或呼号，或呐喊，有人以低低的声音学起汽车汽笛声，有人汪汪地装狗叫，还有人发出了难听的猫的尖叫声。

塞索伊奇吹过号角，发出信号后，就和谢尔盖一起乘着滑雪板，飞也似的冲进林子，去撵野兽。

围猎熊，可不同于围猎兔子。除了呐喊的和不出声的围猎者外，还需要有撵熊的人。撵熊的人要把熊从睡觉的地方撵出来，赶着它朝射手的方向跑。

塞索伊奇从足迹上已经知道这头野兽的身躯相当庞大。可是，当一个乌黑蓬松的大熊背脊出现在云杉树丛的上方时，小个儿猎人仍然禁不住打了个哆嗦，慌慌张张地朝着空中开了一枪，和谢尔盖一起大声喊了起来：

“来啦，来——啦！”

围猎熊，确实跟围猎兔子不一样。事先准备的时间很长，而打猎时间却很短。可是，由于长时间焦躁不安的等待，以及等待过程中因为意识到危险而随时紧绷的神经，会使射手们在打猎过程中总觉得一分钟有半个小时那么长。在狙击点等了这么久，突然之间，你看到野兽或听见邻近位置上的枪声时，才会回过神来，但这时一切都已经结束，用不着你开枪了，那种感觉真是活受罪！

塞索伊奇跟在后面，拼命地赶熊，想让它拐向该去的地方，可徒劳无功：要赶上熊，谈何容易啊。在这种地方，人如果不踩着滑雪板，每走一步，都会陷入齐腰深的积雪中，要从雪中拔出腿来，可不是一件容易的事。但熊走起来却像坦克一样，一路上横冲直撞过去，把灌木丛和小树撞得东倒西歪。它行进的速度，快得像一艘滑行艇，自身边两侧，两股雪尘高高地扬起，仿佛两面白色的翅膀。

很快，熊就在小个子猎人的视野里消失了。

但是没过2分钟，塞索伊奇就听到了枪声。

他用力抓住靠近身旁的一棵树，才稳住了脚下飞驰的滑雪板。

结束了吗？熊被打死啦？

他一肚子的疑问，但就在这时，又传来第二声

枪响，接着是一阵绝望的、充满恐惧和疼痛的呼号声。

塞索伊奇重新向前滑行，拼命朝着射手的方向滑去。

他赶到中间那个狙击点时，恰好看见上校、安德烈和脸色像雪一样煞白的医生正奋力揪住熊的毛皮，把它从倒在雪地里的第三个猎人身上拉起来。

原来事情经过是这样的：

熊顺着自己进林子的足印往回逃跑，恰好正对着二号狙击点。本来应当在 10 ~ 15 步的距离开枪，但猎人忍不住了，在 60 步远的距离朝野兽开了一枪。一只大型野兽飞跑起来，看似笨拙，实际速度非常之快，所以只有在离得很近的情况下，子弹才有可能准确无误地击中它的头部或心脏。

这位猎人，从他那上好的猎枪射出的子弹并没有击中熊的要害，而是击中熊左边的后大腿。熊痛得发狂，猛地扑向猎人。

猎人完全慌了神，竟然忘记了他的猎枪里还有子弹，而且在他的身旁还有一支备用的猎枪，他丢掉猎枪，转身欲逃。

野兽用尽了力气，向着这个伤了自己的人的背部攻击，把他压在雪地里。

安德烈，这名预备射手，这会儿可一点也不含糊。他把自己的枪管捅进熊张开的嘴巴里，连扣两下扳机。

哪知，双管枪卡壳了，没有子弹射出，只噗噗地响了两声。

站在旁边三号狙击点的上校看清眼前的一切，他见邻近的伙伴生命正受到威胁，应该立即开枪。可是，他知道如果打偏，就会误伤甚至打死自己的同伴。于是，他跪下一条腿，瞄准熊的脑袋，开了一枪。

熊庞大的上半身猛地掀了起来，在空中僵了一会儿，然后像座小山似的，重重地倒下，压在猎人身上。

上校的子弹，准确无误地穿过了熊的太阳穴，立时结束了它的性命。

医生也跑了过来。他和安德烈还有上校三人，一起抓住打死的野兽，用力把它挪开，设法抢出那位生死未卜的猎人。

这时，塞索伊奇也赶到了，赶紧跑上去帮忙。

沉重的熊尸挪开了。大家七手八脚地把猎人扶起来。猎人还活着，安然无恙，只是他的脸色煞白，活像个死人。熊还没有来得及撕掉他的头皮。但这个时候，他已经无法正眼去看别人了。

大家把他抬上雪橇，送到农场里。在那里，他稍稍地缓过点神来，尽管医生一再劝他留下来过夜，休息一宿明天再上路。但他还是执意要走，他拿着熊皮去了火车站。

“唔——是啊，”在讲完这件事后，塞索伊奇又若有所思地补充说，“我们太过疏忽了：我们不应该把熊皮给他。或许，他现在正在到处大吹大擂，说他帮我们大家除了害，打死了那头熊。说起来那只野兽差不多有 300 千克重哩……真是一只吓人的大家伙。”

■本报特约记者

打靶场

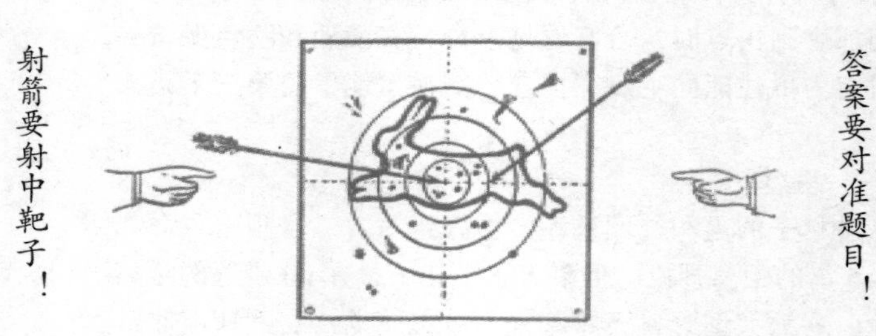

第十一场竞赛

1. 哪一种动物更怕冷——大的还是小的？

2. 哪一种熊会在冬天躺到洞里冬眠——是胖的还是瘦的？
3. 俗话说“狼靠四条腿填饱肚子”，这是什么意思？
4. 为什么冬季砍伐的木柴比夏季砍伐的木材值钱？
5. 怎样根据一棵被砍断的树桩推断这棵树有多大的树龄？

6. 为什么所有的猫科动物（家猫、野猫、猞猁）都比犬科动物（狼、狐狸）爱干净得多？

7. 为什么到了冬天，许多飞禽走兽都会离开森林，向有人居住的地方靠近？

8. 是不是所有的白嘴鸭都要离开我们这儿，飞往别处去过冬？

9. 冬季蛤蟆吃什么？

10. 什么动物在冬天被称为“游荡熊”？

11. 蝙蝠到哪里去过冬？

12. 是不是所有兔子在冬季都是白色的？

13. 哪一种鸟儿，雌鸟比雄鸟个头大而且力气也大？

14. 交嘴鸟死后，它们的尸体即使在温暖的环境中也能长期不腐，为什么？

15. 此物个头矮，白帽头上戴。不用毡子做，不用裁缝裁。（谜语）

16. 别看我和沙子一样小，却能把大地盖牢。（谜语）

17. 一团东西进门中，钻进桌底滚不停，若是伸手去抓它，抓来抓去总是空。（谜语）

18. 夏天东游西荡，冬天进入梦乡。（谜语）

19. 猪大嫂，手真巧，穿针引线，牛皮戳穿，缝上羊绒毛，两物穿上脚。（谜语）

20. 一个汉子带着汪汪叫的，去对付大声咆哮的，如果没有汪汪叫的，汉子的性命会断给大声咆哮的。（谜语）

21. 一位美丽俏姑娘，红衣红脸让人爱。身子关在牢房里，辫子高高翘在外。（谜语）

22. 一个胖胖老太太，坐在菜地发着呆，身上补丁一层层，又有绿来又有白。（谜语）

23. 不用缝来不用裁，身上衣服自带来，层层斗篷裹在身，不用扣来不系带。（谜语）

24. 形状圆圆不是月，叶子绿绿不是树，拖个尾巴非老鼠，动动脑筋能猜出。（谜语）

通告

“火眼金睛”大比拼

第十次也是最后一次测试

自己阅读并讲述

请仔细观察图中的足迹，并讲讲这里发生了什么。

别忘了无人照料和忍饥挨饿的动物

在风雪交加、饥寒交迫的日子里，别忘了我们那些弱小的、无助的朋友——鸟类。

每天要将一些食物送到鸟儿的免费食堂去（请参考《森林报》第九、第十期的通告）。

给小鸟安顿过夜的地方：椋鸟舍、山雀箱，或在树木上挖洞做成鸟巢（请参考《森林报》第一、第二期的通告）。

给山鹑搭制小窝棚（请参考《森林报》第十期的通告）。

在自己伙伴和熟人中，组建救助小鸟的志愿队。

有人提供谷物，有人提供牛油，有人提供浆果，有人提供面包屑，甚至还有人提供蚂蚁卵。

小小的鸟儿，能要多少东西呢？

有多少的鸟儿，将从濒死的境地被您解救出来呀！

森林报

森林报	No.12 熬待春归月 （冬季第三月） Forest Newspapers
2月21日到3月20日　　太阳进入双鱼宫	

第十二期导读

太阳诗章——2月

度日艰难

城市要闻

狩猎

打靶场：第十二场竞赛

一年：太阳在12个月内谱写的乐章

2月，是冬蛰月。2月，狂风吹着暴雪，依旧在肆虐着。风，从茫茫的雪原上疾驰而过，却不留下任何的踪影。

这是冬季的最后的一个月，也是最可怕的一个月份。这是饥寒最为严重的月份，也是公狼母狼发情、狼群袭击村庄和小镇的月份。在这个月里，饥肠辘辘的狼群会潜入农场，叼走狗和羊，填饱自己的肚皮。它们每天夜晚都会钻进羊圈觅食。

所有的野兽都瘦弱不堪。秋天肥起来的膘已经无法给它们提供温暖和养分了。

小动物们在洞穴内和仓库里贮备的粮食，也快要吃光了。

积雪，对于许多生灵来说，曾经是帮助保温的朋友，但在这个月里正变成越来越致命的仇敌。树木的枝丫，不堪厚厚积雪的催压，纷纷折断。只有一些野生的禽类，比如野鸡、山鹑、花尾榛鸡和黑琴鸡什么的，却很喜欢深厚的积雪，一股脑儿地扎到雪里面，舒舒服服地睡觉。

可是，在雪底过夜，有些时候也是很糟糕的。白天暖阳灿烂，积雪消融；到了夜晚，气温骤降，雪面上便会结上一层硬硬的冰壳。除非阳光重新晒化，否则任凭小兽怎样用头撞，也休想从里面钻出来。

2月份，还是摧毁道路的一个月份。这个月里，暴风刮个不停，暴雪满天飞蹿，把雪橇通行的大道都给掩埋了。

度日艰难

森林里最后一个冬月来临了，这也是林中居民最艰难的一个月——苦熬春归月。

所有的林中居民，它们仓库里储存的粮食基本上已经吃光，所有兽类和鸟类都变得消瘦。它们皮下那层保持温暖的脂肪已经消耗殆尽。长时间的忍饥挨饿，它们的体能已经所剩无几。

这时节，天公仿佛有意捉弄似的，在森林里刮起阵阵暴风雪，天气越来越冷。这是寒冬统治的最后一个月了，因此它更加肆无忌惮，以最寒冷的天气作威作福，祸害万千的林中居民。这阵子，所有的飞禽走兽可得坚持住，拿出最后的力量，苦熬强撑过这最后一个月，等待暖春的到来。

我们的驻林记者走遍了所有森林。他们在

担心着一个问题：森林里面的飞禽走兽能否熬到春暖花开的时候呢？

他们在森林里看见了许多悲惨的事情。有些林中居民扛不住饥饿和寒冷死掉了。其余的能不能再强挺硬撑着熬过一个月呢？但是，也会有这样一些动物，你完全没有必要为它们担惊受怕，因为它们是死不了的。

严寒的牺牲品

天寒，再加上刮大风，这种天气是非常可怕的。每当这种天气过后，如果你进入林中，就会在雪地里看到，到处都是冻死的兽类、鸟类和昆虫。

狂风刮过，把树桩和那些倒在地上的树干下面的积雪给扫了出来，而那里恰巧是甲虫、蜘蛛、蜗牛、蚯蚓以及其他小东西藏身的地方。没有暖暖的雪被，它们就成了严寒的牺牲者。

鸟儿在飞行途中，经常被残酷的暴风雪冻死。乌鸦在鸟类里面算是抵抗力比较强的，可是在一场持久的暴风雪之后，我们还是会看到它们在雪地上冻僵的尸体。

暴风雪过后，森里面的猛禽和猛兽就担当起森林清理员的角色。它们在森林中四处搜索，把在风雪中冻死的动物尸体，清理得干干净净。

结薄冰的天气

有些时候是很可怕的：在冰雪消融之后，天气骤然变得奇寒无比，一下子把融雪的表层冻结起来，结成了一层冰壳。这层冰壳既坚硬，又滑溜，小兽柔弱的脚爪难以将它刨开，鸟儿尖利的喙也难以将它啄破。鹿的蹄子倒是能把它踩穿，但是冰窟窿边缘的棱角锐利得像刀子一样，很容易割破鹿的外皮，甚至伤及血肉。

那么，鸟儿怎样从冰壳下面找到软草和谷粒这样的食物呢？

谁没有力量啄破像玻璃一样的冰壳，谁就只能挨饿了。

也经常有这样的情况：

融雪天。地面上的积雪变得潮湿、松软。到了傍晚时分，一群灰

色的山鹑飞落到了雪地上，毫不费力地在雪地里给自己挖了一个洞穴，洞里暖暖的，冒着热气，它们就蹲在里面睡着了。

可是，夜里，严寒倏然降临。

山鹑在温暖的地下洞穴里睡得正香，不曾醒来，也没有感觉到丝毫的寒冷。

次日清早，它们睡醒了。雪下面还是暖洋洋的。只是有些呼吸不畅。

必须得出去：呼吸呼吸新鲜空气，舒展一下翅膀，找些食物填饱肚子。

它们想飞起来，可是头顶上竟然结有一层薄冰，坚硬得如玻璃似的冰。

整个大地结上了光溜溜的冰壳。它的表面什么也没有，下面是松软的积雪。

灰山鹑用自己的脑袋撞击着冰壳，撞呀撞呀，一直撞到出血——无论怎样，都得从这个冰壳里面出去啊。

假如，最终能挣冲破这个牢笼，该是件多么幸运的事啊，即便是饿着肚子。

玻璃青蛙

我们的驻林记者，凿开了一个冻着的池塘的冰，挖开水底下面的淤泥，里面躺着许多青蛙。它们钻在淤泥里，挤成一团，显然是在里面过冬。

当记者们把它们从淤泥里面弄出来后，发现它们看上去完全像是玻璃做的。它们的身体变得非常脆。细细的小腿儿只要稍稍触碰，就会折断，还发出“咔嚓”的清脆碎裂声。

我们的记者带了几只青蛙回家。他们小心翼翼地把冻结成冰的它们放进房间里温暖的地方，让它们一点一点地暖和起来。青蛙逐渐苏醒过来，开始在地板上欢蹦乱跳。

由此，我们可以想到，等到春暖花开的季节，温暖的阳光融化了池内的坚冰，晒暖了池水，那时，青蛙就会在里面苏醒起来，活泼又健康。

睡宝宝

在托斯纳河[①]岸上，距离十月铁路上萨勃林诺车站不远的地方，有一个大岩洞。早先，那里曾经是人们采沙的地方，可如今，已经有很多年没有人光顾了。

我们的林地记者，到了这个洞里，在洞顶发现了许多蝙蝠。有些是普通的山蝠，还有一些是被称为“兔蝠”的大耳朵蝙蝠。它们倒挂在那里睡觉，头朝下，爪子紧紧地攀住粗糙不平的洞顶，大致已经睡了有五个月。“兔蝠”把自己的两只大耳朵藏在叠起来的翅膀里，它的身子也包裹在宽大的翅膀里，就好像裹着毯子似的，倒挂在那儿，就这么酣然地进入梦乡。

它们睡眠的时间是如此漫长，这让我们的记者有些不安。于是，他们给它们测了脉搏，量了体温。

夏天，蝙蝠的体温和我们一样，有37℃左右，而脉搏每分钟能达到200次左右。可是，现在测量到的脉搏只有每分钟50下，而体温仅仅只有5℃。

尽管如此，你完全不用为它们担心，这些小小的睡宝宝健康得不得了呢。它们还可以安静舒适地再地睡上一个月，甚至两个月。等到天气变暖，黑夜来临时，它们就会健健康康地苏醒过来。

穿着轻盈的衣服

今天，在一个隐秘的角落里，我发现了款冬，它正绽放着花朵呢。它一点儿也不怕冷。它的细茎上穿着的好像是轻盈的衣裳：鱼鳞状的小叶子，蛛丝似的绒毛。这会儿，人们穿着大衣，还冻得受不了，它们就穿了这么点儿，竟然丝毫不觉得冷！

你肯定不会相信我的话，周围到处都是皑皑白雪，哪来的款冬呢？我不是在前面说过了吗？——我在“隐秘的角落”里发现了它！告诉你吧，这就是它所在的地方：一幢大厦的南侧的墙根下面，而且恰好是在暖气管道通过的地方。“隐秘的角落”里，雪积不下来，地上的存雪也已经融化，露出了一块黑土地，如同春天降临似的，正冒着热气。

可是，空气中却还是一片严寒啊！

■尼·朱·帕甫洛娃

迫不及待

只要严寒的天气稍稍退却，地上的积雪略微消融，各种各种的小东西就会迫不及待地从森林的雪底爬出来，什么蚯蚓啦、潮虫啦、蜘蛛啦、瓢虫啦，以及锯蜂的幼虫，等等。

①苏联列宁格勒州境内河流，属于涅瓦河的左右流，河道全长121千米。河畔有托斯诺城。

狂风经常会把森林里倒在地上的粗大树木下的积雪吹走，此时就会出现一大片没有积雪空地，如果这个地方是在一个僻静的角落，那么，马上就会成为大大小小的虫子们游乐散步集聚地。

昆虫要出来舒展一下它们麻木的腿脚，蜘蛛要出来寻找食物，填饱自己的肚子。没有翅膀的雪盲蚊，则直接光着脚在雪上跑跑跳跳。有翅膀的长脚蚊，则在半空中飞舞盘旋。

等到严寒再次来临，这场聚会便告终结，大大小小的虫子，纷纷藏匿，返回各自的巢穴。有的钻到地上的落叶下面，有的钻到苔藓和草丛里，有的则钻进泥土里去了。

钻出冰窟窿的脑袋

一个渔夫从涅瓦河口芬兰湾的冰上走过。在经过一个冰窟窿时，他发现从冰窟窿下面探出了一个光溜溜的脑袋，还有稀稀拉拉的几根硬胡须。

渔夫心想，这或许是哪个溺水而亡的人从冰窟窿里浮出来的脑袋。但是，突然之间，这个脑袋朝着他转了过来，渔夫这才看清了，是一只野兽的嘴脸。它长着胡子，脸皮紧绷，上面生满了光亮的毛须。

它那两只贼溜溜的眼睛，直愣愣地盯住渔夫的脸。然后，“扑通”一声，潜到冰下面消失不见了。

此时，渔夫才明白过来，原来自己看见的是一只海豹。

海豹在冰下捉鱼。它这是把脑袋从水里探出一小会儿，来呼吸一口新鲜空气。

冬季的时候，渔民经常在芬兰湾猎取海豹，当它们从冰层下面探出头来喘气或者是爬到冰层上面休憩的时候，就是捕猎它们的最好时机。

有些时候，甚至会发生这样的事：成群的海豹追逐着鱼儿，一直游入涅瓦河。在拉多牙湖里，海豹数量极其庞大，那里简直就是一个天然的海豹捕猎场。

抛弃武器

森林勇士公驼鹿和小个子的狍子，放弃了头上的犄角。

公驼鹿是自己扔掉头上沉重的武器的：它们在密林中将双角靠在树干上来回蹭，来回摩擦，最终把犄角给磨掉了。

两头狼发现了这么一位头上没有角、失去武器的勇士，决定对它发动袭击。在它们看来，战胜这个大家伙是轻而易举的事。

这两头狼，一头在前，一头在后，双双夹击公驼鹿。

这一场战斗，出乎意料地很快结束了。公驼鹿用坚硬的两只前蹄踩碎了前面那头狼的头盖骨。然后，迅速转过身子，把另一头狼踢倒在雪地上。这头狼伤痕累累，好不容易才从对手身边逃走。

最近这几天，公驼鹿和狍子头上已经长出了新角。这还仅是没有长硬的隆起的肉瘤，外面蒙着一层皮，皮上是蓬松的茸毛。

冷水浴爱好者

在波罗的海铁路线上，加特钦火车站附近，有一条小河，我们的一位驻林记者在河上的冰窟窿旁边，发现了一只黑肚皮的小鸟。

那天早晨，天气冷得刺骨。虽然天空艳阳高照，可是我们的驻林记者还是冷得需要不时地抓起一把雪，摩擦他那冻得煞白的鼻子。所以，当听见黑肚皮的鸟儿兴高采烈地在冰面上唱歌时，他感到十分惊讶。

他慢慢地靠近小鸟儿，想要看个清楚。就在这时，小鸟突然跳起来，然后“扑通”一声，一头扎进冰窟窿！

“糟啦，它会淹死的！”记者心想，于是急忙跑到冰窟窿边，想把

这只发了疯的小鸟救出来。

哪知，小鸟欢快地在水下用翅膀划水呢，就好像游泳的人用双臂划水一样。

它那黝黑的脊背在清澈的水里闪烁，宛如一条小银鱼。

小鸟一个猛子扎进水底，用尖锐的爪子抓住沙子，在河底快步疾走。走到一个地方。它稍稍逗留了一会儿。用喙把一块小石头翻转过来，从下面捉住一只黑色的水甲虫。

不一会儿，它便从另一个冰窟窿钻出来，跳到冰上。它抖了抖身子，好像什么事情也没有发生，又开始欢乐地唱起歌。

我们的记者心想："也许这附近有温泉，说不定水是热的呢？"于是，他把手伸进冰窟窿去感受水温。

可是，他立马就把手从冰窟窿里收了回来。因为水奇寒无比，刺得他的手生疼。

此时，他才恍然大悟：他面前的这只鸟，是一只水雀——河乌。

这种鸟，和交嘴鸟一样，也是不遵从森林法则的。它的羽毛上覆盖着一层薄薄的脂肪，当它潜入水中时，这层带有脂肪层的羽毛上，就会出现一层层的小气泡，银光闪闪。这些气泡仿佛给小鸟儿穿上了一件空气做的衣服，所以，即使是寒冷的天气里，冰冷的水中，它也不会觉得冷。

在我们列宁格勒州，这种鸟是稀客，只有在寒冷的冬季，它们才会出现。

在冰盖下

让我们来关注一下那些生活在冰层下面的鱼吧。

整个冬季，鱼儿都潜在水底下面的深坑里睡觉，而在它们的头顶上，却是一层坚实的冰。一般而言，这种情况，往往只发生在 2 月份，即冬末时节。那个时候，在池塘里，湖泊里，它们会明显感觉到空气变得稀薄，不够用。这时，鱼儿几乎要闷死了，它们心绪不宁地张大圆圆的嘴巴，游到冰层的下方，用嘴唇吸收气泡。

也可能会出现鱼儿全部窒息而死的状况。那么。等到春天，冰雪消融之后，你再拿着钓竿来钓鱼，可能已经无鱼可钓了。所以，我们得惦记着鱼儿。在结冰的池塘上或者湖面上凿出几个冰窟窿，还要随时留意它们的情况，不要让冰层重新冻上，好让水底的鱼儿呼吸新鲜的空气。

城市要闻

大街上的斗殴

在城里，已经可以感觉到春天的临近：大街上，会时不时发生打架斗殴的事件。

街头上的麻雀，对行人毫不理会，只管狠狠地啄着对方的后颈，扯得羽毛四处飞舞。

雌性麻雀从来不参与打架，也不对打架的家伙采取任何的制止行动。

每天夜里，猫儿还会在屋顶打架。很多时候，两只猫大打出手，拼得你死我活，它们分开的方式往往是这样的：一只公猫把另外一只打得从高高的楼顶一个跟头飞滚下来。

即便是这样，腿脚灵巧的猫也不会摔死：它跌下去时，正好是四只脚着地，顶多在跌伤之后，一瘸一拐地走上几天路。

修理和建筑

城里到处都在忙着修补老房子，建筑新房子。

老乌鸦、老寒鸦、老麻雀和老鸽子正在忙着修补去年筑起的旧巢。那些去年夏天出生的年青一代，则正在忙着为自己建造新家。建筑材料的需求量大大地增加了。它们选择的建筑材料有：粗一点的树枝，细一点的嫩条，还有稻草、马鬃、绒毛、羽毛等。

鸟类的食堂

我和我的同学舒拉，都非常喜欢鸟。冬天，飞来栖息在我们这儿的鸟，如山雀和啄木鸟，经常挨饿。我们看它很可怜，就决定亲自动手，给它们做一个食槽。

在我家附近，经常可以看见一些鸟儿飞过来，落在树上觅食吃。

我们用三合板粘成一个浅浅的小食槽，每天早上往里面撒上谷粒。现在鸟儿习惯了，飞向食槽时不再害怕，而且吃得不亦乐乎。我们认为这样做对小鸟只有好处，没有坏处。

我们建议：所有孩子马上参与进来，共同做这件事。

■驻森林记者瓦西里 · 格里德涅夫

亚历山大 · 叶甫谢耶夫

都市交通新闻

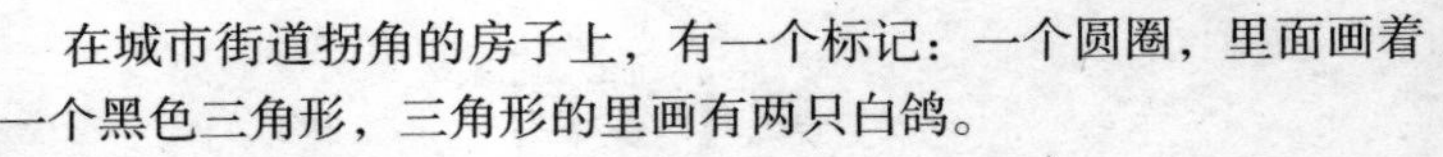

在城市街道拐角的房子上，有一个标记：一个圆圈，里面画着一个黑色三角形，三角形的里画有两只白鸽。

这个标记的意思是："小心鸽子！"

当汽车司机开车到拐角处转弯时，就应该减缓车速，小心翼翼地绕过聚集在马路上的鸽群。这里的鸽子有青灰色的、白色的、黑色的，还有咖啡色的。大人和孩子站在人行道上，抛撒一些面包屑、谷粒，给它们吃。

"小心鸽子"这个汽车行驶标记，最早出现在莫斯科街头。它是应小学生托尼娅·科尔金娜的请求而挂起来的。如今，同样的标记已经悬挂在列宁格勒和其他大城市繁忙的街道上；男女市民可以与鸽子亲密接触：一面给它们喂食；一面观赏这些象征着和平的鸟儿。

光荣属于那些爱鸟、珍惜鸟类的人们！

返回故乡

《森林报》编辑部收到许多令人振奋的信息。这些消息来自于埃及、地中海沿岸、伊朗、印度、法国、英国、德国等世界各地。他们在寄来的信中写道：我们的候鸟已经动身，启程返回故乡了。

它们不疾不徐地飞着，从这处冰雪消融的土地或者水域，飞往另外一处。它们得估摸着时间，飞到我们这儿，应该赶在春雪消融，冰河解冻的时候。

雪下的童年

积雪正在消融。我到外面去挖种花用的泥土，顺道看看我喂养鸟儿的小菜园子。在那儿，我给金丝雀种了一些繁缕。繁缕鲜嫩多汁的绿色茎叶可是金丝雀的最爱呢。

说起繁缕，大家应该都知道吧？淡绿色的小叶子、几乎让人视而不见的小花，还有那总是缠绕在一起的柔弱的嫩茎。

繁缕紧贴着地面生长，如果你在菜园子里种下繁缕，稍稍疏忽，它们就会爬满整个园子，密密匝匝，一片绿色。

我是在今年秋天撒下繁缕的种子的，当时种得有些晚了。种子发芽，还没来得及长成壮实点的幼苗，刚生出一小段细茎和两片叶子，就被埋在了雪下面。

我不敢奢望它们能够存活下来。

可是，结果如何呢？我一瞧，惊奇地发现它们不仅安全度过寒冬，而且还长大了呢。现在，它们已经不是柔弱的幼苗，而是一株株的小植物了。还有几株，甚至都长出了花蕾呢！

真是难以置信啊，要知道这可是在冬季，发生在雪底的事情！

■尼·朱·帕甫洛娃

新月的出现

今天，我有一件特别开心的事情：早上，我起得很早，在日出的时候，我看见了新月的诞生。

新月通常是在傍晚时分、日落之后才出现。人们很少能在清晨日出的时候，看到它挂在太阳的上方。它比太阳升得还早，已经高高地悬挂在天空之上，宛如一弯细细的珍珠色的镰刀，在金黄色的朝霞中闪着光亮，显得那么温馨，那么喜气洋洋，我第一次见到这个样子的月亮。

选自少年自然科学爱好者的日记

神奇的小白桦

昨天夜里，下了一场温暖、湿润的雪，台阶前园子里面，我那棵心爱的白桦树已经变白。它的树干和光秃秃的枝丫上，落满雪花。快到早上的时候，天气骤然变冷。

太阳升起，天空明朗。我惊奇地发现，我的小白桦像被施了魔法一样，变得神奇而迷人：它挺立在那儿，从根到顶，从上而下，从粗大的树干到细小的枝丫，仿佛涂了层白釉。其实，那是树上面的湿雪，冻成一层的薄薄的冰。我心爱的小白桦通体都变得亮晶晶的，可谓玉树琼枝。

几只长尾巴的山雀飞过来。它们长着厚厚的，蓬松的羽毛，看上去就好像一团团小小的白色的毛绒球，上面插着几根织针。它们落在小白桦上，在枝头跳跃着，四下打量，看在这能不能找到东西吃？

小脚爪在打滑，小嘴巴也啄不穿冰壳。白桦树仿佛玻璃做成的，发出冰冷的、细碎的叮当声。

山雀满腹牢骚地尖叫着，飞走了。

太阳越升越高，阳光越来越温暖，终于化开了冰壳。股股清凉的冰水，沿着白桦树所有的枝条和树干流了下来，看上去就像是冰封的小喷泉。开始滴水了。水珠光彩夺目，变幻着颜色，如同一条条闪亮的小银蛇，沿着树枝蜿蜒而下。

这时，山雀又飞了回来。它们纷纷驻留枝头，一点也不怕弄湿自己的小脚爪。这会儿，它们高兴极了：脚下不再打滑。在这棵脱去冰衣的白桦树上，说不定还可以找到一顿美味的早餐呢。

■驻森林记者 维利卡

最初的歌声

这天，天气很冷，但是阳光却很灿烂。城市的花园里，响起了报春的歌声。

唱歌的是荏雀。它唱的曲子并不复杂，而是简洁明了：

“津——奇——委尔！津——奇——委尔！”

仅此简单的几句，但是歌声听起来却是如此地欢快，仿佛这种金色胸脯的活泼小鸟，在用自己的语言告诉大家：

“脱去外衣吧！脱去外衣吧！春天来啦！”

绿色接力棒

1947 年，第一届全苏优秀少年园艺家选拔大赛正式举办，之后每年举行一次。

这是一场漫长的绿色接力赛，从 1947 年春姑娘的手里，少先队员们接过奇妙的绿色接力棒，开始为期一年的长跑，最后把它交到 1948 年春姑娘的手里。这一年的行程，对于 500 万少年园艺家来说，走得可不轻松。但是，他们出色完成任务，不仅保护好了前人栽下的树，并且精心地培育每一棵树、每一丛灌木。年年都是如此。

每跑完一场绿色接力赛，都会召开少年园艺家大会。

去年，有几百万少先队员和中小学生参加了绿色接力赛。他们总共栽种了好几百万棵果树和浆果灌木，新造了几百公顷树林、公园和林荫大道。今年参加竞赛的人，想来肯定会更多。

竞赛的条件和去年一样，但是要做的事情可就多得多了。今年，需要在每一所学校里开辟一个培育果树苗的园地。这样，有助于明年栽种更多的果树。

需要绿化街道，让它们变成美丽的绿色林荫道。

需要栽种更多灌木和树木，以巩固沟壑里的土壤，从而保护我们肥沃的田地。要想完成这么艰巨的任务，队员们就需要认认真真地向有经验的老园艺家们学习。

狩猎

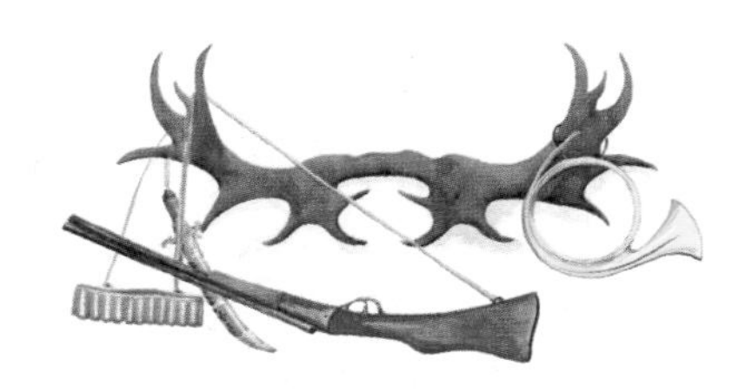

巧妙的捕兽器

说句实在话，猎人们用各种巧妙的捕兽器捕获的野兽，要比用猎枪打到的还多呢。要做出捕捉野兽的好机关，不仅要有创意，有办法，还应该清楚野兽的脾气和习性。会做捕兽器、设陷阱是远远不够的，还得能选出最佳地点，将陷阱和捕兽器布置巧妙。一名呆头笨脑的猎人，尽管布下捕兽器和陷阱，仍然会一无所获；而一个聪明而有经验的猎人，设好捕兽器和陷阱，就会满载而归。

钢质的捕兽器是用不着设计和创造的，去买就可以了。可是，要学会安置捕兽器就不是那么简单的事了。

首先，应该知道放在什么地方。捕兽器要放在野兽的洞口边、野兽经过的小径上，以及野兽脚印汇聚或者交叉最多的地方。

其次，应该知道如何准备和放置捕兽器。要捕捉警觉性很高的野兽，如黑貂、猞猁之类的动物，必须先把捕兽器用松柏叶汁液煮过，然后用小木锹铲下一层积雪，戴上手套在那儿放好捕兽器，再把铲下的雪填回去盖住，小心翼翼地用小木锹抚平。如果没有这些预备措施，鼻子灵敏的野兽就能够闻到人的气息，甚至是雪下铁器的气息。就算隔着一层雪，一样无济于事。

如果要用捕兽器对付那些大型的、身强体健的野兽，就得将捕兽器拴在一段沉重的原木上。这样，野兽就没办法把它拖走，逃向远处。

如果要向捕兽器里面放一些诱饵，那就得明白什么样的野兽喜欢吃什么样食物。有的必须放上老鼠，有的必须放上生肉，还有的应该放上鱼干。

活捉小猛兽的器具

猎人们造出许多巧妙的捕兽器，来捕捉白鼬、伶鼬、鸡貂、水貂之类的小野兽。这些玩意儿造起来很简单，可以说每一个人都会做。所有的这些小机关，只需考虑一个基本原理：小兽进得去，出不来！

请拿出一个不大的长木箱，或者一个小木筒。在其中的一段开一个入口。在入口上方做上一扇用粗金属丝做成的小门，不过呢，要使这扇小门的长度稍稍超过洞口。小门要斜竖在入口处，下端要紧靠着小木箱（筒子）。这样，制作就算完成了。

在箱子或者筒子里放上诱饵。小兽闻到诱饵的气味儿，并且透过金属丝小门看见了，就会忍不住用自己的小脑袋撞开小门爬进去。在它进来之后，小门马上自动合上。这扇小门想从里面打开它，是不可

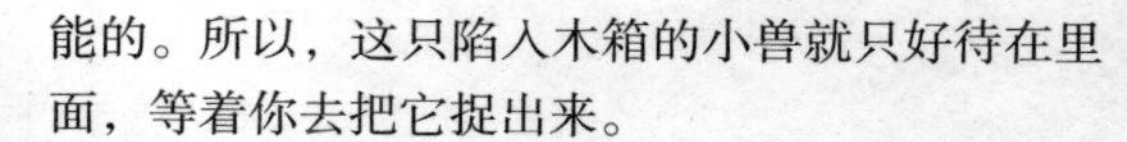

能的。所以，这只陷入木箱的小兽就只好待在里面，等着你去把它捉出来。

在这种木箱里面，也可以装一块活动板，把诱饵挂在没有出口的那一边的顶板上。入口要开的窄一些，上面装上一个活闩。小兽从外面钻进去，爬到活动板中间的时候（活动板中间有横轴，可以随意转动），它身下的这半木板急速向下降落，靠近入口的那一半板则迅速翘起。当它的顶端触动上面的活动闩时，捕兽箱的出口马上就会被死死地封住。

还有一个更简单的办法：拿一只高一点的小圆桶，或者大圆桶，打开桶顶，在桶的腰部正中开两个小孔，穿入一根长长的铁轴。把铁轴露在外面的两头固定在两根小柱上（要预先在两根小柱的中间挖一个深坑，坑的深度要容得下半截圆桶）。铁轴的两头架好之后，把圆桶安放好，使之两边平衡，把它有开口那头搁在坑边上，带桶底的那头悬空在坑上面。

诱饵放在挨近桶底的地方。

当小兽爬进桶里，过了桶中间时，桶就会翻过去，桶口朝上，桶底朝下。

桶的四壁光溜溜的，小兽掉进桶底，再也休想爬出去。

冬季，结冰的时候，还可以做一个冰阱，这是乌拉尔的猎人想出的妙招。

拎来一桶水，放在露天的环境中。桶面、桶壁和桶底的水，结冰时要比桶里面的水快许多。当冰冻到大约有两根手指头厚的时候，在上面开一个小洞，洞孔的大小必须容一只白鼬爬过。把桶里面没有结冰的水，从这个小孔倒出来，再把桶搬进屋子里去。房间里很暖和，桶壁和桶底的温度上升很快，并逐渐融化成水。这时，就能很容易从铁桶里面取出冻好的冰桶。这只冰桶四周都是密闭的，只在顶部有一个小孔。冰阱做成了。

往冰阱里面，放进一些干草或者麦秸，再放一只活老鼠进去。寻找一处白鼬或伶鼬足迹最多的地方，刨开那里的雪，把冰阱埋进去，要使它的顶部和跟积雪的表面一般齐。

小兽闻到老鼠的气息，马上就会从小孔钻进冰阱里。它只要一钻进去，就甭想再出来了。冰阱的四壁光滑无比，想沿着光溜溜的冰壁爬上来，是很难做到的；想啃穿冰壁逃出去，几乎是不可能的。

如果要从冰阱里面拿出捕获的小兽，一个最直接、最简单的办法就是将它打碎。反正这样的捕兽器不值分文，想要多少个，就可以做出多少个来。

狼坑

猎人们经常会挖狼坑捕狼。

在狼出没的小径上，挖一个椭圆形深坑，坑壁必须是垂直、光滑的。坑的大小要能够容得下一只狼，却又不能过大，否则它助跑几步，就能跳出来。在坑的上面，铺上一些细长的树枝，再在上面撒点细枝、苔藓，麦秸，最后再在上面盖上雪。这样，就掩藏了陷阱的痕迹，完全看不出深坑在哪里。

夜里，狼群从小径走过。最前面的一头狼，走着走着，就掉进了陷阱里。

第二天早晨，猎人们到这里把狼活捉。

狼圈

还可以设置“狼圈”来捉狼。在地上打入许多木桩，一根挨着一根，围成一个圈。在这一个木桩圈的外面，再打上一圈木桩。里面的那个小木桩圈和外面的那个木桩圈之间，留下狭窄的夹道，宽度恰好能让一只狼从中通过。

在外圈装上一扇门，这门只能朝里开。在里圈里面放入一只小猪、小山羊或者小绵羊。

狼闻到它们的气味后，就一只接一只冲进来，开始在狭窄的夹道转起来。转了一圈之后，走在最前面的狼就会碰上小门。它无法向后转身，而前面的门又妨碍它继续往前进，这样，它只能用头顶门。这么一顶，门就关上了。于是，所有的狼都被困在夹道里。

如此一来，它们只能围着小圈里的家畜，没完没了地转圈子，直至猎人过来收拾它们。结果，群狼美味没有吃到口，反倒把自己的性命给赔上了。

地上的坑

冬天，天寒地冻，地面硬得像石头，要挖个坑太难了。所以，冬天人们捕狼，通常不在地下挖坑，而是在地面上设坑布置陷阱。在一块空地的四角，立上四根柱子，紧挨着这四根柱子，密密地打下木桩做一圈栅栏，布下地上陷阱。在这圈栅栏中央，再立上一根高过栅栏的柱子，在柱子的顶端挂上一块肉，作为诱饵。

在栅栏上搁一块木板。

木板的外头着地，里

头却高高翘起，悬空，并靠近诱饵。

狼闻到肉味后，就会沿着木板向上爬。当它越过栅栏，由于体重的原因，木板悬空的那一头就会被压下来，狼站立不稳，便一个跟头栽进陷阱里。

熊窝边的又一次遭遇

塞索伊奇踩着滑雪板行走在长满苔藓的沼泽地上。这时正值2月底，地上被狂风吹起来的积雪堆得老高。

在这片沼泽地的上，长着一片片丛林。塞索伊奇的莱卡犬佐里卡，跑进其中的一片丛林，很快消失在树林深处。突然，树林里面传来狗叫声，叫声是那么凶猛、激烈。塞索伊奇马上就听出来，佐里卡碰上熊了。

小个子猎人恰好携带着一把能装五发子弹的来复枪，所以心暗喜，便急忙朝狗叫的方向赶去。

佐里卡正对着一大雪堆狂叫，那是被风暴刮倒，上面覆盖着积雪的枯木堆。塞索伊奇挑选了一个合适的位置，匆忙卸下滑雪板，踩实脚下厚厚的积雪，准备射击。

没过多久，从雪堆下探出一个宽脑门儿的黑脑袋，一双睡意蒙眬的小眼睛正闪烁着幽绿的光芒——按照捕熊人的说法：这是熊在和人打招呼哩。

塞索伊奇知道，熊的习惯是在看见敌手后立刻躲起来，并将整个身子都缩进洞里，然后猛地跳将出来，往外疾蹿。所以，他趁熊还没有把脑袋缩回去，就匆忙开了枪。

然而，由于没有工夫瞄准，所以没有命中野兽要害。后来，猎人才搞清楚，自己的子弹只打伤了熊的面颊。

熊跳了出来，直接向塞索伊奇扑来。

真侥幸，及时射出的第二枪正中要害，把这个大家伙撂倒在地。

佐里卡冲过去撕咬死熊的尸体。

当熊扑过来时，塞索伊奇并不觉得有多可怕。可是，当危险过去以后，这个壮实的小个子猎人，只觉得全身瘫软，眼前一片模糊，耳朵里嗡嗡直响。他深深地吸了口冰冷的空气，极力压制住心头的恐惧。

此时，他才清醒地意识到，刚才那一幕是多么可怕。

任何人，甚至是最勇敢的人，在面对如此一个庞然大物的时候，难免心头都会涌起这样的感受。

突然，佐里卡从熊的尸体旁边跳开，汪汪叫了起来，又朝那堆枯木冲过去。只不过，这一次，它冲向的是另一边。

塞索伊奇看了一眼，不由得惊呆了：那里又探出第二头熊的脑袋。

小个儿猎人很快就镇定下来，迅速瞄准，这一次可得留神了。

仅仅一枪，他就把野兽击毙在树堆边。

然而，几乎就在同一时间，从第一头熊跳出的黑洞里，冒出了第三颗宽脑门儿的棕红色熊脑袋，它的后面，又紧跟着冒出第四头熊的脑袋。

塞索伊奇这下子慌了神，他真的感到害怕了。看起来，似乎整片丛林里的熊，都聚到了这堆枯木下，而此时都爬来出来攻击自己。

他顾不得瞄准，便接连放了两枪，然后把打完子弹的枪扔在雪地上。慌乱中他清楚地看见，第一枪打出之后，那颗棕红色的大脑袋就不见了；而第二枪却意外地击中了佐里卡，在开枪的时候，它跑过去，正撞上最后一颗子弹，当场毙命雪地上。

接下来，两腿发软的塞索伊奇踉跄着向前跨出几步，绊在被他打死的第一头熊尸上，一头栽倒，接着就失去了知觉。

也不知过了多久，塞索伊奇醒转过来。然而，他醒后的情形却让人胆战心惊：不知什么东西在捏他的鼻子，捏得他疼痛难忍。他伸手去捂鼻子，但手却碰到一个暖烘烘、毛茸茸的活物。他睁开眼睛，看见眼前有双幽绿的熊眼睛，正直勾勾地盯着他看。

塞索伊奇失声大叫起来，因为极度的恐惧，他的声音已经变了调。他猛然一挣，这才把鼻子从野兽的嘴巴里挣出来。

他吓傻了，踉踉跄跄地爬起来，拔腿就往回跑，刚跑了几步，就陷进齐腰深的雪里。

他滚爬着挣扎到家里，定下神想了想，才明白刚才吸住他鼻子的是一头小熊崽。

过了好久，塞索伊奇的心才平静下来，他仔细回想刚才的惊险历程，终于弄清楚了事情的原委。

原来，他最初的两枪打死的是头母熊。接着，从枯木堆另一边跳出来的是一头 3 岁大的小熊。

小熊年纪不大，是头小公熊。在夏天的时候，它会帮助熊妈妈照顾熊弟和熊妹，冬季，这位熊大哥就睡在离它们不远的地方。

在这个枯木堆下面，竟有两个熊窝。一个洞里住着熊大哥，另一个洞里住着母熊和它的两头 1 岁大的熊崽子。

熊崽子尚小，体重还赶不上一个 12 岁大的人。不过呢，它们已经长出了宽宽的额和大大的头，致使惊慌失措的猎人错把它们的脑袋认作成年大熊的脑袋。

在猎人晕倒在地的时候，熊家庭唯一的幸存者，那个小熊崽爬出洞穴，走到母熊身边。它把头探向母熊的胸脯找奶吃，结果碰到了塞索伊奇热烘烘的鼻子。这个小家伙把塞索伊奇不算大的鼻子当成母亲的乳头，含在嘴里用力地吸吮起来。

塞索伊奇把佐里卡就地掩埋在林中，然后抓住小熊崽回了家。

这头小熊是个既好笑又可爱的家伙。在失去佐里卡之后，猎人正感到格外孤单寂寞，小熊就成了他的寄托。从此以后，他们相互依恋，亲亲热热地生活在一起。

■本报特约记者

打靶场

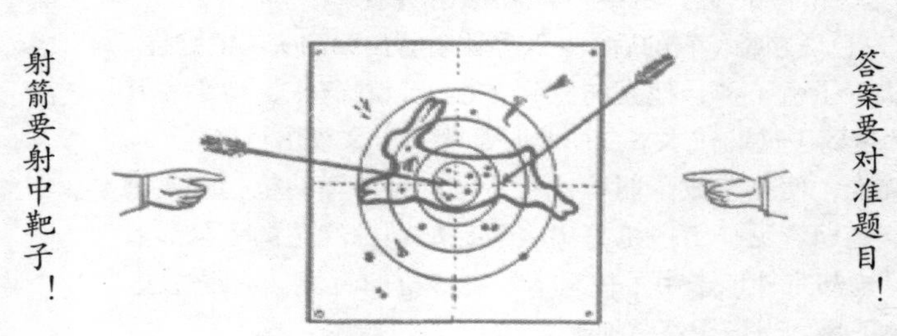

第十二场竞赛

1. 哪种小动物整个冬季头朝下睡觉？
2. 刺猬是怎样过冬的？
3. 松鼠冬天不吃什么？
4. 哪一种鸟儿在一年中的任何季节都能育雏，甚至在雪中？
5. 冬天，当所有昆虫都在冬眠的时候，山雀对人类有益处还是有害处的？
6. 冬天，獾对人类是有益处还是有害的？
7. 哪一种鸣禽钻进冰层下面的水里觅食？
8. 做椋鸟巢的时候，为什么要在巢入口的下面，安放一个小三角形架？
9. 哪一种动物的骨骼裸露在外面？
10. 在蛋壳里面，雏鸡呼吸吗？
11. 如果把青蛙从雪下面挖出来，并带到火炉附近烤，它会怎么样？

12. 麻雀在冬季的体温比较低，还是春季的体温比较低？
13. 海豹潜入冰层下面后，靠什么呼吸？
14. 哪里的雪先融化，是森林里面的，还是在城市里面的？为什么？
15. 哪一种鸟儿飞来的时候，我们会认为春天到了？
16. 新砌一堵墙，墙上开圆窗，白天打烂玻璃，夜晚重新装上。(谜语)

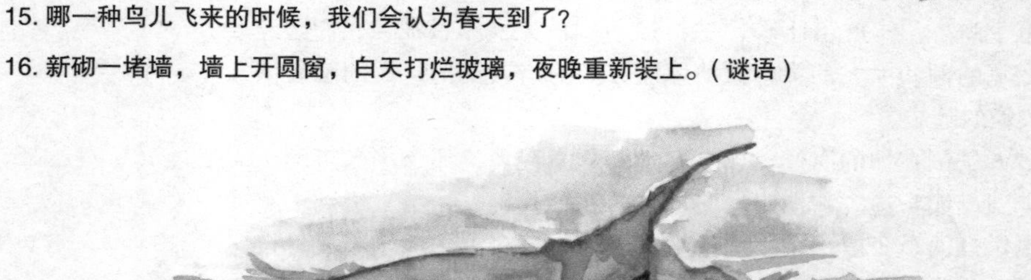

17. 冬季常挨饿，夏季肚饱圆。（谜语）

18. 此物真奇怪，冬季显神通，屋外不上冻，屋内反结冰。（谜语）

19. 长长一匹布，悠悠进窗口，顿时铺满地，光亮又轻柔。（谜语）

20. 说它高，比山高；说它亮，比光亮。（谜语）

21. 听来像鸟叫，却又不是鸟，既不在屋里响，又不在屋外响。（谜语）

22. 此物没头脑，智慧却很高，野兽遇着它，个个跑不了。（谜语）

23. 平时穿件皮袄，森林里面乱跑，把它端上桌来，就是一味佳肴。（谜语）

24. 春天里让人愉快，夏天里让人凉快，秋天里让人吃痛快，冬天里让人暖起来。（谜语）

最后时刻的紧急电报

城里出现了第一批的秃鼻乌鸦鸦，冬季结束了。森林里面正忙着迎接新年。现在，请你把《森林报》重新读起。

请检查你的答案是否中靶

第一场竞赛

1.3 月 21 日。

2.脏雪。因为深色更吸光，温度比较高。（黑帽子在夏天最热。）

3.春天，软毛兽正换毛。脱掉浓密暖和绒毛的毛皮价值很低。而且，野兽在春天还要育雏。

4.捕食的昆虫出现后，蝙蝠才飞出来。

5.款冬、毛茛、雪花。

6.白山鹑：冬季雪白色，夏季布满斑纹。

7.在雪化前，它变成灰色时；或在地上比雪兔先变颜色的时候。

8.睁眼的。

9.浓密黑暗的森林里的树木会快速长向高处和有光的方向，没有下层叶子。开阔地上的树木有下层枝叶，枝叶向周围伸展得很开。

10.小鹪鹩。不算尾巴只有 3.5 厘米长（无尾）。

11.鹪鹩和戴菊。个头相像，比蜻蜓要小。

12.坚硬结实的鸟嘴会吃植物种子和浆果，这样可以啄开果核；薄长尖利的鸟嘴吃昆虫；钩状嘴是猛禽的，可以撕咬肉块。

13.交嘴雀。

14. 兔子在冬天将这棵树啃光了。积雪在冬天达到 1 米深，兔子啃不到下面的树皮。

15.3 月 21 日，春分；9 月 21 日，秋分。

16. 冰柱。

17. 春季来自太阳的热量。

18. 雪，融化以后成了潺潺响的小溪。

19. 黑马：河水；车辕：岸。

20. 冬季，白雪覆盖大地；春季，花朵盛开在大地。

21. 雪。

22. 第二天。

23. 鹿。

第二场竞赛

1. 龙虾。

2. 羊肚蕈和编笠茸。

3. 泥土里有很多蚯蚓、甲虫幼虫和别的昆虫被耕地的犁挖出来。秃鼻鸦捡吃它们。

4. 扁平的是乌鸦窝，像盘子一样；圆的是喜鹊窝，有盖。

5. 不张网捕猎的蜘蛛。

6. 家燕。

7. 森林和花园的树洞里。

8. 将毛叼回筑巢，啄食牲畜老皮里的昆虫和它们的幼虫。

9. 候鸟，是家鹅和家鸭的祖先。野鹅和野鸭在春天飞过去的时候它们会想家，也想飞走。

10. 在地上做窝的鸟的卵和幼鸟会被春天突然泛滥的河水淹没。

11. 禁猎全部鱼类。4 月末，庞大的狗鱼会游到春汛形成的浅水区产卵，这时水面上就会露出它们的脊背，偷猎者会枪杀它们。

12. 两栖动物。它们是冷血动物，气温一低，它们就冻僵了。若能吃饱，鸟儿就不怕冷。

13. 前面那头。

14. 翅膀狭长、尖窄的是那些长在开阔环境里的鸟。很简单，浓密森林中生活的鸟为了不被树枝挂住，翅膀不会很长，它们的翅膀短、宽、圆。图中的翅膀是海鸥和喜鹊的。

15. 家燕。

16. 蜂箱，蜜蜂。

17. 甲虫。

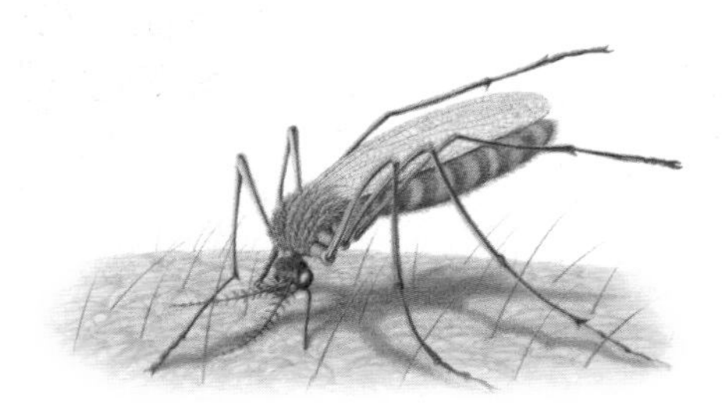

18. 叮人的蚊子。

19. 雨水，地面，草儿。

20. 鱼。

21. 大地母亲。

22. 铃兰的花蕾和花。

23. 云。

24. 四条牛腿，两只犄角，牛尾巴。

第三场竞赛

1. 金龟子（五月金龟子、六月金龟子）。

2. 蚂蚱的腿有锯齿状的刺，翅膀上有钩。二者摩擦就会产生唧唧声。

3. 使用尾巴。

4. 雄麻鳽发出像公牛似的哞哞声。

5. 八条腿。

6. 有两对翅膀长在甲虫背上。它用厚硬的外翅保护内翼，用内翼飞行。

7. 秧鸡，黑水鸡。

8. 破蛋壳被椋鸟用嘴从窝里叼走，抛到离窝很远的地方。

9. 蚂蚱的头部没有听觉器官，前面的一对小腿上有。

10. 黄莺。

11. 结成凝胶状、结成大团自由漂在水里的是青蛙卵，像凝胶一样并沾在水草上的带状物是蛤蟆卵。

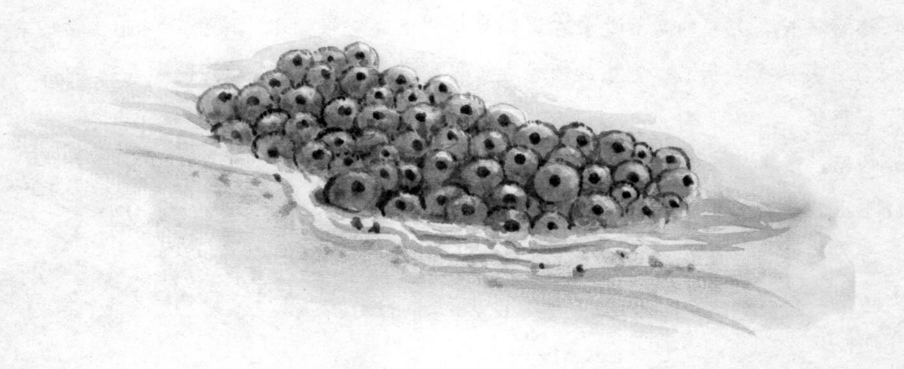

12. 稍微比椋鸟大，比鸽子稍小(29 厘米)。

13. 公白山鹑，它们会在春天求爱时发出狗叫声。

14. 是有艳丽羽毛的鸟。我们这儿的树木换上翠绿的嫩叶时，它们才飞来。

15. 春天。夏季从丁香花凋谢时开始。

16. 忙碌的蚂蚁生活在地下的蚁穴中。啄木鸟像铁匠打铁一样啄树。像点点烛光一样的星星闪耀在夜晚森林的上空。

17. 白桦。枝条被路人砍下当手杖，树枝被驾车人当作马鞭，树汁被病人喝下治病。

18. 喜鹊。

19. 蜘蛛网。

20. 雨水。雨水落进了草丛，变成了溪水流了出来。

21. 雨水。

22. 狼。

23. 山羊。

24. 河，岸，岸旁的矮树丛。

第四场竞赛

1. 6 月 21 日。这是一年中白昼最长的一天。

2. 刺鱼。

3. 小老鼠。

4. 住在沙滩上的鸥和沙锥。

5. 与泥沙和鹅卵石的颜色相近。

6. 后腿。

7. 一共有五根：三根长在背上，两根长在腹下。我们这儿还有一种长有 10 根刺的刺鱼。

8. 家燕窝的入口在上面，毛脚燕窝的入口在旁边。

9. 如果鸟儿发现有人用手摸过鸟蛋，鸟儿就会抛弃这个窝。

10. 有。

11. 翠鸟。

12. 因为它们都对自己的窝做了伪装，将它们筑巢的那棵树上的青苔装点到窝外。

13. 不一定。如燕雀、金翅雀、篱莺等孵两次小鸟，而像麻雀、鸥鸟等会孵三次。

14. 有。在长满青苔的沼泽地里，长有一种毛毡苔。若是有蚊子、飞蛾和其他昆虫落到它那圆圆的、黏黏的叶子上，就会被它捉住吃掉。还有生长在河水中的狸藻，若是小虾、小虫和小鱼钻进它的捕虫囊，也会被吃掉。

15. 银色水蜘蛛。

16. 杜鹃。

17. 乌云。

18. 割草：草倒下了，草垛堆起来了。

19. 麦穗。

20. 青蛙。

21. 影子。

22. 山羊。

23. 回声。

24. 刺猬。

第五场竞赛

1. 雏鸟未出壳前，它们的喙上都有一块坚硬的凸起。雏鸟正是借着这块凸起破壳而出的，因此，这个凸起叫“破壳齿”，雏鸟出壳后，这颗“牙齿”会自己脱落。

2. 有尾巴的。牛在吃草的时候，可以用尾巴撵走那些骚扰它的虫子。要是没有尾巴的话，就没法将牛虻和牛蝇撵走了，吃草的时候就会经常摇晃脑袋，自然就吃不饱了。

3. 这种蜘蛛的脚很长，非常容易折断，它们断腿后走路的姿势，与割草的动作很像。

4. 夏天，有很多幼鸟和幼兽可以捕食。

5. 鸟类。

6. 不少种类的昆虫都是这样，如蝴蝶：卵变成青虫，青虫变成蛹，然后再由蛹化成蝶。
7. 鹅的羽毛上表面覆盖着一层油脂，不会被水沾湿，水珠落在鹅背上，只会滑落下来。
8. 狗没有汗腺，而马有。因此，狗只能伸出舌头散发体内的热量。
9. 杜鹃的雏鸟。杜鹃产下蛋后就不管了，雏鸟都是由别的鸟儿养大的。
10. 歪脖鸟。
11. 年幼的秃鼻乌鸦的嘴是黑色的，而年长的秃鼻乌鸦的嘴是灰白色的。
12. 刺鱼。
13. 蜜蜂在蜇过人以后会死去。
14. 蝙蝠妈妈的奶。
15. 朝南，正对着太阳的方向。
16. 雷和闪电。
17. 亚麻。
18. 红棕色的蘑菇。
19. 野蔷薇的浆果。
20. 蝰蛇。
21. 露水。
22. 蚂蚁
23. 蜗牛。
24. 野蔷薇或蔷薇。

第六场竞赛

1.与它排开的水一样重。

2.蜘蛛埋伏在旁边时，会用一只爪子紧紧地抓着连着蛛网的一根蛛丝。只要有苍蝇等猎物落网时，蛛网就会产生震动，那根蛛丝就会牵动蜘蛛的腿，它便知道有猎物落网了。

3.蝙蝠。还有鼯鼠，它的脚趾间有皮膜相连，可以滑翔几十米远。

4.大群地集结起来，一起向猫头鹰叫喊、扑击，直到把它赶走为止。

5.虾。

6.在晴朗的白天，风把蛛丝吹起来，并带起小蜘蛛飞到空中。

7.蜉蝣。

8.燕子是在飞行中捕食苍蝇、蚊子和其他飞虫的。天气晴朗的时候，由于空气干燥，这些昆虫飞得比较高。而天气潮湿的时候，空气水分较重，这些虫儿就飞不高了。

9.它们这样做，是为了将尾部尾脂腺所分泌的油脂，涂抹到羽毛上，防止羽毛被雨淋透。

10.在下雨前，蚂蚁会躲到蚁穴中，并把所有的洞口都堵上。

11.各种会飞的昆虫，如苍蝇、蜉蝣、河榧子等。

12.熊。

13.在泥泞中，或是河岸、湖岸或池塘边，会有许多鸟儿集结在那里，留下一串串清晰的脚印。

14.身上的羽毛是黑色的，头顶上的冠毛是红色的。

15.马勃菌的芽孢。成熟的马勃菌只需轻轻一碰，就会裂开，从中喷出一阵烟雾，因此被人们称为“鬼喷烟”，这些烟雾就是它的芽孢。

16.麦穗：桌上放的是面粉做的面包，躺在院子里的是麦秆，留在地里的是麦根。

17.大麻：大麻皮可以用来搓绳子；脑袋就是大麻，可以用来榨油；芯子没有用。

18.虾。

19.麦秸捆。

20.回声。

21.白杨。

22.荨麻。

23.矢车菊。

24.青蛙

第七场竞赛

1.9月21日秋分。

2.兔子。晚生的小兔因此被称为“落叶兔”。

3.山梨树、白杨树、槭树。

4.并非都是如此。有些经过乌拉尔山，向东飞去，如小鸣禽嘟嘟鸟、朱雀、鳍足鹬。

5.“犁角兽”的叫法是因为老驼鹿的角很像木犁。

6.兔子和鹿。

7.雄黑琴鸡。它们在春秋两季求偶时发出咕噜咕噜的叫声。

8.生活在地面上的鸟类的脚善于行走，脚趾分得很开。这样的鸟行走时两脚按次序行动，故脚印落在同一条线上。生活在树上的鸟类的脚善于在树枝上停栖，故脚趾收紧。这样的鸟不行走，而是双脚同时跳跃，脚印是成双的。

9.鸟儿飞离的时候打得更准，追上鸟儿的霰弹能打进羽毛里；而正对鸟飞来方向射击时霰弹可能从紧密的羽毛上滑过，而伤不了它。

10. 这表明森林里的这个地方有动物尸体或受伤的动物。

11. 因为在同一地方，母鸟将孵育小鸟。射猎母鸟，野禽就会搬走。

12. 蝙蝠。它长长的脚趾连着皮膜。

13. 随着初寒的降临它们中大部分都死去了。有一些钻进了树木、篱笆、房屋的缝隙中，或者是树皮的下面，就在那里越冬。

14. 面向日落方向，对着晚霞能较清楚地看见飞过的野鸭。

15. 当猎人没有击中它时。

16. 秋播作物：今年播种，明年收获。

17. 毛脚燕。

18. 树叶。

19. 下雨。

20. 狼。

21. 麻雀。

22. 白蘑菇。

23. 夏天——桑悬钩子；秋季——榛子。

24. 稻草人。

23. 夏天——桑悬钩子；秋季——榛子。

24. 稻草人。

第八场竞赛

1. 上山快。兔子的前腿短后腿长，所以兔子向山上跑方便。

2. 鸟巢。在落尽叶子的树上能看见夏季隐蔽的鸟巢。

3. 松鼠。它把蘑菇搬到树上，挂到树枝上，冬季没有食物时就找这些蘑菇吃。

4. 水鼩。

5. 这种鸟很少。猫头鹰为自己收集死鼠藏在树洞内，松鸦收集橡实、核桃等坚果。

6. 蚂蚁把蚁穴所有的出入口都堵住，聚成一堆。

7. 空气。

8. 黄色或褐色——接近发黄的植物——灌木、树木、草等的颜色。

9. 秋季。因为秋季鸟长得很肥，厚厚的脂肪层和紧密的羽毛能保护它免受霰弹的打击。

10. 蝴蝶的。

11. 昆虫有六只脚，蜘蛛有八只脚。所以蜘蛛不是昆虫。

12. 下到水底，钻进石头下、泥坑、淤泥或苔藓下，有些甚至钻进地窖里。

13. 每一种鸟的脚都和它的生活条件相适应。在地面生活的鸟，它的脚适宜在地面行走：脚趾长长的，张得很开，脚跖比较高。在树上生活的鸟，它的脚适合于在树枝上停栖：脚趾彼此靠得近，弯曲而且有握力，腿也较短。生活在水中的鸟，它的脚适合泅水，能起到桨的作用：鸭子的脚趾用皮膜连成一片，凤头鸊鷉的脚趾上有硬皮片，帮助它划水。

14. 田鼠的脚。它的爪子适合掘土，就如鱼鳍适合划水一样。

15. 猫头鹰竖起的双耳只是两撮羽毛，真正的耳朵在这两撮毛下面。

16. 从树上落下的叶子。

17. 河水。水面上的泡沫。

18. 葎草。

19. 地平线。

20. 过第四年。

21. 鹅，鸭子。

22. 亚麻。

23. 公鸡。

24. 鱼。

第九场竞赛

1. 在河边和湖边的洞穴里。

2. 对鸟类来说饥饿更可怕。比如野鸭、天鹅、海鸥，如果有食物，并且有些地方水面不结冰的话，它们常常留在我们这儿度过整个冬季。

3. 晚冬。

4. “啄木鸟的打铁铺”是人们对树木和树桩的称呼，啄木鸟把球果塞进那里的缝隙，以便用喙啄开它。

5. 北方的雪鹀。

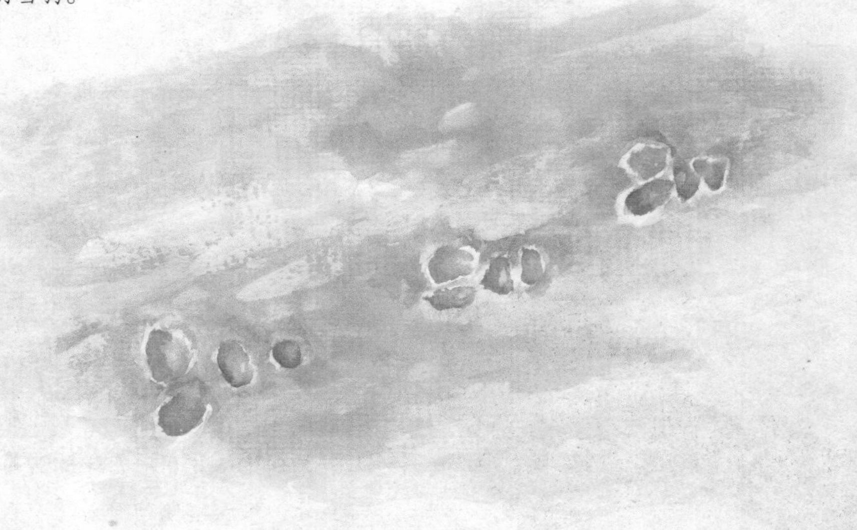

6. 兔子从接连不断的一行脚印中向旁边跳开。

7. 在果园里，丛林中和树上。那些地方，从黄昏开始便有大群的鸟儿聚集。

8. 当最后的湖泊、池塘和河流都封冻时。

9. 在秋季（包括整个冬季），啄木鸟和成群的山雀、旋木鸟却以及鸸结成伙伴。

10. 野兽的爪子从雪地里拔出时从雪窝里带出少量的雪，它们会用爪子抹平。这些用爪子抹过的痕迹就叫“爪迹”。

11. 不一样。白天在阳光下猫的瞳孔小；到夜晚瞳孔变得很大。

12. 兔子在上面来回跑过两趟的足迹。

13. 雪地里兔子的足迹。

14. 白鼬。

15. 食肉兽的颌骨从它大而明显突出的犬齿更容易认出。食肉兽的犬齿是它用来撕咬肉的。食草动物的牙齿是用来扯断和磨碎植物的，它的犬齿不突出，但是食草动物有强劲的门牙。

16. 风。

17. 狗。它趴下睡觉，两眼炯炯有光，四条腿伸开。

18. 盐。

19. 喜鹊。

20. 扛着猎枪、身背猎物的猎人。

21. 公牛。

22. 猪。

23. 黄瓜。

24. 榛子。

第十场竞赛

1.12 月 22 日。这是一年里白昼最短的一天。

2. 在猫的足迹上是看不见爪印的，因为猫走路时把爪子缩了进来。

3. 水獭和水貂，因为这两种动物以鱼为食。

4. 不会生长，因为它们处于休眠状态。

5. 因为刚下过雪的地面，足迹都是新的，很清晰，只要沿着足迹走下去，就一定能够找到野兽。

6. 黑琴鸡、山鹑和花尾榛鸡。

7. 在田野里应该穿白色的衣服，因为接近雪的颜色；在森林里应该穿灰色，因为在森林里即便是冬季，也会有绿色，白色和其他一切颜色都比灰色显眼得多。

8. 因为兔子把在奔跑时，两条长长的后腿是一直向前伸着的。

9. 不筑巢也不孵小鸟。

10. 黑琴鸡。

11. 丘鹬，因为它要把喙深深地伸进泥土里去取食。

12.鼬鼱，因为它身上会散发出强烈的类似于麝香的气味，小型的食肉类动物嗅觉非常灵敏，难以忍受这种气味。

13.熊的脚印。

14.因为鹞鹰、猫头鹰在捕捉兔子时，一只爪子抓住兔子的脊背，另一只爪子则紧紧地抓住树木或灌木的枝条。受惊的兔子往往会竭尽全力向前奔逃，那时它的力气大得惊人，而鹞鹰（猫头鹰）的脚爪却死死地抓住枝条不动。某些时候，鹞鹰（猫头鹰）甚至可能因此而被撕成两半。

15.子弹穿透了它的身体，所以足印的旁边有两行血迹。

16.暴风雪。

17.狼。

18.风，低吹雪。

19.严寒。

20.严寒。

21.冰。

22.暴风雪。

23.黑麦，燕麦，小麦。

24.腌蘑菇。

第十一场竞赛

1.体形小的。因为体形越大，体内产生的热量越多。从另一方面来考虑，身体表面的面积越大，释放到周边空气中的热量也就越多。大型动物身体的体积，相对于它的体表的面积来说，要大上很多，即它的体表面积要比体积小的多。因此，大型动物体内产生的热量很多，而释放到空气中的热量则相对较少。小型动物正好相反。

2. 胖熊。因为熊在冬眠的时候，是靠着身体脂肪来维持体温，提供营养的。

3. 狼不像猫科动物那样埋伏起来等候猎物，而是靠着它那四条腿，在奔跑中追捕猎物。

4. 冬季树木处于休眠状态，不再吸收水分，所以，冬季砍伐的木材比较干燥、硬实。

5. 锯下的树木，只要从它的横截面，数一数它的木质纤维有多少圈，就可以知道它的年龄了（这也叫作年轮，树木每增长一岁，就会增加一圈的年轮）。

6. 因为猫科动物总是蹲守于某处，然后出其不意地袭取猎物的。它们必须保持身体的清洁，不散发出气味；否则它们所要捕猎的对象，就会从很远的地方嗅到它们的气味，就不会靠近伏击圈了。

7. 因为冬季在人的居所附近，它们比较容易找到食物。

8. 并不是全都这样。一部分秃鼻乌鸦留在我们这儿过冬。冬季，在污水坑旁、垃圾堆旁、丛林里，或者是乌鸦群居的地方，我们经常可以看见一只或几只秃鼻乌鸦，混迹在乌鸦群中。

9. 它什么东西都不吃。冬季睡大觉。

10. 那些被人从洞穴里赶出来的熊，它们不再冬眠。

11. 冬季，蝙蝠藏在树洞里、岩洞里、顶楼或者是屋檐下过冬。

12. 只有雪兔冬天才会变白，欧兔仍然是灰色的。

13. 猛禽。

14. 交嘴鸟吃针叶树的种子。它们的全身都渗透着松脂。松脂可以保持身体不腐烂。

15. 上面盖着雪的树墩。

16. 雪花。

17. 冬天，一打开门，就有一股寒气从外面冲进屋里，一团团在地上打转。

18. 熊、獾等别的冬眠的野兽。

19. 这是指缝制毡靴的过程：用猪鬃引着麻线穿过牛皮靴底，再缝上羊毛毡靴帮。

20. 猎人带猎狗去猎熊；如果没有猎狗的帮助，熊就可能将猎人置于死地。

21. 胡萝卜，萝卜。

22. 白菜

23. 洋白菜。

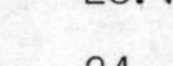

24. 大圆萝卜。

第十二场竞赛

1. 蝙蝠。

2. 冬眠；从秋季开始就钻进用枯草和干树叶做的窝里，一直睡觉。

3. 不吃肉。（参阅《森林报》第三期）

4. 交嘴鸟。因为交嘴鸟是用松树和云杉的种子来喂养小鸟。

5. 有益处。因为冬季山雀在树皮的缝隙和小洞里寻找藏在其中的昆虫和它们的虫卵、幼虫来吃。会吃掉不少害虫。

6. 没有好处，也没有坏处。因为冬季獾在冬眠。

7. 河乌。

8. 为了不让猫的爪子伸到椋鸟巢里。

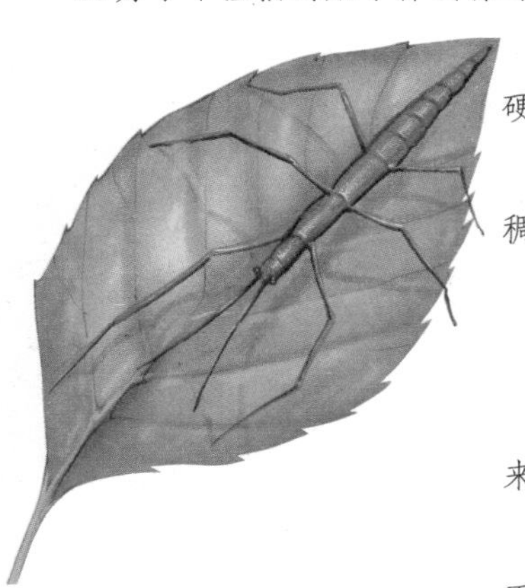

9. 许多昆虫、虾和其他节肢动物。它们的骨骼是由一种很硬的物质组成的，这种物质被称为“甲壳质”。

10. 通过外壳的孔呼吸。如果在蛋壳上涂上一层油漆或者稠密的胶水，那么空气就达不到壳内，雏鸡就会窒息而死。

11. 由于温度急剧变化，青蛙会死亡。

12. 在冬季和夏季都一样。

13. 海豹在水中不呼吸。它在冰面上凿出几个冰窟窿，用来呼吸。

14. 城里的雪化得比较早，因为城里的雪比森林里面的雪更脏。

15. 从秃鼻乌鸦飞来时算起。

16. 冰窟窿。因为在夜间，天气骤冷的时候，它会重新结冻。

17. 狼。

18. 玻璃窗。因为只有屋子里的这一面会结冰。

19. 透过窗户的阳光。

20. 太阳。

21. 敞开的房门，一开一关的时候，咿呀咿呀地响，如同鸟叫一般。

22. 捕兽器。

23. 兔子。

24. 森林。

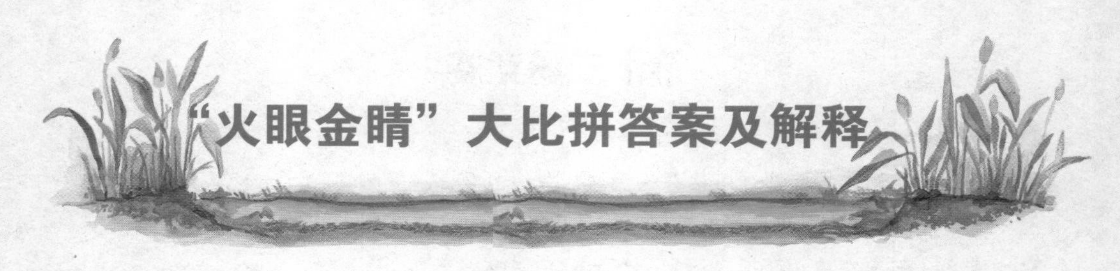

“火眼金睛”大比拼答案及解释

第一次测试

图 1. 天鹅。天鹅的脖子修长而柔软，飞翔时脖子会笔直地向前伸出，所以翅膀看起来像在后面，一双短腿被它缩了回去，所以看不到。

图 2. 雁。飞翔时，它很像天鹅，但是脖子很短，而且灰色的雁身材娇小。

图 3. 鹤。飞翔中的鹤会像杆子一样直直地伸着自己的脖子和双腿。

图 4. 苍鹭。把它和鹤分开很简单，飞翔时它的脖子总是弯曲着的，翅膀也弯得很厉害。

1. 白桦；

2. 赤杨；

3. 椴树；

4. 山杨；

5. 白杨；

6. 梣树；

7. 柳树；

8. 枫树；

9. 橡树；

10. 榛树；

11. 苹果树；

12. 松树的针叶。

第二次测试

图 1. 浅水野鸭。它的后身会在浮水时稍稍高出水面。觅食时会像家鸭一样将前身向下钻到水中。

矶凫。浮水时，它的后半身会像小弓一样垂向水面，潜水时，全身都会钻入水里。

图 2. 雪兔。短短的耳朵。若向前弯，耳朵还够不着鼻尖呢。宽宽的爪子，圆圆的尾巴，尾巴根布满了小黑斑，灰灰的身体。

图 3. 灰兔。夏季很容易将它和雪兔区别开来，因为它整个身体比较大，毛色呈棕红或淡黄，耳朵长长的：如果把耳朵向前撇，则耳尖超过鼻尖。腿短，尾巴比雪兔的长，身上有长长的黑色斑点。

图 4. 鼩鼱。以昆虫为食的一种小益兽。

图 5. 老鼠。啮齿动物，有害。

图 6. 田鼠。啮齿动物，有害。

这三种小兽都很像老鼠。根据下列特点，很容易分辨出。嘴脸前挺，长鼻子的是鼩鼱，它身体弯曲着，藏在皮毛中的眼睛几乎看不见。老鼠和田鼠都长着短尾巴，没有长鼻子。

图 7. 无毒游蛇。

图 8. 有毒灰蝰蛇。温柔无毒的游蛇头部两侧可以看到黄斑。危险剧毒的灰蝰蛇的背脊上有明显的印迹：弯曲的黑色花纹。

图 9. 蛇蜥，对人类有益的无脚蜥蜴。

图 10. 普通蜥蜴。

不要将黑蝰蛇当作游蛇。黑蝰蛇的头上没有黄斑。蛇蜥没有毒牙，对人类完全无害，因此可以拿在手中玩。如果捏住蛇蜥的尾巴，它还会迅速将尾巴断开逃跑，留下一截断尾。但是如果你抓着蝰蛇的尾巴，它会立刻扭回头用毒牙咬你。被咬之后，你就会中毒，严重的还会丧命。所以应该好好地学习如何将蝰蛇和游蛇区别开。蝰蛇有很多种颜色，从浅灰色到黑色都有。

蛇是用毒牙来咬人的，不会像蜜蜂和黄蜂那样蜇人。它的毒液在牙齿里，千万不要认为蛇分叉的尖舌头是蜇人的毒针，它的武器是毒牙。

第三次测试

图 1 是啄木鸟的窝。树洞下的地面上，有一大堆木屑，好像是刚锯出来的，那是啄木鸟用喙凿树洞时留下来的。树干上非常干净，没有脏的地方。这很符合啄木鸟爱干净的习惯，它们连自己的雏鸟也会收拾得干干净净的。

图 2 是椋鸟的窝。树下的地面上没有新鲜的木屑，树干上还布满了石灰浆似的鸟粪。

图 3 是鼹鼠的窝。鼹鼠穴居于地下，夏天的时候它们经常爬出地面，扒松泥土，堆起一个疏松的小土丘，自己则躲在下面。

图 4 是灰沙燕聚集的地方。它们将岩石上的小洞作为窝巢。也有人将其误认为是雨燕的巢，可是，雨燕是不会住在这些小洞里的，它们的窝巢都建在阁楼上、钟楼上、大树的洞里、岩石上和椋鸟的窝里。

图 5 是松鼠的窝。由树枝搭建而成，圆圆的，里面铺着青苔，还有些露了出来。通过这一

大堆的青苔，就能判断这不是鸟巢。

图 6 是獾挖的洞，不过，里面住的是狐狸。从外形看就知道这是善于挖洞的獾的杰作：出入口虽多，却没有一个坏掉的。而且，洞口还丢着家鸡、琴鸡的毛和骨头，以及吃剩下的兔子的脊梁骨。一看就知道是十分狡猾，却又不怎么爱干净的狐狸住在里面。

图 7 是獾挖的洞，而且，它就住在里面。獾很爱干净，它居住的地方，它都收拾得很干净，根本就找不到任何食物残渣。还有就是它的食物只会是软体动物、青蛙和嫩草根等。

第四次测试

图 1. 小䴙䴘。

图 2. 琴鸡妈妈。

图 3. 小野鸭。

图 4. 小琴鸡。

图 5. 红脚隼爸爸。

图 6. 小燕雀。

图 7. 燕雀爸爸。

图 8. 小鵟隼。

图 9. 野鸭爸爸。

图 10. 䴙䴘妈妈。

检查一下，你是否正确地把小鸟和它们的父母放在一起了：

图 4——图 2

图 9——图 3

图 7——图 6

图 5——图 8

图 1——图 10

如果你全部排对的话，那么小鸟们都能找到自己的爸爸或妈妈了，就不会无家可归了。

第五次测试

图 1 和 2 是灰沙燕和雨燕。雨燕是我们这里个头儿最大的一种燕子，它的翅膀很长，形状与镰刀很像。

图 3 和图 4 是毛脚燕和家燕（它的尾巴像两根辫子一样）。

图 5 是红隼。

图 6 是老鹰。

图 7 是鵟。

图 8 是黑鸢。

图 9 是鱼鹰。

图 10 是雕。

请把这些影像临摹到自己的本子上并熟记于心。

注意：隼的翅膀是尖的，呈镰刀状；老鹰的翅膀向内弯曲；鵟的尾巴末梢有些圆；黑鸢的尾巴上有个三角形的凹口；鱼鹰的翅膀呈三角形，好像被剪裁过，尾巴又直又短；雕的翅膀又大又宽，翅膀末梢的羽毛有分叉。

第六次测试

图 1. 野鸭光顾了这个池塘。注意沾着露水的苔草内和覆盖水面的浮萍上的条纹。这是野鸭游荡和泅水时留下的痕迹。

图 2. 十字形花纹是脚趾的痕迹，圆点是林中的鹬——丘鹬用长喙在疏软的土里啄出的小孔。丘鹬在下雨时走到林间道上，在水洼松软的岸边觅食（蚯蚓、软体动物）。

图3.一只个头儿不高的野兽啃光了离地面较低的那段白杨树皮。这是兔子干的。兔子可不能啃食树上这么高位置的树皮，因为它够不着。这应该是个头儿很高的野兽啃的。这是驼鹿。它还折断并吃了一部分白杨树的细枝。

图5.这是狐狸的杰作。狐狸捕获小兽后把它弄死并从没有芒刺保护的腹部开始把它吃了。

第七次测试

图1.（1）这是交嘴鸟的杰作。它们把身子挂在树枝上，摘下球果，从中啄出几颗种子，就把它扔了。

（2）地面上的松鼠捡起了交嘴鸟抛弃而没有吃干净的球果，跳上一个树墩，吃光球果的果实，它吃过后球果就只剩轴心了。

（3）林鼠加工榛子时在上面用牙齿啃出一个小孔，再吃里面的果肉。松鼠则把外壳都啃去再吃果肉。

（4）松鼠在小树枝上晾蘑菇。它将它们晾干是有先见之明的：当饥饿的季节来临时，它就有了在树上储备的食物。

图2.在这里劳动的是啄木鸟。犹如医生在给病人听诊，啄木鸟叩击着遭受害虫幼虫侵害的树木。它围着树干跳跃着，在上面叩击着，用自己坚硬带棱角的喙在上面留下一圈小孔。

图3.牛蒡的头状花序是红额金翅雀很喜欢吃的。

图4.这里熊曾经来过。它用自己的脚爪撕

下一条条云杉树皮，然后拖进自己的洞里，做褥子用，使自己整个冬季睡得软和些。

图5.这里是驼鹿当家做主的地方。它在这儿已经站了很久了,你看地面被践踏成什么样儿了。它会掀翻一棵小白杨、赤杨或花楸树，作为自己的美餐。在大部分树上它啃食的只是新鲜的梢头，而且被它吃掉的，还没有被它折断的多。

第八次测试

图 1.这里一条狗在追踪雪兔。兔子的足迹是大步跳跃式的，向着这行足迹从斜刺里冲过来的是狗的足迹。

图 2.这间板棚的屋顶上夜间停过一只灰林鸮。它守候着：会不会有小家鼠或大老鼠走来？它久久地蹲着，踏着步子，转动身子四下里张望，所以就留下了星形的足迹。

图 3.黑琴鸡在这儿的雪下过夜，留下了痕迹和羽毛，从里面飞出时就在雪地里形成了一个个小圆窝。

图 4.这里没发生任何特别的事，就是驼鹿在这儿待过。它正值把角甩掉的时节，所以它就在一个地方不停地踏步，把双角在树枝上摩擦。终于一只角被掰了下来，卡在了树杈上。春天到来前驼鹿还会长出一对新角来的。

第九次测试

图 1.喜鹊留在雪地上的足迹。它在雪地上蹦蹦跳跳玩了一会儿，这样就把脚趾的印记留了下来，后来，它的翅膀和尾往地上一拍，就飞走了。

图 2.是兔子的足印。有雪兔的，也有欧兔的。这两种兔子的足迹很容易区别：雪兔的脚印是圆的，而欧兔的脚印则是又窄又长的。

图 3.这是一只雪兔的足印。它刚在这儿吃饱，几乎把那一小丛的小柳树都啃食干净了，所以周围到处都可以看见它那圆圆的像榛子一样的足迹。

图 4.栎树。

图 5.柳树。

图 6.桦树。

图 7.梨树。

图 8.苹果树。

图 9.云杉。

图 10.槭树。

图 11.杨树。

图 12.榛树。

第十次测试

第十一期通告栏中所画的足迹图案，可以告诉我们这样一个故事：

在一个寒冷的冬夜，一只雪兔悄悄地跑进了草垛旁，偷吃干草。它在这儿偷吃了好久呢！你瞧，它在这里留下了多少圆圆的、好似“榛子”的脚印啊。

现在，你看：有一只狐狸从右边偷偷向它靠近。狐狸很小心，躲躲藏藏地悄然向前。就如猎人们所说的，神不知鬼不觉地接近猎物。狐狸的足迹和狗的足迹很像，只是稍稍窄一些，而且相当地齐整，是直直的一行。

然而，狐狸突袭雪兔的图谋并没有成功，雪兔及时地发现了它，跳起来逃之夭夭了。它的足迹显示，它是呈跳跃式逃掉的。雪兔穿过田野，朝森林奔去。

狐狸也跃起追赶，想要截住雪兔，不想让它逃进森林。

但是，突然之间，不知为什么，狐狸猛地转身，跑向了另外一边，钻进灌木丛。

而这时候，兔子已经跑到林边，可是突然消失了。它的足迹到这儿就没有了，哪儿都看不见它的踪迹，好像是钻到地下似的。

如果它真的钻进了地下，那么雪地上应该有一个窟窿。但是，在它的足迹蓦然中断的地方，雪上只有一处坑洼，里面有一些兔毛和一摊血迹。坑洼的两侧，有两只巨大的圆形翅膀猛烈在雪面上扑打而留下的印痕。

不难推测：这是个头很大的猫头鹰或者雕鸮留下的痕迹。

雕鸮从天而降，探出锋利的爪子，抓住兔子，然后便用它那可怕的钩嘴猛地朝着兔子啄去。于是，猛禽用利爪抓住兔子，腾空而起，飞进了森林。

现在清楚了，为什么狐狸要突然急转弯。因为，它看见自己要捕捉的猎物，就在它的眼皮底下被雕鸮抢走了。

亲爱的读者们，如果你能根据这些脚印，推测出这个惊心动魄的林中故事的话，那么你将获得由我们《森林报》编辑部赠送的光荣称号：“火眼金睛侦探”。

基特的故事释疑

我的十次观察

我的头两次观察是准确无误的。那些有着一双乌黑翅膀的白色大鸥从大西洋、波罗的海飞来我国的涅瓦河上，这些并没有什么稀奇的。这些鸟被称为棕鸥。如果你叫得出它们的名称，得 2 分。

每当春季来临，海里面的潜鸭经常会从列宁格勒上空飞过，前往北方。其中许多潜鸭在潜入水中之后，就用自己的双翅划水，宛如人用双臂划水一样。如果你知道这一点，那么，你就得 2 分。

至于黑天鹅，很抱歉，就是骗人的。我们这儿没有黑天鹅。它们生活在澳大利亚，从来不飞来我们这儿。不过黑天鹅并不是我随便臆想出来的，是因为我们的猎人经常说他们见到过黑天鹅，只是从来不曾将它们打下而已。为什么会这样呢，这很好解释，因为当你在太阳底下，逆光看它们的时候，就会觉得它们是黑色的。我们列宁格勒郊外经常会有黄嘴天鹅（或称作大天鹅）和个头比它略小的小天鹅飞来栖息。但这两种天鹅都是白色的。猎人所谓的黑天鹅，可能就是逆光看见的这两种天鹅的某一种吧。经常会发生这样的事情：当一只海鸥向你飞来时，看上去整个儿是黑的！嘭，你向它开了一枪，击中了它！你捡起来一看，原本就是最普通的海鸥，身体是白的，只有翅膀尖儿是黑的。所以，如果你说黑天鹅只产在澳大利亚，那么你就可以得到一分。

假如您完全没有发现这是一个谎言，那么很抱歉，你只能得0分。但如果您能解释为什么天鹅会让人看上去觉得是黑色的，那你就可以给自己再记上1分。

流传着这么一种古老传说，似乎在海上漫长而疲惫的迁徙中，强壮健硕的鸟儿会让小鸟停到自己背上歇息，并驮着它们飞越重洋，来到我们这里。这当然只是一个传说，从来没有这样的事情。只有在赛尔玛·拉格洛夫的著名童话中的小尼尔斯[①]，或者俄罗斯童话里的伊凡努什卡才会骑鹅飞行。一个少年自然科学研究者如果听信这样的无稽之谈，是不光彩的。从来不曾听说过类似于鸟儿当乘客之类的报道。如果你答对了，将得到2分。

椴树开花不在春季，而在仲夏。如果您记起这一点，也可以给自己记2分。

黑色的花并不常见，作者说的是错的。如果你能指出这个谎言，那么将得2分。

在春季的时候，沙锥确实用尾巴唱歌!

这里所说的是扇尾沙锥。它们的嘴巴很长，歌声很响亮。在春季里，它们飞上天空，头朝下，尾巴朝上向下俯冲，尾巴和翅膀颤动的声音，听起来就好像羊的叫声。这是扇尾沙锥在春季发情期玩的游戏，其实是在求偶。谁若是猜出了这是扇尾沙锥，就可以得到2分。

难道会有这样的一种鸟——为了让自己更显眼一些，在夏天将临之际，它们像雪兔一样把一身雪白的冬装换掉，不过却不是换成灰色，而是要换上在夏天很显眼的五彩斑斓的花色？是的，我们这儿的确有这么一种鸟：白山鹑。冬季它的羽毛白得如雪，夏季它的羽毛却是花的，五彩缤纷，这其实是有利于它躲藏在长满苔藓的沼泽地上、丛林里，那里是它们的居住地。如果有谁知道这一点，那么就可以得到2分。

蝙蝠中午不飞行——错，作者说了谎！如果你答对了，将得到2分。

早春时节，确实有一些菌菇可以食用。这是鹿花菌或羊肚菌，它们可以食用，且味道鲜美。如果你对此了解的话，那么，可以得到2分。

钓鱼人的故事

雨燕不住在悬崖上，钓鱼人看到的是灰沙燕。雨燕的窝一般会建在屋檐下、钟楼上、树洞里或山岩上，它从来不会在悬崖上筑巢。判断正确得2分。

那只被他称为“蜻蜓”的昆虫其实是螽斯。钓鱼人并不理解克雷洛夫这个寓言。他觉得蚂蚁是在和小蜻蜓说话，其实是在指责“蜻蜓”唱了一个夏天的歌：

> “你还在唱？
> 若是这能当饭吃？
> 那你就去跳个痛快吧！”

①尼尔斯：瑞典女作家拉格洛夫（1858—1940年）的长篇童话《骑鹅旅行记》的主人公，该作品为世界儿童文学的经典。

②这里指的是克雷洛夫的一篇寓言《螽斯和蚂蚁》。如果不了解这个时代的语言习惯，就会把克雷洛夫真正所指的“螽斯”当成蜻蜓。我国的一些克雷洛夫寓言中文译本中，该篇中的主人公之一“螽斯”往往都照现在俄汉词典中的中文释义按字面意译成“蜻蜓”，所以许多中国读者都知道克雷洛夫寓言中有一篇叫《蜻蜓和蚂蚁》。

因此，唱歌的是螽斯，不是蜻蜓。换言之，蚂蚁是在和螽斯说话。判断正确得 2 分。

海鸥是不会停在树墩上的，停在那儿的是鱼鸥。鱼鸥一般都把巢筑在低低的湖岸边，但是今年春天湖水涨潮，淹没了湖岸，只露出了一个树墩儿。而且，鱼鸥又到了筑巢的季节，无奈之下才将干草拖来做窝，并在里面孵卵的。判断正确得 2 分。

根本就没有“维多利亚”麝香草莓果这种东西。麝香草莓与草莓不同，也不会在北方出现。而且，它的颜色是乳白色的，味道和香味与草莓也不一样。北方的果园里只有“维多利亚草莓”“菠萝草莓”等品种，但却不是“麝香草莓”。判断正确得 2 分。

钓鱼人把岸边的三种植物弄混了，它们分别是水草、芦苇和香蒲。水草没有叶子，内部像海绵一样松软。芦苇茎秆坚硬，空心，分节，叶子尖尖的。香蒲的茎秆也很坚硬，有叶子，茎秆的顶部有一个较大的棕色球状物。能够区分出这三种水生植物的得 2 分。

河狸是不吃蚯蚓的，作为啮齿动物，河狸不会对蚯蚓产生任何兴趣。如果有人说：河狸不吃蚯蚓，而且在列宁格勒附近，已有 500 多

年都没有出现过河狸了，可以得1分。因为，以前的确是没有河狸，但是现在有了：人工繁殖出来的。另外，文中说脱钩的鱼儿会告知其他鱼儿，不要它们过来吃食儿，也是不对的。判断正确得2分。

那只浅褐色的小鸟是朱雀，属于雀科的一种。这是一只雌鸟，它的头上戴着一顶灰色夹杂着红色的小帽子，胸脯也是红色的。它窝里的鸟卵也不全是它自己的，所以才会呈现出各种颜色来。而且，钓鱼人接近的那个鸟窝，正是少年自然科学爱好者们做观察的鸟窝。小鸟对见到人早已习以为常，根本就不怕人，除非你用手赶它离开。能够猜到这一点的得2分。

那只已经做了妈妈的鸟儿勇敢地迎着钓鱼人飞过去，还试图去啄他的手。这点还算合理，看出来的也能得2分。

至于杜鹃的叫声，钓鱼人则是完全理解错了。那是雄杜鹃的叫声，它那样做是为了告诉雌杜鹃自己在哪儿，根本就没有哀怨的成分。而且雌杜鹃的叫声也不是“咕咕”的声音，反而更像是一种“嘻嘻”的偷笑声，钓鱼人并不知道它是怎么叫的。对此判断正确得2分。

在篝火边

关于野鸭的故事，说得半对半错。确实，在那里有那么大个头的野鸭在狐狸洞里孵育小鸭。但说野鸭杀死并吃掉野兽，就显然是胡说八道了。叶甫赛依爷爷看到的，多半是狼吃剩的残渣。狼在狐狸洞口边，追上了狐狸，杀死它，撕碎吃了，而老人误认为是野鸭吃了狐狸。如果这一点，你判断正确，就得一分。

伊凡爷爷所说的都是事实，并没有添油加醋。这个叫维坚卡的男孩用枪声震晕了我们这儿最小的鸟——戴菊鸟。枪声响起，它猛然倒地，就跟死掉了一样。不久，又复苏，从地上爬起，活蹦乱跳的！如果，你认为这些都是事实，都是正确的，那么你可以得到 2 分。

在熊身上，也确实经常会发生这样的事。人突然之间受到惊吓，是非常有害的。虽然说这里受惊的不是人，而是熊，但都一样，反正不能这么吓唬人。人的心脏也会和野兽的心脏一样爆裂的。如果你答对了这点，就得 2 分。

至于白山鹑，这种情况确实使人想到了吹牛大王闵希豪生男爵：他向山鹑只开了一枪，结果打死了将近 10 只鸟。但是，如果你想到当时一窝窝的山鹑是密密匝匝地紧挨在一起的，如果再考虑到伊凡爷爷射出的是霰弹，而霰弹枪里面一次装填的就有 100 多颗霰弹，那么，他这一枪有这样的结果，就不足为奇了。这种情况完全可能发生。如果你猜出是这么回事，那么，你就可以得到 2 分。

老鹰的事也是真实的。霰弹枪打中了苍鹰的背部，它被打死，掉了下来，伊凡爷爷这才发现，自己这一枪不仅猎获了猎物，还收获了它的战利品。这点占 2 分，如果答对了，就得 2 分。

少校没有打中野鸡，反而射中了丛林里面的野猫，这件事也并不值得惊讶。主要得看清往哪儿开枪，要不偶尔也会打死人。如果你的回答正确，就得 2 分。

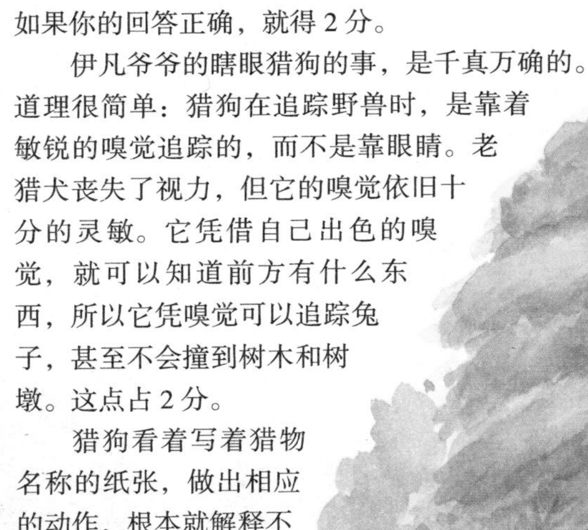

伊凡爷爷的瞎眼猎狗的事，是千真万确的。道理很简单：猎狗在追踪野兽时，是靠着敏锐的嗅觉追踪的，而不是靠眼睛。老猎犬丧失了视力，但它的嗅觉依旧十分的灵敏。它凭借自己出色的嗅觉，就可以知道前方有什么东西，所以它凭嗅觉可以追踪兔子，甚至不会撞到树木和树墩。这点占 2 分。

猎狗看着写着猎物名称的纸张，做出相应的动作，根本就解释不通，完全是一个弥天大谎。说什么狗能识

字，太荒唐了！如果你答对了，将得到2分。

伊凡爷爷最后说得也不对，在意想不到的地方，他出错了。亲爱的读者，你们也许会犯同样的错误，也将得不到分数。

伊凡爷爷说叮人的蚊子有雄蚊子。可是，你们知道吗，雄蚊子根本就不叮人，只有雌蚊子才叮人。

只有雌蚊子才吸血。它们如果不吸足够血，就无法产卵，难以繁衍后代。而它们的“男伴”，即雄蚊子，不吸血，它们只喝花的蜜汁或者植物的汁液。如果你知道这个常识，就得到2分。

这是其一。其二，伊凡爷爷说：“苍蝇明白，它们剩下的日子不多了，所以才变得那么可恶，那么坏，比蚊子还会叮人。”许多人可能都抱着这样的想法：苍蝇会在临死前，开始叮人。事实上，叮人的原本是另一些蝇类。普通的家蝇，是黑色的，不会叮人，而这里说的叮人的苍蝇，是那些灰色的，长着细长的尖刺的蝇类。只要稍稍留意观察，就很容易将它们分辨清楚。如果这么复杂的问题，你也回答上来了，那么恭喜你，你将得到2分。

米舒特卡奇遇记

亲爱的读者，在这篇故事里，你们将会赚到很多的分数！大家都知道，对于新年故事呢，并不要求多么准确真实，重要的是故事情节一定要扣人心弦，并且结局美满。

故事从一开始，就出现了一个极其普通的错误：母熊只在1月底和2月初的时候，才在洞里生小熊。米舒特卡怎么可能在除夕之夜就已经满三个月了呢？显然，故事的作者凭空虚构了自己故事的主人公，即这头3个月大的小熊崽。如果你识破了这一点，那么你将得到2分。

第二、米舒特卡也许会在林子里遇上松鼠。可是，难道冬天的松鼠是棕色的吗？大家都知道，松鼠在冬季里是灰色的。如果你也看穿了这点，那么你也将得到2分。

第三，难道在寒冬季节，刺猬还会在森林里面东游西逛吗？当然不是的，这个时节，它们正躺在某个树根间凹陷的草窝里睡大觉呢。如果你了解刺猬冬眠的习性，那么你也可以得到2分。

第四，米舒特卡扒开雪，在掩埋于积雪之下的地面上，发现了鲜花和浆果。是这么一回事：我们这儿雪下面有相当多常绿的植物，甚至还绽放着鲜花，而且在整个冬季，直到开春之前，都会保存着某些浆果，比如红莓苔子、越橘。如果你也答对了这点，那么再给你加上2分。

第五，米舒特卡掉进了一个坑里，坑里面有冬眠的蛇、青蛙和蛤蟆。首先，这些爬行类和两栖类动物从来不会像那样聚在一起过冬；其次，它们在冬季都冻得僵了，既不会发出咝咝的声音，也不会呱呱叫。这一点也占2分，如果你答对，那么这2分，就属于你。

第六，田鼠住在积雪覆盖的灌木丛中的窝里，甚至在隆冬季节孵出一窝小崽，这是正确的。如果你们不信，请读读A.H.弗尔莫卓夫教授的著作《雪被》。我以前也不知道这一点。如果你知道这一点，那么也得2分。

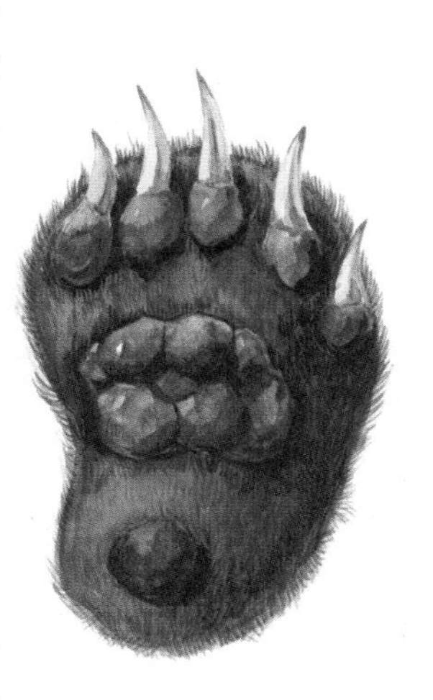

第七，在黑暗中，两只熊“亲密接触”，相互碰撞在一起，却认不出对方，这对熊来说是不可能的。因为它们彼此相认，并不是靠的眼睛，而是鼻子。请回忆一下《在篝火边》这篇故事(《森林报》第七期)，故事讲到伊凡爷爷的那条盲犬。它不仅凭借灵敏的嗅觉知道兔子往哪儿逃跑，甚至还能感觉得到在前进途中的树木和树墩。这点占2分。

第八，轰隆！轰隆！雪天的云层里面会划过闪电？！嘿嘿，这怎么可能呢！这一点也占2分。

第九，既然故事一开头就说“听不到村子里丁点儿声音，甚至喇叭的声音也听不见了”，这就说明，故事是发生在密林深处的，那么怎么可能有“莫斯科的新年钟声悠然响起”呢？如果谁没有发现这一点，就表明他没有仔细地阅读或倾听这个故事，那么这2分就得不到啦。

第十，在冬季，沼泽地是不会有鹤鸣声的，天空中也不会有云雀的歌声的，原因非常简单：它们不在我们这儿。因为它们是候鸟，这个时候已经在遥远的南方越冬了。这一点也占2分。

至于说米舒特卡和熊妈妈重新爬进自己被破坏的洞穴，母熊又开始舔自己的熊掌，这在我们这个时代，恐怕只有最无知的人才会相信这种无稽之谈，即熊似乎是在熊窝里靠自己的熊掌吸取营养。他们不知道，躺在熊窝里的熊，熊掌之所以是潮湿的，是因为它在睡觉的时候，把熊掌放在自己的鼻子跟前，朝着它哈气，所以才会如此。对于这么荒诞的说法，完全犯不着打分。